Dieter Cieplik

ERLEBNIS Physik 2

RS

Ein Lehr- und Arbeitsbuch

7./8. Schuljahr

Schroedel

ERLEBNIS Physik 2 7./8. Schuljahr

Herausgeber:
Dieter Cieplik

Autoren:

Dieter Cieplik
Michael Dahl
Thomas Heppel
Horst-Dietmar Kirks
Dr. Jochen Kuhn
Fritz Lepold
Rainer Mennenga
Torsten Schleip
Ursula Schmidt
Ralf Schrader
Katrin Simper
Barbara Spies
Albert Steinkamp
Heide Suk
Reinhard Wendt-Eberhöfer
Erwin Werthebach

Berater:
Horst-Dietmar Kirks
Hans Tegen

Redaktion:
Iliane Kleine-Boymann
Heidi Witte-Gaedecke

Illustrationen:
Tom Menzel
Heike Möller

Fotos:
Michael Fabian
Hans Tegen

Grundlayout:
Atelier *tiger*color Tom Menzel

Umschlaggestaltung:
SINNSALON, Büro für Konzept und Gestaltung

ISBN 978-3-507-**77272**-4

Druck A ^{2} / Jahr 2008

Alle Drucke der Serie A sind im Unterricht parallel verwendbar.

Satz: media service schmidt, Hildesheim
Repro: westermann druck GmbH, Braunschweig
Druck und Bindung: westermann druck GmbH, Braunschweig

Elektrizität

Wahlpflichtbereich: Druck in Flüssigkeiten und Gasen . . 152

Anhang

Methode Hier findest du Methoden, die dir helfen, naturwissenschaftliche Themen zu verstehen und zu bearbeiten.

Pinnwand Hier findest du zusätzlich Bilder und Informationen zum jeweiligen Thema und Aufgaben, die du selbstständig bearbeiten und lösen kannst.

Streifzug Hier findest du weitere Informationen zu Themen, die in anderen Bereichen und Fächern von großer Bedeutung sind.

Praktikum Hier findest du Versuche, Aufträge und Bastelanleitungen, die du selbstständig oder mit deinen Mitschülerinnen und Mitschülern ausführen kannst.

Lernen im Team Hier findest du Themenvorschläge für die Arbeit in Gruppen. Eine Gruppe bearbeitet jeweils einen Vorschlag. Am Ende stellt jede Gruppe ihre Ergebnisse vor.

Auf einen Blick Hier findest du die Inhalte des Kapitels in kurzer und übersichtlicher Form dargestellt.

Zeig, was du kannst Hier findest du vielfältige Aufgaben zum Wiederholen und Vertiefen der Inhalte des Kapitels. Die Lösungen stehen am Ende des Buches.

■ Wichtige Inhalte werden durch Merksätze hervorgehoben.

Inhalte dieser Seiten stellen Zusatzangebote zum Unterricht dar.

Kennzeichnung der Aufgaben:

Diese Aufgabe kannst du mit deinem Vorwissen oder mit den Informationen aus dem Buch beantworten.

Dieses Symbol kennzeichnet eine Aufgabe, bei der du beobachten, untersuchen oder experimentieren musst.

Um diese Aufgabe zu lösen, nutze weitere Informationsquellen wie Fachbücher, Lexika oder das Internet. Manchmal beinhalten diese Aufgaben auch Arbeitsaufträge, die außerhalb des Klassenzimmers zu erfüllen sind.

Sicherheitsregeln in der Physik

1 Blick in einen Fachraum

Die Bedeutung der farbigen Schilder

Die Hinweisschilder zur Unfallverhütung, zur Sicherheit und zur Hilfe sind unterschiedlich farblich gekennzeichnet.

Rot: Hinweisschilder für den Gefahrenfall

Orange: Allgemeine Gefahrensymbole

Gelb: Warnzeichen

Grün: Rettungszeichen

Sicherheitsvorkehrungen im Fachraum

Informiere dich über

- das richtige Verhalten bei Unfällen, bei Feuer und bei Feueralarm.
- den Ort des Not-Aus-Schalters.
- den Ort und den Inhalt des Erste-Hilfe-Kastens.
- den Ort des Feuerlöschers und der Feuerlöschdecke.
- den Ort des Notausganges.
- den Verlauf des Flucht- und Rettungsweges.
- den Ort des Sammelplatzes.

Richtiges Verhalten im Fachraum

In naturwissenschaftlichen Räumen darf nicht getrunken und gegessen werden.

Jacken und Mäntel müssen an der Garderobe aufgehängt werden.

Die Schultaschen sollen so abgestellt werden, dass sie nicht zu Stolperfallen werden.

Bewahre bei Feuer und Unfällen Ruhe. Verlasse den Fachraum auf dem vorgeschriebenen Flucht- und Rettungsweg und gehe zügig bis zum Sammelplatz.

Arbeiten mit dem Stromversorgungsgerät

1. Vergewissere dich, dass der Drehknopf auf Null gestellt ist.
2. Verwende nur Kabel ohne sichtbare Schäden an der Isolierung.
3. Schließe die elektrischen Leitungen an die richtigen Anschlüsse an.
4. Beginne mit dem Experimentieren erst, wenn die Lehrerin oder der Lehrer den Versuchsaufbau abgenommen hat.
5. Erhöhe die Spannung mittels des Drehknopfes in kleinen Schritten.

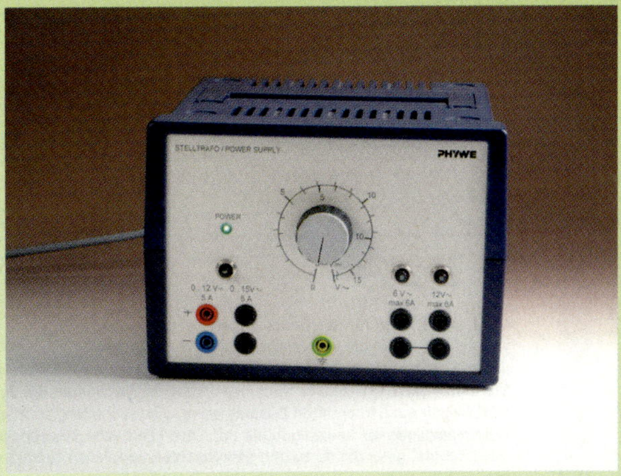

2 Stromversorgungsgerät

Tipps für das Experimentieren

1. Lies die Arbeitsaufträge vor Versuchsbeginn sorgfältig und vollständig durch.
2. Besprich die Versuchsanordnung mit deinen Mitschülerinnen und Mitschülern.
3. Stelle alle Geräte vor Versuchsbeginn bereit. Benutze diese erst nach ausdrücklicher Erlaubnis.
4. Baue alle Geräte übersichtlich und standsicher auf.
5. Bewege die Geräte während des Versuches nicht unnötig.

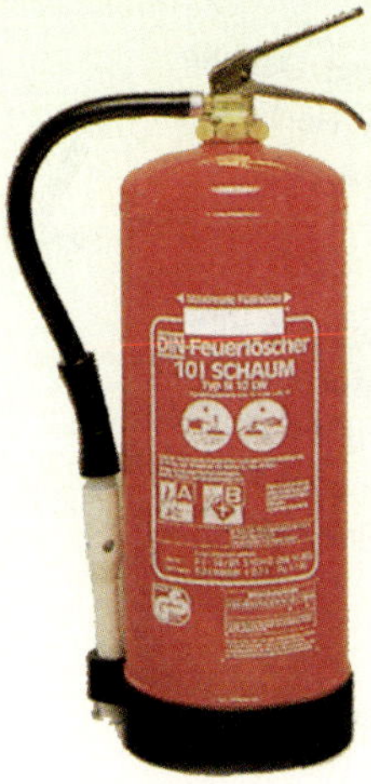

Wichtige Geräte für die Sicherheit

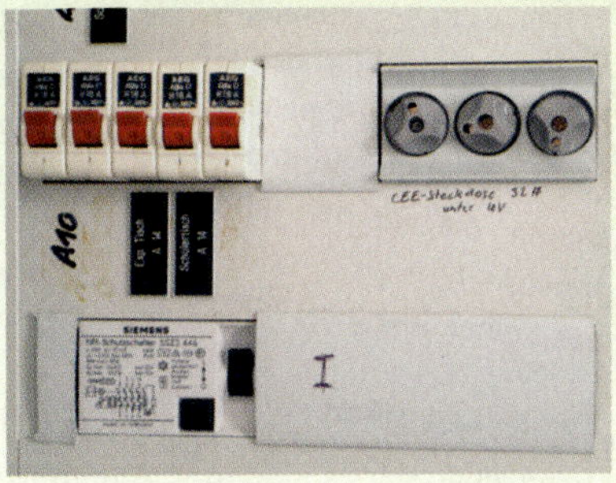

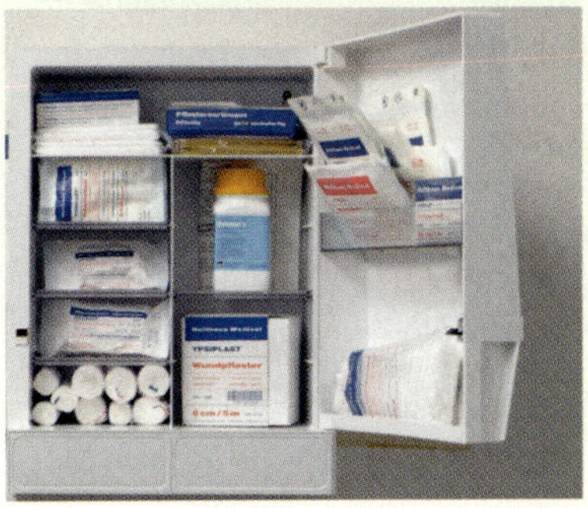

Verhalten beim Experimentieren

1. Beim Experimentieren mit offener Flamme musst du eine Schutzbrille tragen.
2. Schalte bei Versuchen mit elektrischem Strom die Schaltung erst dann ein, wenn die Lehrerin oder der Lehrer sie abgenommen hat.
3. Verlasse während des Versuches möglichst nicht den Platz deiner Gruppe, damit andere Gruppen bei ihrer Arbeit nicht gestört werden.
4. Hinterlasse nach jedem Experiment den Arbeitsplatz sauber und aufgeräumt.
5. Gib die Versuchsgeräte in die dazu bestimmten Kästen und Fächer zurück.

Methode

Internetrecherche – gewusst wie

Suchmaschinen für Suchmaschinen
www.klug-suchen.de; www.metager.de
Diese Suchmaschinen listen Suchmaschinen für spezielle Gebiete auf. Sie führen nicht wie andere Suchmaschinen zu Webseiten, die den Suchbegriff auch in anderen Zusammenhängen enthalten, sondern listen Suchmaschinen für Spezialgebiete auf. Über die Links „Wissenschaft" und „Schule" gelangst du zu den gewünschten speziellen Suchmaschinen.

Enzyklopädien helfen weiter
www.wikipedia.de; www.wissen.de
Enzyklopädien sind Sammlungen des Wissens aus vielen Fachbereichen. Hinter diesen Internetadressen verbergen sich Organisationen, die es sich zum Ziel gesetzt haben, das Wissen der Menschheit zusammenzutragen. Jeder kann diesen Enzyklopädien Texte hinzufügen. Diese werden zwar regelmäßig auf ihre Richtigkeit hin überprüft, es können jedoch für eine gewisse Zeit fehlerhafte Inhalte vorhanden sein.
In den Texten finden sich blau gekennzeichnete Links, die wiederum auf weiterführende Information zum jeweiligen Begriff verweisen.

Internetseiten mit physikalischen Themen
www.walter-fendt.de
www.schulphysik.de
www.leifi.Physik.uni-muenchen.de
www.hyperphysics.phy-astr.gsu
Diese Seiten haben sich auf naturwissenschaftliche Themen spezialisiert. Sie sind zum Teil von Lehrern oder Schulen ins Internet gesetzt worden. Die Texte sind oft gut verständlich. Für Simulation von Experimenten wird eine Software angeboten, die bewegte Grafiken ermöglicht. Sie ist kostenlos aus dem Internet erhältlich.
Die letzte Internetadresse verweist auf eine englischsprachige Seite. Sie enthält Mind-Maps, die zu verschiedenen Themen führen.

Achtung
Beschränke dich auf wichtige Seiten und lass dich nicht vom Thema abbringen. Suche gezielt!

Shortcuts
Strg A – Markieren
Strg C – Kopieren
Strg V – Einfügen
Strg P – Drucken
Strg F – Suchen

Quellenangabe und Datum
Texte, die du im Internet findest, unterliegen dem Urheberrecht. Wenn du sie wörtlich übernimmst, musst du das in deinem Text deutlich kennzeichnen. Am Ende des Textes muss dann ein Quellenverzeichnis erscheinen, in dem die Quellen mit genauer Internetadresse und Datum des Zugriffs verzeichnet sind. Auch bei Übernahmen, die nur den Inhalt eines Textes wiedergeben, ist die Quellenangabe sinnvoll.
Beachte: Die Angabe einer Suchmaschine ist keine Quellenangabe.

Es ist nicht alles Gold, was glänzt
In das Internet kann jeder Texte setzen, egal ob sie wahr oder falsch sind. Deshalb ist es wichtig zu entscheiden, welche Seiten genommen werden sollen. Hochschulen, Schulen und bekannten Institutionen kannst du in der Regel vertrauen.

Verdächtige Seiten
Hin und wieder gelangst du auf Seiten, die Gewalt, Straftaten oder sexuelle Inhalte darstellen. Ziehe dann sofort einen Erwachsenen zu Rate. Er kann dafür sorgen, dass der Anbieter angezeigt wird. Schließe auch niemals ohne Zustimmung deiner Eltern Verträge im Internet ab. Gib keine privaten Daten, Telefonnummern oder Bankverbindungen an. Auch Preisausschreiben sind oft ein Vorwand, um an deine persönlichen Daten zu kommen und sie dann an Andere weiterzugeben.

Ein Referat vorbereiten und halten

Thema finden
Jörn soll im Physikunterricht ein Referat über sein Hobby Lego®-Technic halten. Er weiß, dass er ein Thema finden muss, das seine Mitschülerinnen und Mitschüler interessiert.
Dazu hat er sich den Baukasten für den Mini-Gabelstapler ausgesucht.

Informationen suchen
Für seinen Vortrag sucht er Material in den Begleitheften und Büchern, die er von Lego® besitzt. Weitere Texte und Bilder findet er im Internet.

Bilder, Filme, Poster und Exponate machen den Vortrag anschaulich und wecken Interesse. Er verwendet nur Material, mit dem er selbst vertraut ist, und prüft, ob die Texte fehlerfrei sind.

Gliederung anlegen
Anhand seiner Materialsammlung überlegt sich Jörn, welche Teile des umfangreichen Themas er darstellen will.
Er schreibt eine Gliederung des Referates auf.
Für den endgültigen Text verfährt er nach folgendem Schema:

- Finde einen interessanten Einstieg.
- Nenne wesentliche Informationen zum Thema.
- Formuliere am Schluss eine Zusammenfassung.
- Gib eventuell einen Ausblick.

Zeitrahmen festlegen
Vor dem Referat bespricht Jörn mit der Physiklehrerin, wie viel Zeit ihm zur Verfügung steht. Eventuell muss er jetzt noch Programmpunkte streichen oder hinzufügen.

Stichpunkte für den Vortrag
Da er den Vortrag frei halten will, legt er sich einige Karteikarten an, auf denen die wichtigsten Stichpunkte in der vorgesehenen Reihenfolge vermerkt sind.
Er nummeriert die Karten, damit sie nicht durcheinander geraten.

Präsentation
Um den Vortrag zu halten, benötigt er die Karteikarten, eine Uhr und das vorbereitete Anschauungsmaterial.
Bei der Präsentation beachtet er folgende Punkte:

- Sprich frei, laut und deutlich.
- Schaue deine Zuhörer an.
- Ermögliche Allen eine gute Sicht auf die Exponate.
- Halte dich an die vereinbarte Zeit.
- Stelle dich auf mögliche Fragen ein.

Das schriftliche Referat
Für das Referat in schriftlicher Form hat Jörn den Text ausformuliert. Er hat darauf geachtet, dass die Arbeit nicht überfrachtet ist. Der Text ist unterteilt in Einleitung, Hauptteil und Schluss. Texte, die er wörtlich aus Büchern oder dem Internet übernommen hat, kennzeichnet er mit einer Quellenangabe.

Zum Schluss überprüft er noch einmal die Rechtschreibung und die Grammatik und achtet auf eine ansprechende äußere Form seiner Arbeit.

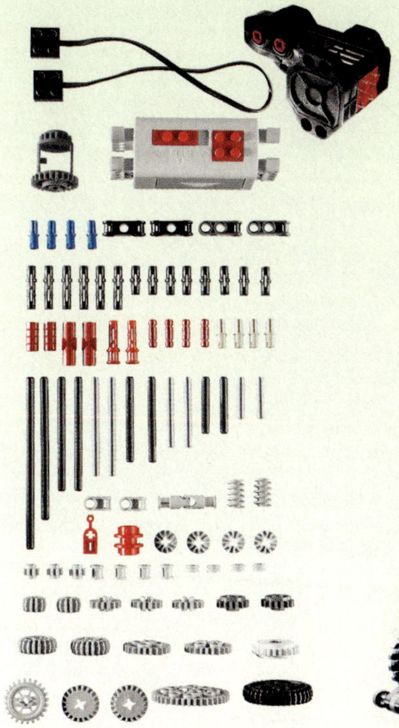
1 Motor Set

2 Rough Terrain Crane

3 Mini-Gabelstapler

Sie fliegt auf und ab –
woher hat sie die Kraft dazu?

Container hin – Container her, ohne Rollen geht es nicht. Was bewirken die Rollen?

Mechanik

Die Geschwindigkeit

1. Die Skifahrerin in Bild 1 will wie ihre Konkurrentinnen den Abfahrtslauf gewinnen. Was muss gemessen werden, um die Siegerin zu ermitteln?

2. Drei Schüler fahren mit dem Fahrrad aus dem Stand eine 30 m lange Strecke. Stoppe die benötigten Zeiten. Notiere die Zeiten jeweils in einer Tabelle.

Schüler	Strecke *s*	Zeit *t*
1	30 m	
2		
3		

3. Rolle auf dem Schulhof ein 50 m-Maßband ab. Drei Schülerinnen fahren mit dem Fahrrad nacheinander schnell am Band entlang. Ab einem festgelegten Startpunkt auf dem Maßband wird gemessen, wie weit die Schülerinnen nach 3 s jeweils gekommen sind. Notiere die zurückgelegten Strecken in der Tabelle.

Schüler	Strecke *s*	Zeit *t*
1		3 s
2		
3		

4. a) Ergänze die Tabellen aus den Versuchen 2 und 3 um eine weitere Spalte. Trage in diese Spalte den Quotienten aus *s* und *t* ein.
b) Wer ist der schnellste Fahrer und wer die schnellste Fahrerin? Begründe deine Antworten.

5. Gib folgende Geschwindigkeiten in $\frac{km}{h}$ an:
a) Pferderennen 15 $\frac{m}{s}$;
b) Motorradrennen 50 $\frac{m}{s}$;
c) Autorennen 65 $\frac{m}{s}$.

6. Begründe den Umrechnungsfaktor von $\frac{m}{s}$ in $\frac{km}{h}$.

Wer ist die Schnellste beim Rennen in Bild 1? Wird wie beim Abfahrtsrennen eine bestimmte Strecke vorgegeben, so ist die Fahrerin am schnellsten, die diese Strecke in kürzester Zeit schafft.
Ist dagegen eine bestimmte Zeit vorgegeben, gewinnt diejenige, die in dieser Zeit die längste Strecke zurücklegt. Jedes Mal ist die Gewinnerin mit der größten **Geschwindigkeit** gefahren.

Die Geschwindigkeit *v* hängt ab von der Strecke *s* und von der Zeit *t*, die für die Strecke gebraucht wird. Du kannst die Geschwindigkeit *v* berechnen, indem du den Wert der zurückgelegten Strecke *s* durch den Wert der dazu benötigten Zeit *t* dividierst.

$$v = s : t$$

Braucht ein 400 m-Läufer für seine Strecke *s* eine Zeit *t* von 50 s, so legt er in einer Sekunde 8 m zurück. Seine Geschwindigkeit beträgt also 8 $\frac{m}{s}$ (gelesen: 8 Meter pro Sekunde).

■ Die Geschwindigkeit *v* ergibt sich aus der zurückgelegten Strecke *s* und der dazu benötigten Zeit *t*.
Geschwindigkeit = Weg : Zeit; $v = s : t$.
Die Einheit ist $\frac{m}{s}$ oder $\frac{km}{h}$.

Umrechnung der Einheiten von Geschwindigkeiten

10 $\frac{m}{s}$ → · 3,6 → 36 $\frac{km}{h}$

36 $\frac{km}{h}$ → : 3,6 → 10 $\frac{m}{s}$

Hinweis
Beachte, dass der Buchstabe „s" sowohl als Zeichen *s* für die Strecke als auch als Abkürzung s für die Einheit Sekunde dient.

1 Wird sie gewinnen?

2 Start-Ziel-Sieg

3 Heiße Reifen

Die gleichförmige Bewegung

1. Miss bei einem Elektroauto wie in Bild 1 die Zeit für eine Strecke von 1 m, 2 m bis zu einer Strecke von 5 m. Übertrage die Tabelle ins Heft und vergleiche die Geschwindigkeiten.

Strecke *s*	Zeit *t*	Geschwindigkeit *v*
0 m	0 s	–
1 m		
2 m		

1 Zeiten für Teilstrecken werden gemessen.

2. Bewegen sich die Stufen einer Rolltreppe oben oder unten schneller? Begründe deine Antwort.

3. In einer Brezelbäckerei werden die Brezeln auf einem Band mit konstanter Geschwindigkeit durch den heißen Ofen gezogen.
Was muss geändert werden, wenn die Brezeln beim Backen heller oder dunkler werden sollen?

Viele Körper, die sich bewegen, ändern dabei häufig ihre Geschwindigkeit.
Der Schulbus fährt einmal langsamer, dann wieder schneller, er stoppt an einer Haltestelle und fährt wieder an. Er legt nicht in jeder Sekunde eine gleich lange Strecke zurück.
In der Pause schlenderst du einmal langsam, einmal schnell über den Schulhof. Plötzlich siehst du einen Schüler, dem du eine DVD geliehen hast. Du läufst zu ihm. Für jeden Meter Weg, den du zurücklegst, brauchst du unterschiedlich lange Zeiten.

Dagegen braucht der Koffer auf dem Transportband im Flughafen für jeden Meter, den er transportiert wird, eine gleich lange Zeit.
Hier werden in gleichen Zeitspannen gleich lange Wege zurückgelegt. Der Wert der Geschwindigkeit ändert sich nicht, er bleibt konstant. Diese Art von Bewegung heißt **gleichförmige Bewegung.**

■ Ein Körper bewegt sich gleichförmig, wenn die Geschwindigkeit gleich bleibt. Für gleich lange Wege braucht er gleich lange Zeiten.

Streifzug

Was haben Knoten mit Geschwindigkeit zu tun?

Wollte der Seemann früher die Geschwindigkeit des Schiffes bestimmen, so brauchte er dazu ein Logglas, ein Scherbrett und eine Logleine. In der Logleine, einem Seil, war jeweils im Abstand von 7 m ein Knoten. Das Scherbrett, ein dreieckiges Holzbrett, wurde so an der Logleine befestigt, dass es beim Messen der Schiffsgeschwindigkeit fast senkrecht im Wasser stand. Das Logglas war eine Sanduhr, die in 14 s ablief.

Der Seemann warf das Scherbrett ins Wasser und zählte die Anzahl der Knoten in der Leine, die durch seine Hand gingen, während die Uhr ablief. Zählte er elf Knoten, dann fuhr das Schiff mit einer Geschwindigkeit von elf Knoten, das sind etwa 20 $\frac{km}{h}$.

Die Geschwindigkeit von Schiffen wird heute noch in Knoten angegeben.
1 Knoten = 1 $\frac{\text{Seemeile}}{\text{Stunde}}$ = 1,852 $\frac{km}{h}$

2 Der Seemann zählt die Knoten.

Grafische Darstellung von gleichförmigen Bewegungen

Zeit-Geschwindigkeits-Diagramm für $v = 1{,}5\ \frac{m}{s}$

t in s	0	1	2	3	4
v in $\frac{m}{s}$	1,5	1,5	1,5	1,5	1,5

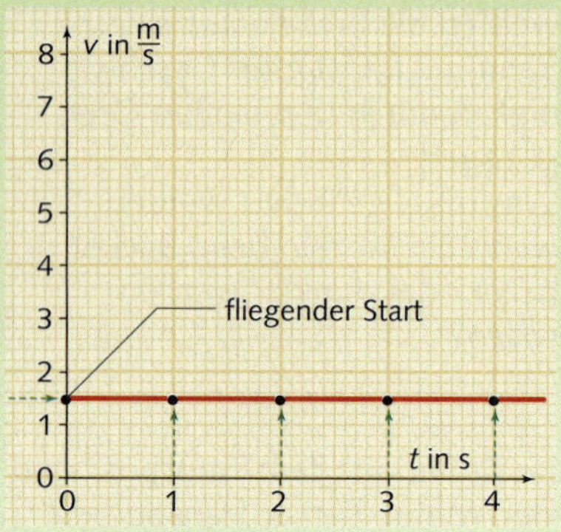

1 *t-v*-Diagramm

Bei der gleichförmigen Bewegung bleibt die Geschwindigkeit immer gleich. Der Graf im Zeit-Geschwindigkeits-Diagramm ist eine **Parallele zur Zeitachse.**

Zeichnen von Diagrammen

Aus einer Messreihe der Bewegung kannst du ein **Diagramm** erstellen. Dabei werden zwei Größen, die einander zugeordnet sind, grafisch dargestellt.

Zum Erstellen dieser Diagramme trägst du die gegebene Größe, in diesem Beispiel die Zeit t, auf der Rechtsachse ab.
Die dazugehörige gemessene Größe, die Geschwindigkeit v (Bild 1) oder die Strecke s (Bild 2), wird auf der Hochachse abgetragen.
Du überträgst die Wertepaare aus einer Wertetabelle in das Diagramm und verbindest die Punkte zu einem Grafen.

1. Erstelle Wertetabellen und jeweils ein *t-v*-Diagramm und ein *t-s*-Diagramm für eine gleichförmige Bewegung mit einer Geschwindigkeit von $v = 3\ \frac{m}{s}$.

Zeit-Weg-Diagramm für $v = 2{,}0\ \frac{m}{s}$

t in s	0	1	2	3	4
s in m	0	2,0	4,0	6,0	8,0

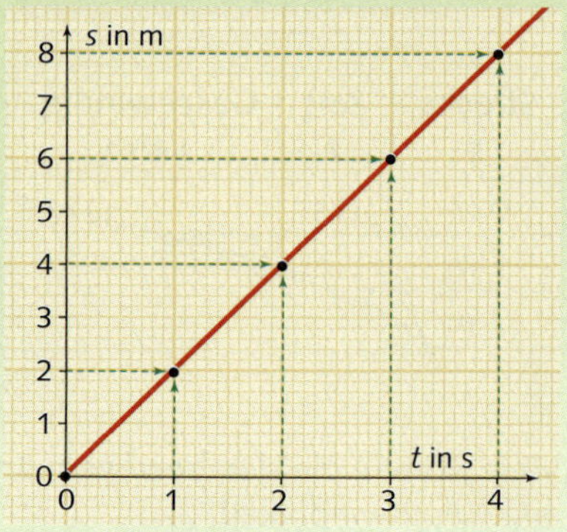

2 *t-s*-Diagramm

Bei der gleichförmigen Bewegung ist der zurückgelegte Weg proportional zur Zeit. Der Graf im Zeit-Weg-Diagramm ist eine **Ursprungsgerade.**

Ablesen von Werten aus einem Diagramm

Aus einem Diagramm kannst du zusammengehörige Wertepaare bestimmen.
So kannst du ablesen, welche Strecke im *t-s*-Diagramm in Bild 3 nach 2 s zurückgelegt worden ist. Dazu gehst du auf der Rechtsachse bei $t = 2$ s senkrecht nach oben, bis du den Grafen erreichst. Von diesem Punkt gehst du waagerecht zur Hochachse und kannst den dazugehörigen Wert $s = 1$ m ablesen. Der Gegenstand hat also in 2 s eine Strecke von 1 m zurückgelegt.
Du kannst auch bestimmen, welche Zeit für die Strecke $s = 3$ m benötigt wird. Auf der Hochachse gehst du bei $s = 3$ m waagerecht bis zum Grafen und dann senkrecht nach unten auf die Rechtsachse. Hier kannst du die dazugehörige Zeit $t = 6$ s ablesen. Der Gegenstand hat also 6 s für die Strecke von 3 m benötigt.

2. a) Bestimme aus dem Diagramm die Zeiten für die Strecken 1,5 m, 2 m und 2,5 m.
b) Bestimme die Strecken für die Zeiten 1 s, 2,5 s und 3 s.

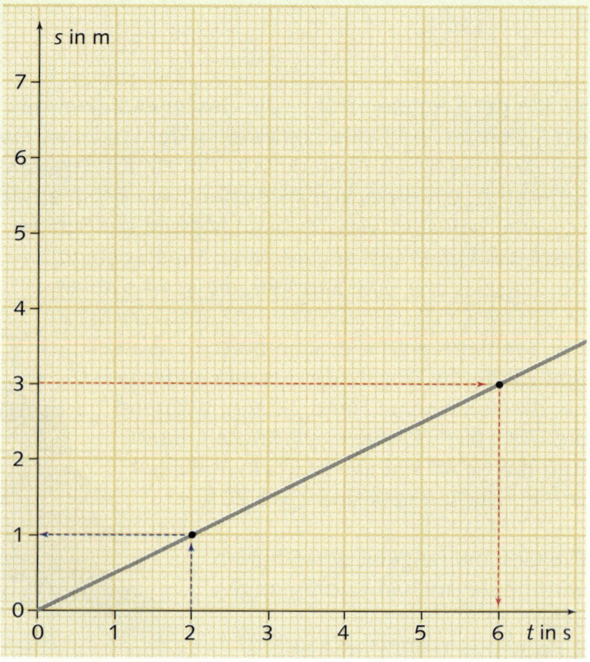

3 *t-s*-Diagramm

Schnell und langsam

Der Gepard ist unter den Landtieren der schnellste Jäger. Nach scharfem Sprint erreicht er aus der Ruhe eine Geschwindigkeit von bis zu 120 $\frac{km}{h}$. Diese Geschwindigkeit kann er aber nicht lange beibehalten.

1. Nenne andere Landtiere, die Geschwindigkeiten von über 90 $\frac{km}{h}$ erreichen können.

Weinbergschnecken wie auch andere Schnecken bewegen sich sehr langsam. Eine Weinbergschnecke legt in einem ebenen Gelände durchschnittlich 7 m in 1 h zurück.

2. Nenne Landtiere, die sich noch langsamer bewegen als Weinbergschnecken.

Der Seefahrer Sir Francis Beaufort (1774–1857) (gesprochen: Frænzis Bohfohr) entwickelte 1806 eine Maßeinheit für Windstärken, die sich nach den Windgeschwindigkeiten richtete. Gleichzeitig beschrieb er die Wirkung des Windes an Land und auf See. Ihm zu Ehren ist die Einheit der Windstärke Beaufort (bft) genannt worden.

Windstärkenskala nach Beaufort

Windstärke in bft	Bezeichnung	Windgeschwindigkeit in Knoten	Windgeschwindigkeit in $\frac{m}{s}$	Auswirkungen des Windes an Land
0	Windstille	0 – < 1	0 – < 0,3	Rauch steigt gerade empor
1	leiser Zug	1 – < 4	0,3 – < 1,6	Zug des Rauches erkennbar
2	leichte Brise	4 – < 7	1,6 – < 3,4	Wind ist im Gesicht fühlbar
3	schwache Brise	7 – < 11	3,4 – < 5,5	Zweige bewegen sich
4	mäßige Brise	11 – < 16	5,5 – < 8,0	Staub hebt sich
5	frische Brise	16 – < 22	8,0 – < 10,8	kleine Bäume schwanken
6	starker Wind	22 – < 28	10,8 – < 13,9	Pfeiftöne an Drahtleitungen
7	steifer Wind	28 – < 34	13,9 – < 17,2	Gehen wird erschwert
8	stürmischer Wind	34 – < 41	17,2 – < 20,8	Gehen wird erheblich erschwert
9	Sturm	41 – < 48	20,8 – < 24,5	Schäden am Haus
10	schwerer Sturm	48 – < 56	24,5 – < 28,5	Bäume werden entwurzelt
11	orkanartiger Sturm	56 – < 64	28,5 – < 32,7	schwere Sturmschäden
12	Orkan	> 64	> 32,7	katastrophale Verwüstungen

3. Gib die Windgeschwindigkeiten in $\frac{km}{h}$ an.

4. Berechne die Geschwindigkeit eines 100 m-Rekordläufers.

5. Gib die Geschwindigkeiten von Gepard und Schnecke in $\frac{m}{s}$ an.

Kräfte bewirken Bewegungen und Verformungen

1. a) Fahre mit einem Fahrrad über Asphalt. Was stellst du dabei fest?
b) Beschreibe die gleiche Fahrt mit dem Fahrrad über Glatteis.

2. Eine Seilbahn fährt zur Bergstation. Plötzlich fällt der Strom aus. Was passiert?

3. Was bewirkt ein starker Wind, der auf das Segel eines Segelbootes trifft,
a) beim Segel,
b) beim Boot?

4. Drücke mit dem Daumen erst leicht, dann stärker auf einen Schwamm. Wie verändert sich der Schwamm dabei?

5. Schließe einen Gummischlauch mit einem Winkelrohr an einem Ende an den Wasserhahn an. Lege den Schlauch hin. Was geschieht, wenn der Wasserhahn aufgedreht wird?

6. Notiere Beispiele für weitere Kräfte, die Bewegungen oder Verformungen erzeugen.

1 Zwei Wirkungen der Windkraft

Bei einer Fahrradfahrt musst du **Muskelkraft** aufwenden. Willst du schneller fahren, musst du mehr Kraft einsetzen. Anstrengend wird die Fahrt bei Gegenwind. Hier spürst du deutlich, dass eine weitere Kraft wirkt, die **Windkraft.** Sie wirkt deiner Muskelkraft entgegen. Daher wird sie **Gegenkraft** genannt.

Gegenkraft ist notwendig

Eine Gegenkraft ist immer vorhanden. So kommst du beim Anfahren nur vorwärts, wenn du die Straße unter dir wegschiebst. Weil das natürlich nicht geht, bewegt sich dein Fahrrad nach vorne.
Auf einer Ölspur ist das Radfahren schwierig, weil fast keine Reibung auftritt. Deshalb kommst du hier kaum vorwärts.

Verschiedene Kräfte

Bewegungen können noch durch andere Kraftarten bewirkt werden. So wird durch Windkraft der Rotor eines Windrades bewegt. Eine Liftkabine wird durch die **elektrische Kraft** des Motors gegen die **Erdanziehungskraft** nach oben gezogen. Bei Stromausfall wirkt nur die Erdanziehungskraft. Jetzt müssen die Notbremsen mit ihrer Bremskraft die Kabine in ihrer Position halten.

2 Hier wirkt elektrische Kraft.

Der Rückstoß

Liegt ein Gartenschlauch mit offenem Ende ausgerollt auf dem Rasen, tanzt das Ende des Schlauches hin und her, wenn du den Wasserhahn öffnest. Hier wird durch die Kraft des ausströmenden Wassers eine Kraft auf den Schlauch ausgeübt, der sich dadurch in Gegenrichtung bewegt.

3 Wasser marsch!

Kraft kann noch mehr

Kraft kann außer Bewegung auch **Verformung** bewirken. Bei Sturm biegen sich die Bäume unter der Wirkung der Windkraft.
Knetmasse nimmt eine andere Form ein, wenn du sie mithilfe deiner Muskelkraft knetest.

Die physikalische Größe

Physikalische Kräfte werden mit ***F*** bezeichnet. Dabei können durch einen Zusatz am Formelzeichen, den Index, die Kräfte unterschiedlich benannt werden. So könnte für elektrische Kraft F_E, für Muskelkraft F_M geschrieben werden.
Die Maßeinheit für Kräfte ist **Newton (N).** Dieser Name wurde zu Ehren des englischen Physikers SIR ISAAC NEWTON (1643–1727) gewählt.

■ Kräfte können Bewegungen und Verformungen bewirken. Dabei tritt immer eine Gegenkraft auf. Die Maßeinheit der Kraft *F* ist Newton (N).

Kräfte ändern Bewegungen

1. Du näherst dich im Ruderboot einem Anlegesteg. Beschreibe, wie du das Boot abbremsen kannst.

2. Fahre mit dem Fahrrad eine Strecke mit gleichbleibender Geschwindigkeit. Wiederhole die Fahrt, bremse und beschleunige aber möglichst oft dabei. Erkläre, warum diese Fahrt für dich anstrengender ist als die erste.

1 **Zum Glück gab es das Kiesbett!**

2 **Die Abkürzung – eine gute Idee?**

3. Dein Freund ist mit dem Rad vorausgefahren. Du versuchst ihn jetzt einzuholen. Begründe, warum du dich mehr anstrengen musst als dein Freund.

4. Warum sind an Autorennstrecken zwischen Piste und Zuschauerabgrenzungen große Kiesflächen angelegt worden?

5. a) Du siehst in Bild 3 die hell glühende Bremsscheibe eines Autos auf einem Prüfstand. Der Test entspricht einer Schnellbremsung bei 180 $\frac{km}{h}$. Die Scheibe wurde bis zum Stillstand abgebremst. Warum glüht die Scheibe?
b) Beschreibe den gesamten Test, verwende dabei die Begriffe Kraft, Reibung, steigende Geschwindigkeit, abnehmende Geschwindigkeit.

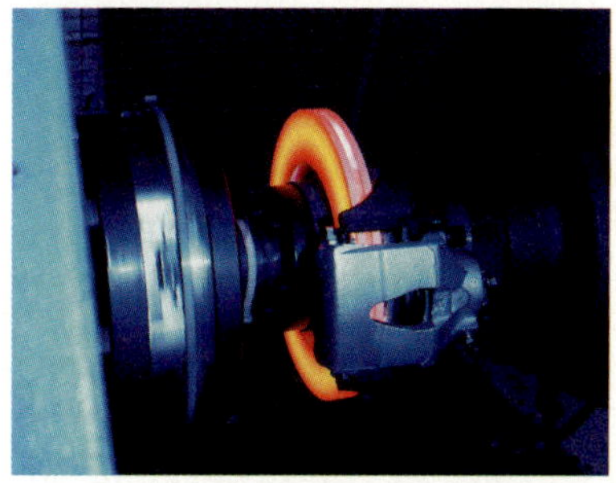

3 **Bremsscheibe auf dem Prüfstand**

Kraft und Bewegung

Die Rinder in Bild 4 rennen über die Weide. Will ein Tier von hinten an die Spitze, so muss es schneller laufen als die anderen Rinder. Es muss dafür auch mehr Kraft einsetzen. Hat es die Spitze erreicht, kann es mit konstanter Geschwindigkeit weiterlaufen und braucht dann dafür weniger Kraft.
Muss die Herde wegen eines Hindernisses plötzlich abbremsen, so müssen die Tiere wieder mehr Kraft aufwenden.
Sie brauchen zusätzlich Kraft, wenn sie schneller werden oder wenn sie langsamer werden wollen. Eine Bewegung ändert sich nur, wenn eine Kraft wirkt.

Reibung ist eine Kraft

Wenn du über einen Sandweg wie in Bild 2 fährst, brauchst du eine größere Kraft als beim Fahren auf der Straße. Hier spürst du zusätzlich eine Kraft, die jede Bewegung hemmt. Es ist die **Reibung.**
Du musst Kraft einsetzen, um dein Fahrrad zu bewegen, und eine zusätzliche Kraft, um die größere Reibung auf dem Sand zu überwinden. Die Reibung behindert deine Bewegung. Du spürst sie schon, wenn du dein Fahrrad nur rollen lässt. Die Bewegung wird langsamer.

■ Für jede Bewegungsänderung muss eine Kraft wirken. Auch die Reibung ist eine Kraft.

4 **Eine wilde Herde**

Rückstoß – eine besondere Kraft

1. Fülle wie in Bild 1 eine Experimentierrakete aus der Physiksammlung zur Hälfte mit Wasser und pumpe sie mit Luft voll. Starte die Rakete und erkläre ihre Wirkungsweise.
Achtung! Die Rakete darf beim Abschießen weder auf Personen noch auf Gebäudeteile gerichtet sein.

2. a) Stecke in den Einfüllstutzen eines Luftballons einen durchbohrten Stopfen mit Glasröhrchen mit Hahn und binde ihn fest. Befestige die Vorrichtung auf dem Experimentierwagen (Bild 3). Öffne den Hahn. Beobachte und erkläre.
b) Verändere die Versuchsbedingungen und finde heraus, wie die Größe des Rückstoßes und damit die Geschwindigkeit des Wagens verändert werden können.

3. a) Fülle zwei Stoffbeutel jeweils zur Hälfte mit Sand.
b) Zwei Schüler fahren mit ihrem Skateboard mit möglichst gleicher Geschwindigkeit nebeneinander her. Dabei hat ein Schüler die beiden Beutel in den Händen und wirft sie während der Fahrt nach hinten.
Wie verändert sich die Geschwindigkeit des werfenden Schülers? Erkläre deine Beobachtung.
Achtung! Schutzkleidung für Skateboard-Fahrer tragen!

Ein besonderes Fahrzeug

Ein heller Feuerschweif tritt aus der Rakete aus. Wenige Minuten nach dem Start hat die Rakete eine Geschwindigkeit von über 1000 $\frac{m}{s}$ erreicht. Und sie wird noch viel schneller.

Eine besondere Gegenkraft

Beim Start der Rakete wirken zwei physikalische Körper zusammen: die ausströmenden heißen Gase der Rakete und die Rakete selbst. Durch die ausströmenden Gase wirkt auf die Rakete eine Kraft, die der Bewegung der Gase entgegengesetzt gerichtet ist. Diese Gegenkraft heißt **Rückstoß.** Sie bewegt die Rakete nach oben.

Der Antrieb durch Rückstoß tritt nicht nur bei Raketen auf. Triebwerke von Düsenflugzeugen arbeiten nach demselben Prinzip. In der Natur nutzen Tiere wie Quallen den Rückstoß, wenn sie sich im Wasser bewegen. Springst du aus einem Ruderboot an Land, so bewegt sich das Boot in die entgegengesetzte Richtung. Auch hier wirkt der Rückstoß.

■ Der Rückstoß ist eine Kraft, die entsteht, wenn ein Körper von einem anderen Körper weggestoßen wird.

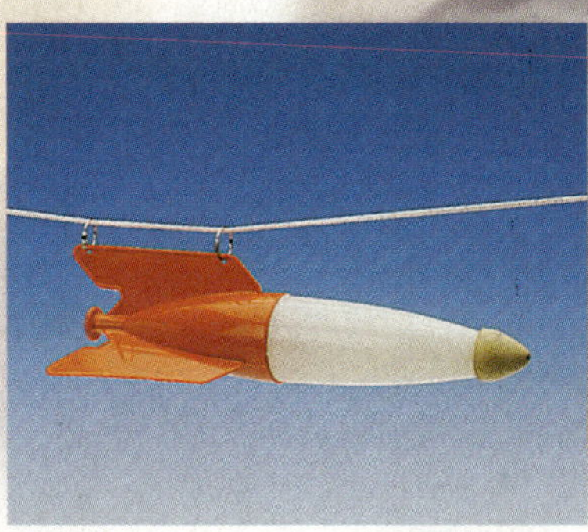

1 Für den Weltraum reicht es nicht.

2 Das reicht für den Weltraum.

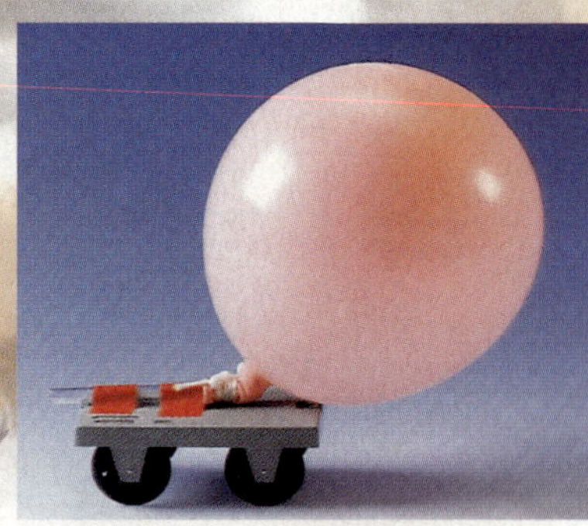

3 Wagen mit Luftantrieb

Gleiche Kraft – verschiedene Wirkungen
Verschiedene Kräfte – gleiche Wirkung

Der Schwimmer und der Mann an der Seilwinde setzen Muskelkraft ein. Hier bewirkt die Muskelkraft beim Schwimmer Fortbewegung, der Mann an der Seilwinde kann mithilfe der Muskelkraft Körper heben.

Sowohl die Bohrmaschine als auch der Staubsauger werden durch elektrische Kraft angetrieben. Bei der Bohrmaschine bewirkt die elektrische Kraft die Drehung des Bohrers, beim Staubsauger erzeugt sie einen Unterdruck.

1. Suche weitere Beispiele für gleiche Kraft mit verschiedenen Wirkungen.

Der Wind bläht die Segel und treibt das Segelboot vorwärts.

Das Motorboot wird durch die Kraft eines Verbrennungsmotors bewegt.

Bei einer Dampflok wird durch Verbrennung von Kohle oder Öl aus Wasser Dampf erzeugt. Die Kraft des Dampfes treibt die Lok an.

Elektroloks werden durch Elektromotoren angetrieben. In ihnen wirkt elektrische Kraft. Diese bewirkt den Antrieb.

2. Suche weitere Beispiele für verschiedene Kräfte mit gleicher Wirkung.

Elastische und plastische Körper

1 Das waren noch Zeiten!

1. Vergleiche jeweils die Form des Sandhaufens und des Hüpfballs in Bild 1,
a) bevor die Kinder darauf sitzen;
b) während die Kinder darauf sitzen;
c) nachdem die Kinder darauf gesessen haben.

2. Spanne eine dünne Stricknadel an einem Ende in die Stativmuffe. Drücke erst leicht, dann immer stärker auf das freie Ende der Nadel. Lass nach jedem Drücken die Nadel wieder los. Beschreibe und erkläre deine Beobachtungen.

3. Drücke mit dem Zeigefinger leicht auf deinen Unterarm. Beschreibe die Veränderung beim Drücken und nach dem Drücken.

4. Lass einen Tischtennisball und eine gleich große Kugel aus Plastilin gleichzeitig fallen. Was beobachtest du beim Aufprall
a) des Tischtennisballs?
b) der Plastilinkugel?
c) Erkläre die Ergebnisse der Versuche.

5. Begründe, um welche Art von Körpern es sich bei den Blechteilen in der Schrottpresse wie in Bild 2 handelt.

6. Vergleiche den Zusammenstoß zweier Autos beim Autoskooter mit dem Zusammenstoß zweier Autos auf der Straße.
a) Welche Autos sind elastische Körper?
b) Welche Autos sind plastische Körper?

7. Nenne jeweils drei weitere Beispiele für elastische und plastische Körper.

2 Der Schrott wird wieder verwertet.

Körper werden verformt

Drückst du mit dem Daumen auf einen aufgepumpten Fahrradreifen, dann wirkt eine Kraft auf den Reifen. Dadurch wird der Reifen verformt.

Im Inneren des Reifens tritt eine gleich große Gegenkraft auf. Sie lässt den Reifenmantel nach dem Drücken wieder hochgehen. Der Reifen nimmt durch diese Kraft wieder seine alte Form an. Danach wirkt keine Kraft mehr. Der Reifen ist ein **elastischer Körper.**

Drückst du auf eine leere Getränkedose, so wird die Dose eingedrückt. Sie bleibt eingedrückt, auch wenn keine Kraft mehr wirkt. Diese Verformung bleibt erhalten. Die Dose ist ein **plastischer Körper.**

■ Kräfte können Körper verformen. Wirkt von außen keine Kraft mehr, so geht die Verformung bei elastischen Körpern zurück. Bei plastischen Körpern bleibt die Verformung erhalten.

Crash-Tests

1 Ein etwas anderer Autotest

Puppen helfen

Hier werden neue Autos zu Schrott gefahren. Spezialkameras filmen dabei den Aufprall. Im Auto sitzen **Dummies.** Das sind Puppen, die dem menschlichen Körper nachgebildet sind. Sie sind vollgepackt mit Messgeräten. So kann festgestellt werden, welche Kräfte beim Aufprall auf den Körper wirken und welche Verletzungsgefahren bestehen. Die Messwerte und Filme liefern den Technikern wertvolle Informationen über die Sicherheit im Auto.

Diese wichtigen Untersuchungen werden **Crash-Tests** genannt. Bei diesen Tests erkennen die Techniker auch, ob der Innenraum eines Wagens beim Aufprall stabil bleibt oder zusammengedrückt wird.

Knautschzonen

Der Innenraum des Autos, die Fahrgastzelle, soll bei einem Unfall die Insassen schützen. Deshalb werden die Autos heute so konstruiert, dass beim Aufprall genau festgelegte Bereiche des Wagens außerhalb der Fahrgastzelle verformt werden. Diese Bereiche heißen **Knautschzonen.** Die Fahrgastzelle soll sich bei einem Aufprall nicht verformen.
Deshalb müssen die Knautschzonen die auftretenden Kräfte auffangen. Sie werden durch diese Kräfte verformt. Die Insassen haben so bei einem Unfall große Überlebenschancen.

2 Knautschzonen und stabile Fahrgastzelle

1. Durch welche Vorrichtungen im Auto werden die Insassen bei einem Unfall geschützt?

2. Informiere dich bei Verbraucherverbänden, bei Automobilclubs und in Autozeitschriften über die Ergebnisse von Crash-Tests.

Kraft ist eine gerichtete Größe

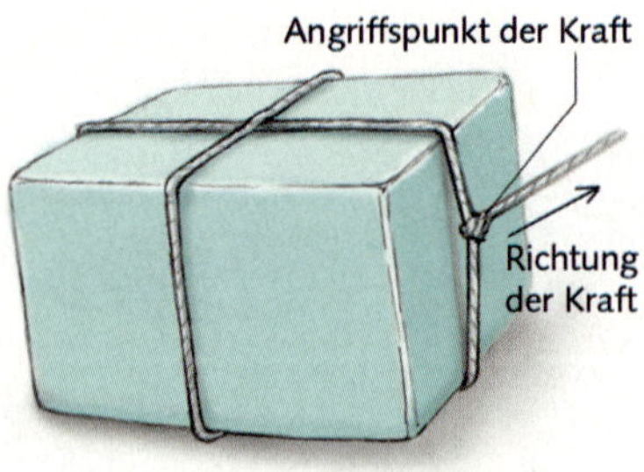

1 Auf den Klotz wirkt eine Kraft.

1. a) Umwickle einen Hartschaumklotz wie in Bild 1 mit Fäden. Befestige einen weiteren Faden jeweils an verschiedenen Stellen der Umwicklung und ziehe am anderen Fadenende.
b) Ziehe den Faden aus a) in verschiedene Richtungen, ohne den Angriffspunkt der Kraft zu verändern.
c) Ziehe mit jeweils unterschiedlicher Kraft am Faden, ohne dabei Richtung und Angriffspunkt der Kraft zu verändern. Vergleiche die Wirkungen, die dein Ziehen jeweils hat.
d) Erkläre deine Beobachtungen. Welche Größen blieben jeweils konstant, welche wurden verändert?

Der Angriffspunkt der Kraft

Eine kleine Motoryacht zieht das Tretboot von Pia und Ayse. Dabei wirkt eine Kraft von der Yacht auf das Boot. Der Angriffspunkt der Kraft liegt an der Yacht, er wird aber durch das Abschleppseil an den Bug des Tretbootes verlagert.

Die Lage des Angriffspunktes der Kraft ist für ihre Wirkung entscheidend. Läge der Angriffspunkt am Heck, so würde das Boot rückwärts fahren. Läge er in der Mitte des Bootes, so würde es sich querstellen.

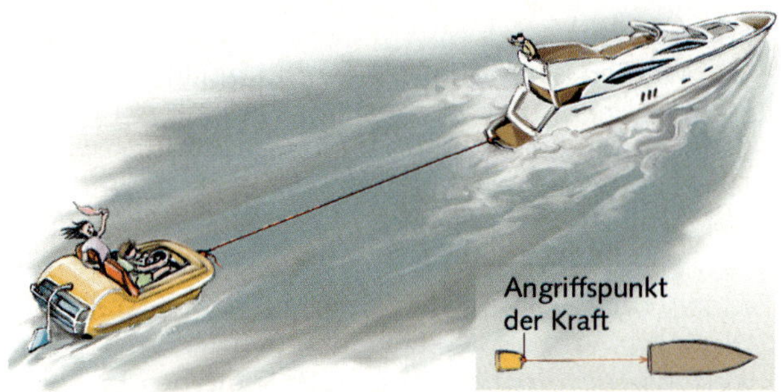

2 Auf den Punkt gebracht!

3 Die Richtung entscheidet!

Die Richtung der Kraft

Das Boot wird durch Muskelkraft bewegt. Mithilfe des Ruders können Pia und Ayse diese Kraft in unterschiedliche Richtungen wirken lassen, sodass sich das Boot in die gewählte Richtung bewegt. Für die Wirkung der Kraft ist also auch ihre Richtung entscheidend.
In einer Grafik wird die Richtung der wirkenden Kraft durch einen Pfeil angezeigt. Sein Anfangspunkt ist der Angriffspunkt der Kraft, seine Spitze zeigt die Richtung der wirkenden Kraft an.

Die Größe der Kraft

Tritt Pia kräftiger in die Pedalen, wird das Boot schneller. Bei geringerem Krafteinsatz ist das Boot langsamer. Die Größe ihrer eingesetzten Kraft ist unterschiedlich. Die unterschiedliche Größe der wirkenden Kraft hat unterschiedliche Wirkungen.
In einer Grafik wird die Größe der Kraft nach festgelegtem Maßstab durch die Länge eines Pfeils wiedergegeben. So kann beispielsweise eine Kraft von 5 N durch einen 5 cm langen Pfeil dargestellt werden.

4 Die Größe der Kraft bestimmt die Geschwindigkeit.

■ Kräfte haben drei Merkmale: den Angriffspunkt der Kraft, die Richtung der Kraft und die Größe der Kraft. Kräfte können grafisch als Pfeile dargestellt werden.

Addition und Subtraktion von Kräften

Pia trampelt, Ayse hat einen Wadenkrampf. Das Boot gleitet gemächlich durchs Wasser. Nun trampelt auch Ayse. Das Boot wird schneller.
Die Wirkung der Muskelkräfte F_P von Pia und F_A von Ayse addieren sich. Beide Kräfte können durch eine einzige Kraft ersetzt werden, da sie die gleiche Richtung und den gleichen Anfangspunkt haben. Diese Kraft heißt **Resultierende** F_R.
Zeichnerisch wird an die Spitze des Kraftpfeils F_P der Angriffspunkt von F_A gelegt. Diese beiden Kraftpfeile können durch einen neuen Pfeil F_R ersetzt werden. Er beginnt beim Anfangspunkt von Pias Kraftpfeil und endet bei der Pfeilspitze von Ayses Kraftpfeil. So wird die **Addition** von Kräften dargestellt.

Ayse trampelt. Ein kräftiger Gegenwind weht aus der Richtung, in die das Boot fahren soll. Hier wirken zwei Kräfte genau entgegengesetzt gerichtet: die Muskelkraft F_A von Ayse und die Kraft F_W des Windes. Dadurch wird die wirkende Kraft, die das Boot bewegt, kleiner.
Zur zeichnerischen Darstellung wird an die Spitze des Kraftpfeils F_A der Anfangspunkt des Pfeils F_W gelegt. Da beide Kräfte genau entgegengerichtet sind, zeigt der Pfeil F_W in die Richtung des Anfangspunktes von F_A. Der aus beiden Kräften resultierende Kraftpfeil F_R beginnt am Anfangspunkt F_A und reicht zur Pfeilspitze von F_W. So wird die **Subtraktion** von Kräften gezeichnet.

1. Auf einen Körper wirken die Kräfte $F_1 = 10$ N und $F_2 = 7$ N vom gleichen Angriffspunkt aus. Zeichne die Kraftpfeile (1 N ≙ 1 cm) und ersetze sie durch einen Pfeil für die resultierende Kraft, wenn
a) beide Kräfte in die gleiche Richtung wirken.
b) die Kraft F_2 entgegen der Kraft F_1 wirkt.

2. Vertausche die Werte von F_1 und F_2 aus Aufgabe 1 und wiederhole a) und b). Was stellst du fest?

3. Beim Tauziehen ziehen drei Schüler mit Kräften von 300 N, 350 N und 250 N in die eine Richtung. In die Gegenrichtung ziehen vier Schüler mit den Kräften von 400 N, 200 N, 150 N und 100 N.
a) Zeichne die Kraftpfeile und bestimme die Resultierende für jede Richtung.
b) Bestimme aus den beiden einzelnen Resultierenden die Gesamtresultierende. Wer gewinnt?

Der Kraftmesser

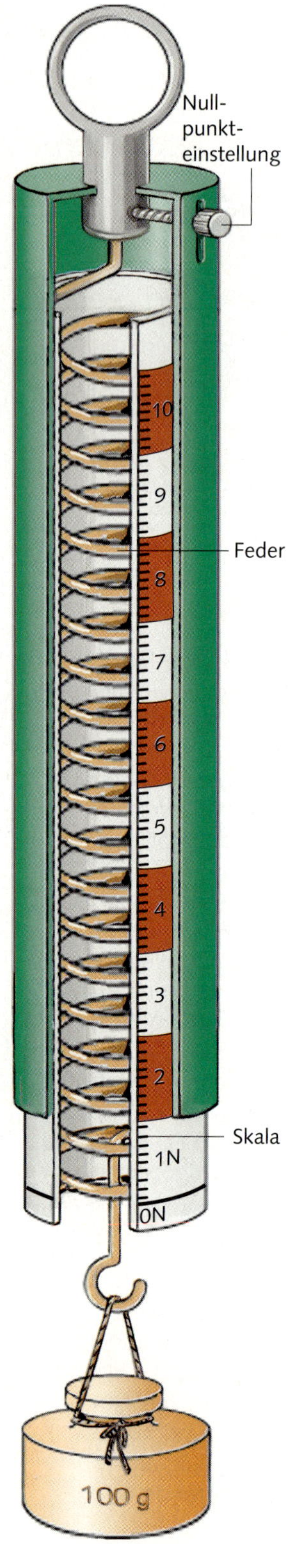

1 Kraftmesser

1. Beschreibe den Aufbau eines Kraftmessers.

2. Stelle am Kraftmesser die Nulllage ein. Belaste ihn nun nacheinander mit gleich schweren Wägestücken. Lies die Kraft ab. Erstelle eine Tabelle.

Wägestücke	1	2	
Masse in g	100		
Kraft in N			

3. Zeichne zu Versuch 2 ein Masse-Kraft-Diagramm wie in Bild 2. Beschreibe den Grafen.

4. a) Lies aus dem Diagramm aus Aufgabe 3 die zugehörige Masse für 7 N und 3 N ab.
b) Welche Kraft wirkt, wenn die Masse 150 g, 350 g oder 650 g am Kraftmesser hängt?

5. Begründe, warum Kraftmesser nur zum Messen von Kräften innerhalb ihres Messbereiches eingesetzt werden dürfen.

6. a) Welcher Gewichtskraft entsprechen 3,5 kg?
b) Welcher Masse entsprechen 7,2 N?

Aufbau eines Kraftmessers
In der Hülle eines Kraftmessers befindet sich eine Schraubenfeder, die von einer Skala umgeben ist. Das Ende der Feder schaut als Haken unten aus der Hülle heraus. Es gibt außerdem eine Schraube zur Nullpunkteinstellung.

Die Gewichtskraft
Hängst du an einen Kraftmesser einen Gegenstand, so kannst du beobachten, dass die Feder sich verlängert. Auf den Gegenstand wirkt eine **Gewichtskraft F_G**, die in Newton (N) gemessen wird.
Eine Gewichtskraft F_G erfahren alle Körper durch die Erdanziehungskraft, die in Richtung des Erdmittelpunktes wirkt.

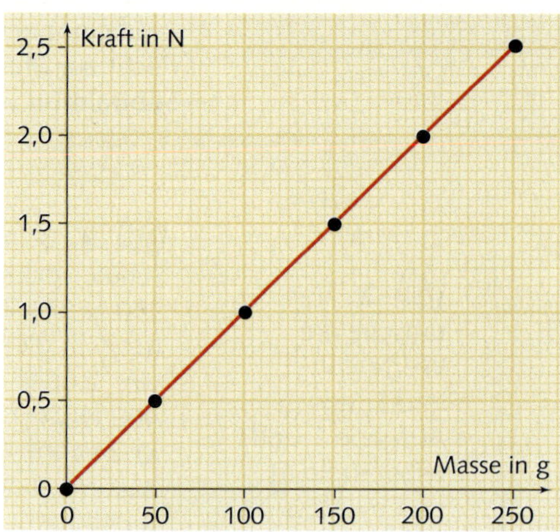

2 Masse-Kraft-Diagramm

Messen mit dem Kraftmesser
Ein angehängtes Wägestück mit einer Masse von 100 g wirkt auf einen Kraftmesser mit einer Gewichtskraft von ungefähr F_G = 1 N. Daraus folgt, dass eine Masse von 1 kg ungefähr einer Gewichtskraft von 10 N entspricht.

Der Bereich zwischen 0 N und der größten Kraft, die am Kraftmesser jeweils abgelesen werden kann, wird **Messbereich** genannt.

Wird der Kraftmesser zu stark belastet, so wird er überdehnt. Er zieht sich dann nach der Belastung nicht in seine ursprüngliche Länge zurück und ist anschließend unbrauchbar.

■ Kraftmesser enthalten eine Schraubenfeder, die durch die einwirkende Gewichtskraft F_G verlängert wird. Die Verlängerung der Feder zeigt an, wie groß die wirkende Kraft F ist.
Eine Masse von 1 kg entspricht ungefähr einer Gewichtskraft von 10 N.

Kraftmesser – selbst gebaut

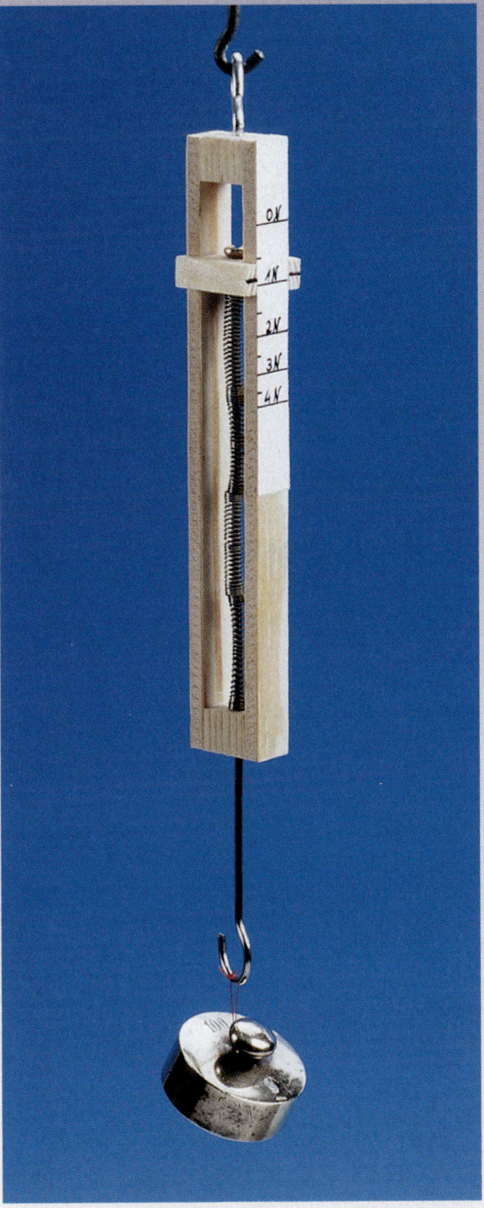

1 Der fertige Kraftmesser

Materialliste

- 2 Sperrholzleisten 15 cm x 12 mm x 4 mm
- 2 Holzklötzchen 12 mm x 12 mm x 12 mm
- 1 Holzklötzchen 7 mm x 12 mm x 12 mm
- 2 Sperrholzleisten 7 mm x 20 mm x 4 mm
- 1 Fahrradspeiche mit Nippel
- 4 Stahlfedern aus Druckkugelschreibern
- 1 Schraubhaken

Bauanleitung

Kürze die Speiche vom Gewinde aus auf eine Länge von 19 cm und biege das Ende ohne Gewinde zu einem Haken. Durchbohre die 3 Klötzchen in der Mitte der Fläche von 12 mm x 12 mm.

Leime die beiden großen Leisten auf die 10 mm breiten Seitenflächen der größeren Klötzchen.

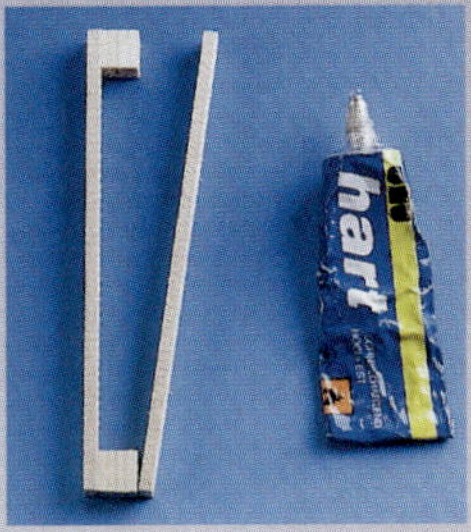

Leime die beiden kleinen Leisten auf die 10 mm breiten Seitenflächen des kleinen Klötzchens. Schiebe den Speichennippel in die Bohrung.

Schmirgele die inneren Flächen des kleineren Bauteils glatt. Setze es dann in das größere Bauteil ein. Es muss leicht auf- und abgleiten können.

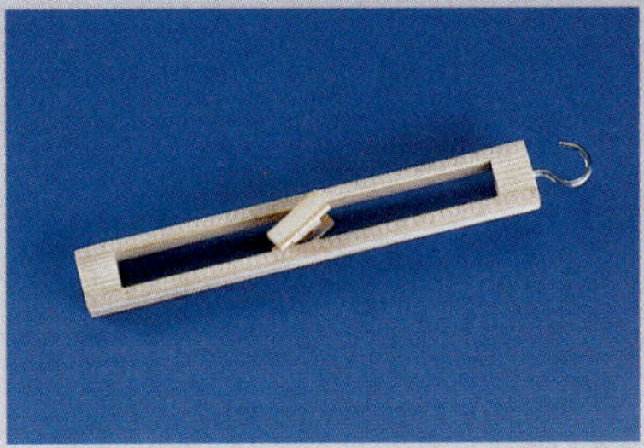

Schiebe die Speiche erst durch das untere Klötzchen, dann durch die Federn. Schraube das Speichenende in den Nippel. Schraube zum Abschluss den Haken in das obere Klötzchen.

Eichung des Kraftmessers

Markiere auf einer der großen Leisten, an welcher Stelle sich das verschiebbare Bauteil ohne Belastung des Kraftmessers befindet. Schreibe 0 N an diese Markierung.
Hänge nacheinander 1, 2, 3 … Wägestücke von jeweils 50 g an den unteren Draht, bis der Kraftmesser nicht mehr weiter messen kann. Markiere jeweils, an welcher Stelle sich das verschiebbare Bauteil befindet.
Schreibe nacheinander 0,5 N; 1 N; 1,5 N … an die Markierung.

Einsatz des Kraftmessers

Miss, mit welcher Kraft
- zwei Bananen zur Erde gezogen werden.
- du ein Buch über den Tisch ziehen kannst.

Suche weitere Beispiele, an denen du deinen Kraftmesser ausprobieren kannst.

Das hookesche Gesetz

1. a) Hänge an eine Schraubenfeder nacheinander mehrere gleiche Wägestücke. Miss jeweils die Verlängerung der Feder ab der Nullstellung. Trage die Werte ein. Was stellst du fest?

Masse in g	0	50	100	
Kraft F in N	0			
Verlängerung ℓ in cm	0			

b) Erstelle mit den Werten aus a) ein Kraft-Verlängerungs-Diagramm wie in Bild 2. Interpretiere den zugehörigen Grafen. Benutze dazu die Methode „Umgang mit Wertetabellen und Grafen".

2. Eine Schraubenfeder wird mit 3 N belastet und verlängert sich dabei um 6 cm. Berechne, wie weit sich die Feder bei 5 N verlängert.

3. Woran erkennst du in Bild 3, welcher Graf zu einer weichen und welcher Graf zu einer harten Feder gehört? Begründe deine Entscheidung.

1 Verlängerung von Schraubenfedern

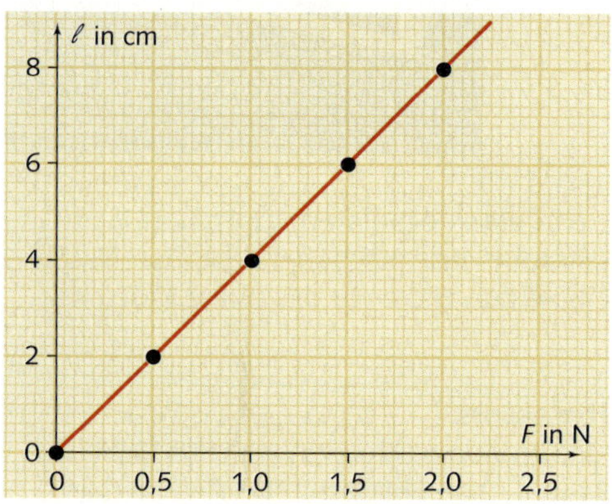

2 Kraft-Verlängerungs-Diagramm

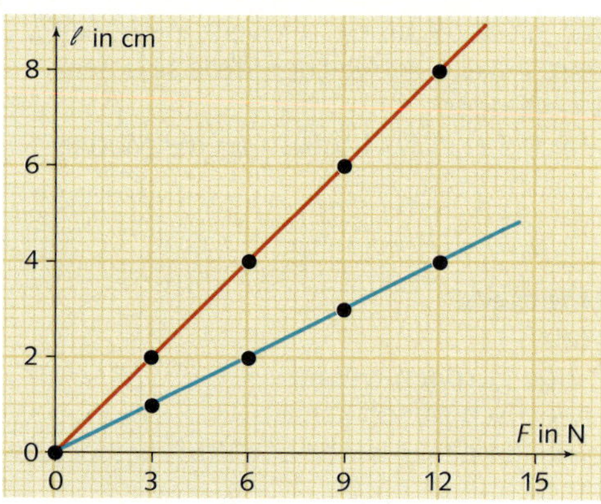

3 F-ℓ-Diagramm zweier Schraubenfedern

Kraft und Verlängerung sind proportional

Je größer die Kraft ist, mit der eine Feder auseinandergezogen wird, desto größer ist auch die Verlängerung der Feder. Kraft und Verlängerung sind proportional zueinander. Dieser Zusammenhang heißt **hookesches Gesetz.** Es wurde nach dem englischen Physiker Robert Hooke (1635–1703) benannt. Das Kraft-Verlängerungs-Diagramm der Feder zeigt eine Gerade durch den Ursprung.

Dividierst du für eine Schraubenfeder jeweils den Wert für die Kraft F durch den Wert für die Verlängerung ℓ, erhältst du immer den gleichen Quotienten. Das ist die **Federkonstante** D dieser Schraubenfeder. Es gilt:

$$D = \frac{F}{\ell}$$

Die Maßeinheit der Federkonstanten D wird in $\frac{N}{m}$ angegeben.

Jede Feder hat ihre eigene, materialabhängige Federkonstante. Ist der Wert niedrig, handelt es sich um eine **weiche Feder.** Ist der Wert hoch, handelt es sich um eine **harte Feder.**

■ Bei einer Schraubenfeder sind Kraft und Verlängerung proportional zueinander. Dieser Zusammenhang wird hookesches Gesetz genannt.
Die Federkonstante D errechnet sich als Quotient aus Kraft F und Verlängerung ℓ der Feder. Sie wird in $\frac{N}{m}$ angegeben.

Plastisch oder elastisch?

1. a) Hänge ein Gummiband an ein Stativ, miss seine Ausgangslänge und belaste es nacheinander mit gleichen Wägestücken. Trage die Messwerte in eine Tabelle ein.
b) Erstelle ein Kraft-Verlängerungs-Diagramm. Was stellst du fest?

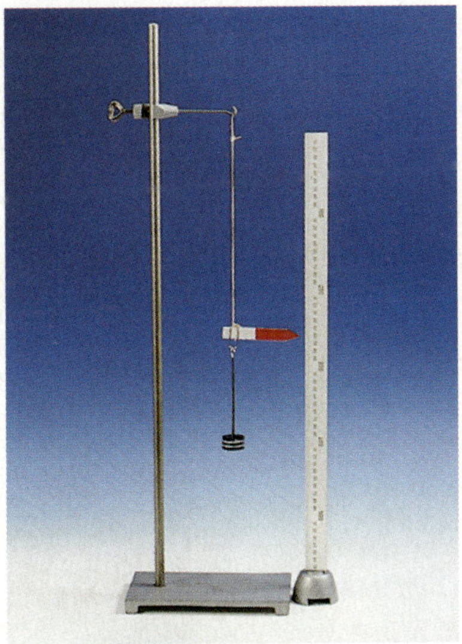

1 Verlängerung eines Gummibandes

2. Vergleiche das F-ℓ-Diagramm des Gummibandes von Versuch 1 mit dem F-ℓ-Diagramm einer Schraubenfeder.

3. Beschreibe, wie sich das Gummiband
a) bei zunehmender Belastung,
b) nach dem Versuch verhält.

4. Begründe, warum sich Gummibänder nicht zur Herstellung von Kraftmessern eignen.

Gummibänder dehnen sich

Eine Schraubenfeder verlängert sich bei Belastung proportional zur einwirkenden Gewichtskraft.
Auf den ersten Blick scheinen sich Gummibänder ähnlich zu verhalten. Wenn sie belastet werden, verlängern sie sich. Diese Verlängerung nimmt zu, wenn die Kraft größer wird. Ab einer bestimmten Belastung sind Kraft und Verlängerung jedoch nicht mehr proportional zueinander. Das kannst du am zugehörigen Grafen erkennen. Er ist keine Gerade. Für Gummibänder gilt also das hookesche Gesetz nicht. Wird das Gummiband zu stark belastet, reißt es.

Gummibänder, die überdehnt wurden, ziehen sich ohne Belastung nicht wieder auf ihre ursprüngliche Länge zusammen. Sie bleiben etwas länger als vor der Dehnung. Diese Veränderung wird **plastische Verformung** genannt.
Wird eine Schraubenfeder entlastet, so nimmt sie wieder ihre ursprüngliche Länge ein. Hier handelt es sich um eine **elastische Verformung.**

■ Bei Gummibändern sind Kraft und Verlängerung nicht proportional zueinander. Ein gedehntes Gummiband zieht sich nicht wieder auf seine ursprüngliche Länge zurück.

Streifzug

Lianenspringer

Erfinder des Bungeejumpings

Auf der zu dem südpazifischen Inselstaat Vanuatu gehörenden Insel Pentecôte findet jedes Jahr ab April nach der Regenzeit das Sprungfest Naghol statt, was so viel wie „Land tauchen“ bedeutet. An einem mächtigen Baumstamm werden große Plattformen in unterschiedlichen Höhen angebracht. Jungen und junge Männer suchen sich kräftige Lianen aus, die sie an ihre Fußknöchel binden. So gesichert, springen sie aus bis zu 35 m Höhe von den Plattformen auf einen frisch aufgeschütteten Hügel.
Die Kunst, diesen Sprung zu überleben, besteht darin, eine Liane zu finden, die durch die Regenzeit die nötige Elastizität hat, den Sprung abzufedern. Außerdem muss die Liane die passende Länge für die Sprunghöhe haben.

In diesem Brauch hat das Bungeespringen seinen Ursprung . Für die Sicherheit des Springers ist das Gummiseil zuständig. Es hat heute als Überdehnschutz ein Kunststoffseil, parallel zum Gummiseil.

2 Lianenspringer von Pentecôte

Hookesches Gesetz oder plastische Verformung?

1. Besorgt euch aus der Sporthalle Latexbänder unterschiedlicher Farbe. Bildet Gruppen und untersucht jeweils ein Latexband einer bestimmten Farbe.
a) Befestigt das Latexband sorgfältig an einem Ende. Markiert mit Kreppband die Stellen auf der Unterlage, an denen das Latexband
- die Ausgangslänge,
- das 1,25-fache der Ausgangslänge,
- das 1,5-fache der Ausgangslänge,
- das 1,75-fache der Ausgangslänge,
- das 2-fache der Ausgangslänge hat.

b) An dem losen Ende des Latexbandes wird ein Kraftmesser sorgfältig befestigt. Dehnt in einer Messreihe das Band auf die oben beschriebenen Längen. Beachtet, dass der Kraftmesser dabei nicht überdehnt wird.
c) Tragt die gemessenen Werte in eine Messtabelle ein und erstellt ein Kraft-Verlängerungs-Diagramm.

2. a) Vergleicht die Diagramme der verschiedenen Gruppen. Was stellt ihr fest?
b) Wie verhalten sich die Latexbänder nach der jeweils letzten Messung?
c) Beantwortet die Frage in der Überschrift.

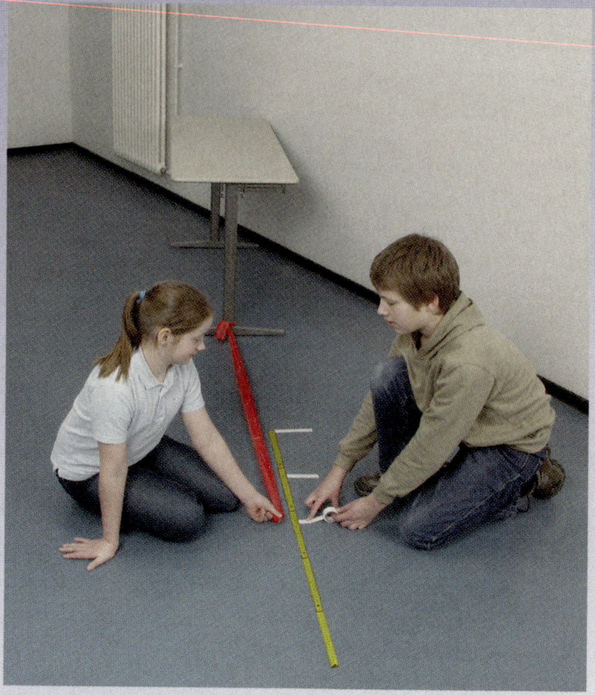

1 Latexbänder im Test

2 Latexbänder – die Farbe bestimmt die Zugkraft

Achtung! Um die Bänder vor Beschädigungen zu schützen, müssen scharfe Gegenstände wie Schmuck oder Fingernägel fern gehalten werden.

Latexbänder – Alternative zum Fitnessstudio
In den 50er Jahren des letzten Jahrhunderts kam der Physiotherapeut der deutschen Fußball-Nationalmannschaft ERICH DEUSER (1910–1993) zum ersten Mal auf die Idee, beim Krafttraining Fahrradschläuche zu benutzen.
Die Erfolge mit diesen einfachen Mitteln waren so überzeugend, dass er bis 1967 unterschiedliche Kautschukbänder entwickelte. Durch verschiedene Farben machte er die notwendigen Zugkräfte kenntlich, um bei den Bändern eine bestimmte Länge zu erreichen.

Heute werden die Bänder meistens aus Latex gefertigt. Dunkle Farben kennzeichnen hohe notwendige Zugkräfte, helle Farben niedrige Zugkräfte.

Es gibt sowohl ringförmige Bänder als auch einfache Bänder. Wenn die Bänder kürzer gegriffen oder doppelt genommen werden, verändert sich die aufzuwendende Kraft bei gleicher Verlängerung.

Umgang mit Wertetabellen und Grafen

Bei der Arbeit mit Kraftmessern hast du Messreihen durchgeführt. Dabei ist es fast unmöglich, alle Messergebnisse im Kopf zu behalten. Es ist also sinnvoll, die Versuchsergebnisse in geeigneter Form aufzuschreiben. Dafür gibt es verschiedene Möglichkeiten.

Die Wertetabelle

Um Zahlenwerte geordnet aufzuschreiben, bietet sich eine Wertetabelle an. Die Anzahl der Spalten entspricht der Anzahl der Größen, die im Versuch benötigt und ermittelt werden. Außerdem wird eine Spalte für die Nummerierung gebraucht. Die Anzahl der Zeilen entspricht der Anzahl der Versuche. Zusätzlich benötigst du eine Kopfzeile.

Beispiel 1:
Mehrere 100 g-Wägestücke (100 g ≙ 1 N) werden an eine geeignete Schraubenfeder gehängt. Die Verlängerung der Feder wird jeweils gemessen.

Versuch	Kraft *F* in N	Verlängerung *ℓ* in cm	$\frac{F}{\ell}$ in $\frac{N}{cm}$
1	1	1,5	
2	2	3,0	
3	3	4,5	
4	4	6,0	

Beispiel 2:
Mehrere 100 g-Wägestücke werden an ein Gummiband gehängt. Die Verlängerung des Gummibandes wird jeweils gemessen.

Versuch	Kraft *F* in N	Verlängerung *ℓ* in cm	$\frac{F}{\ell}$ in $\frac{N}{cm}$
1	1	2,0	
2	2	3,0	
3	3	4,2	
4	4	5,5	

1. Zeichne die Grafen von Beispiel 1 und 2 in ein Koordinatensystem und vergleiche sie. Notiere deine Beobachtungen.

2. Lies im Diagramm die zugehörigen Werte für 1,5 N und 4 cm ab.

3. Führe die Versuche aus Beispiel 1 und 2 mit 50 g-Wägestücken durch. Lege passende Wertetabellen an und zeichne die Kraft-Verlängerungs-Diagramme.

Der Graf

Die grafische Darstellung ist eine Möglichkeit, die gemessenen Werte aus der Tabelle so zu veranschaulichen, dass du alle Wertepaare auf einen Blick erkennst. Dazu werden sie in ein Koordinatensystem eingetragen. Die Kraft *F* wird dabei auf der Rechtsachse, die Verlängerung *ℓ* wird auf der Hochachse aufgetragen. So entsteht ein Kraft-Verlängerungs-Diagramm. In dieser grafischen Darstellung kannst du auch Werte ablesen, die du nicht ermittelt hast.

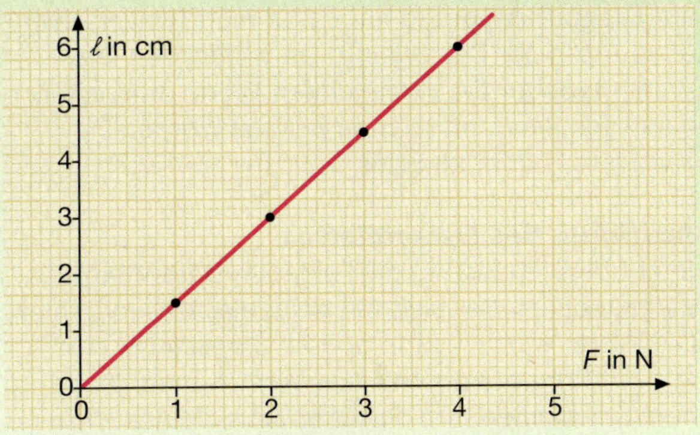

1 ***F*-*ℓ*-Diagramm für Beispiel 1**

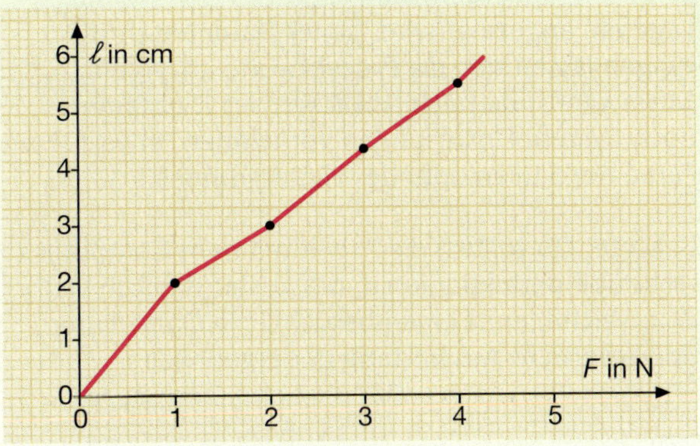

2 ***F*-*ℓ*-Diagramm für Beispiel 2**

Es ist zusätzlich möglich, die Grafen für zwei oder mehrere Versuche in ein einziges Koordinatensystem einzutragen und sie so zu vergleichen.

Diagramme mit dem Computer erstellen

Beim Arbeiten in Gruppen oder beim Lernen in Projekten müssen die Ergebnisse deiner Arbeitsgruppe auch für die anderen Gruppen aufbereitet werden. Zahlenwerte aus Messreihen solltest du klar und übersichtlich präsentieren – am besten in der Form eines Diagramms. Diagramme kannst du von Hand oder auch mit dem Computer erstellen. Textverarbeitungsprogramme helfen dir dabei.

Wahl des Diagrammtyps

Möchtest du ein **Diagramm erstellen,** gehst du mit der Maus auf **Einfügen** und dann auf **Grafik** und klickst anschließend auf **Diagramm.** Dann öffnet sich ein kleines Grafikprogramm und bietet gleich ein Beispiel für ein Diagramm an.
Nun musst du dich für einen bestimmten Diagrammtyp entscheiden. Unter **Diagramm** klickst du auf **Diagrammtyp** und findest so mehrere verschiedene Arten der Darstellung. Du wählst den Diagrammtyp, der die vorliegenden Werte am besten darstellen kann. Im rechten Beispiel wurde ein Säulendiagramm gewählt.

Ausfüllen des Datenblattes

Jetzt überschreibst du die Felder im **Datenblatt** des vorgegebenen Beispiels mit deinen aktuellen Zahlen. Die Werte werden dann optisch dargestellt.
Je nach Programm gibt es dann noch mehr Eingabemöglichkeiten, um das Diagramm deinen Wünschen anzupassen. Unter **Diagrammoptionen** lässt sich zum Beispiel ein **Titel** für das Diagramm eingeben, außerdem kannst du wählen, wo die **Legende** angezeigt wird. Unter **Datenbeschriftungen** lassen sich die Prozentwerte anzeigen. Meist kannst du nach Anklicken des Diagramms noch weitere Einstellungen vornehmen, etwa für die Farbe der Säulen oder des Hintergrundes.

Beachte: Du solltest die Arbeit mit dem Computer nicht überperfektionieren, das kostet nämlich viel Zeit. Wichtiger ist eine übersichtliche Darstellung und eine klare Auswertung der Ergebnisse.

1. a) Erstelle mit den Zahlenwerten des Beispiels jeweils ein Kreisdiagramm, ein Balkendiagramm, ein Ringdiagramm, ein Outdoor Balken-Diagramm und ein Kreisexplosionsdiagramm.
b) Vergleiche die Diagramme miteinander. Begründe, welcher Diagrammtyp hier am besten zur Darstellung geeignet ist.

Beispiel für ein Säulendiagramm

In einem Praktikum „Zugkraft – Verlängerung" hatte eine Gruppe die in Tabelle 2 dargestellten Werte gemessen. Anhand dieses Zahlenmaterials erstellte die Gruppe eine grafische Darstellung am Computer.

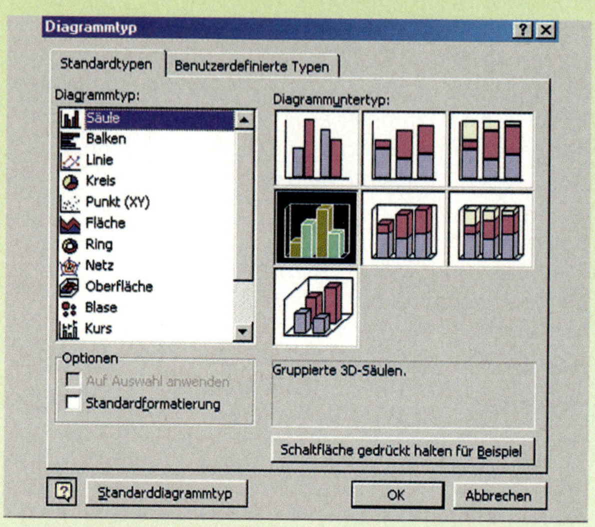

1 Unter Diagrammtyp findest du dieses Fenster.

Dokument4 - Tabelle

		A	B	C	D
	Auslenkung in cm	5	10	15	20
1	Spiralfeder	3	6	9	12
2	Spannfeder	17,5	35	52,5	71
3	Fahrradschlauch (Ring)	20	40	63	85
4	Gummiband	8	16	24	34
5	Latexband (Ring)	15	30	45	62
6					

2 Die Zahlenwerte trägst du in ein Datenblatt ein.

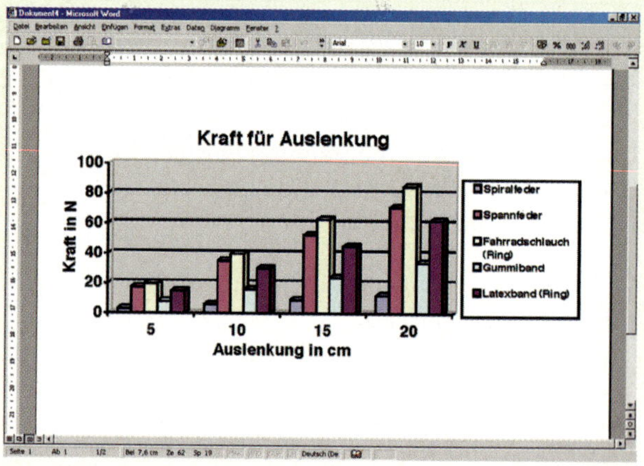

3 So sieht das fertige Säulendiagramm aus.

Materialprüfung

Streifzug

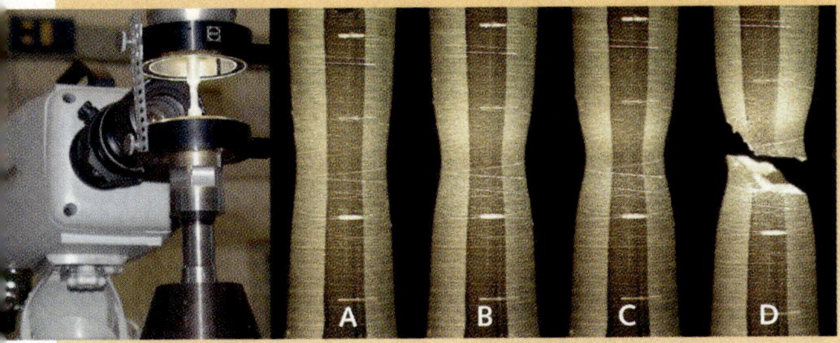

1 Zugfestigkeitsprüfung an einem Stahlbauteil

Prüfung auf Zugfestigkeit

Wirken Kräfte auf Gegenstände ein, können diese verformt oder zerstört werden. Doch ihre Belastbarkeit kann genau überprüft werden.

Gegenstände aus bestimmten Materialien werden untersucht, indem sie durch Kräfte gedehnt oder gestaucht werden, bis sie sich plastisch verformen und zerbrechen. Aus der Kraft, die das Material verformt hat, kann der Prüfer die höchstzulässige Belastung des Materials bestimmen. In Bild 1 wird ein Bauteil aus Stahl mithilfe einer Zugvorrichtung durch eine Kraft auseinandergezogen. Während in Bild 1A nur eine geringe Verformung in der Stabmitte zu erkennen ist, siehst du in den Bildern 1B und 1C, dass bei zunehmender Zugkraft eine deutliche Einschnürung in der Mitte des Stabes entsteht.

Die Zugkraft ist schließlich so groß, dass der Stab auseinandergerissen wird (Bild 1D). Reißt der Stab erst bei einer Zugkraft, die größer als die für den geplanten Einsatz vorgegebene Belastung ist, dann vergibt das Prüfinstitut ein Gütesiegel. Ein solches Bauteil darf dann verwendet werden. Bei Tests dieser Art wird auf **Zugfestigkeit** geprüft.

2 Druckfestigkeitsprüfung an Beton

Prüfung auf Druckfestigkeit

Neben der Zugfestigkeit werden Gegenstände auch auf **Druckfestigkeit** geprüft. So wird beispielsweise getestet, bis zu welcher Druckkraft Beton standhält (Bild 2). Solche Tests sind unter anderem für die Standfestigkeit von Betonbauteilen, wie die bei Kernkraftwerken, erforderlich. Hält das Material einer vorgeschriebenen Kraft nicht stand, darf es nicht zum Bau des Kraftwerkes verwendet werden.

Materialprüfungen

Auch viele Gegenstände aus dem Alltag werden strengen **Materialprüfungen** unterzogen. Sie dürfen nur von zugelassenen Prüfinstituten durchgeführt werden. So werden Fahrradhelme auf ihre Belastbarkeit bei Stoßkräften untersucht (Bild 3). Nur geprüfte Helme erhalten das Gütesiegel. Diese Belastungsgrenze wurde in Versuchen an Fahrradhelmen erforscht, indem geprüft wurde, ab welcher Krafteinwirkung der Helm zerbricht. Diese Belastung wird noch um einen Sicherheitsfaktor erhöht. Somit beschreibt die Belastungsgrenze die Kraft, der ein Helm standhalten muss, um mit Sicherheit nicht zu zerbrechen. Da die Materialien der Fahrradhelme aber altern und deren Belastungsfähigkeit dadurch nachlässt, musst du dir nach 3 bis 5 Jahren einen neuen Helm kaufen.

3 Materialprüfung bei einem Fahrradhelm

Die Erdanziehungskraft ist Ursache der Gewichtskraft

1. Schiebe einen kleinen unzerbrechlichen Gegenstand langsam über eine Tischkante. Beschreibe genau, wie er sich bewegt.

2. Wirf einen Ball senkrecht nach oben. Bitte eine Freundin oder einen Freund, den Flug des Balles genau zu beschreiben.

3. a) Betrachte einen Globus. Beschreibe, in welche Richtung Gegenstände am Nordpol, am Südpol, in Afrika und auf anderen Kontinenten fallen.
b) Wer könnte behaupten, dass du an der Erde hängst?

1 Es hat geschneit!

4. Die Bewohner Australiens werden bei uns manchmal als Antipoden bezeichnet. Finde heraus, was dieser Ausdruck bedeutet.

5. a) Forme aus Lehm oder Plastilin eine Kugel, so groß wie ein Tischtennisball. Stelle ein Wägestück von 1 kg darauf. Beschreibe, was mit der Kugel geschieht.
b) Erkläre deine Beobachtung.

6. Lege ein langes Holzlineal wie eine Brücke über zwei Klötze.
a) Drücke mit einer Hand auf die Mitte des Lineals.
b) Stelle auf die Mitte des Lineals eine volle Getränkedose.
c) Wie verändert sich das Lineal bei den Versuchen a) und b)? Erkläre jeweils deine Beobachtung.

2 Alle bleiben auf der Erde.

Was bewirkt die Gewichtskraft?
Schnee auf einem schrägen Hausdach kann abrutschen, er gerät dann in **Bewegung.** Äste biegen sich unter der Last des nassen Schnees, sie werden **verformt.**

Die Bewegung des Schnees und die Verformung der Äste werden durch die Erdanziehungskraft hervorgerufen. Der Schnee erfährt durch sie eine Gewichtskraft F_G.

In welche Richtung wirkt die Gewichtskraft?
Die Erde hat ungefähr die Form einer Kugel. Auf der Erdkugel liegt Australien etwa gegenüber von Europa. Aus der Sicht der Europäer scheinen die Menschen in Australien mit den Füßen an der Erde zu hängen. Da die Gewichtskraft F_G aber immer in Richtung Erdmittelpunkt wirkt, werden sie genauso wie die Europäer von der Erde festgehalten.

■ Alle Gegenstände werden durch ihre Gewichtskraft F_G in Richtung Erdmittelpunkt gezogen.

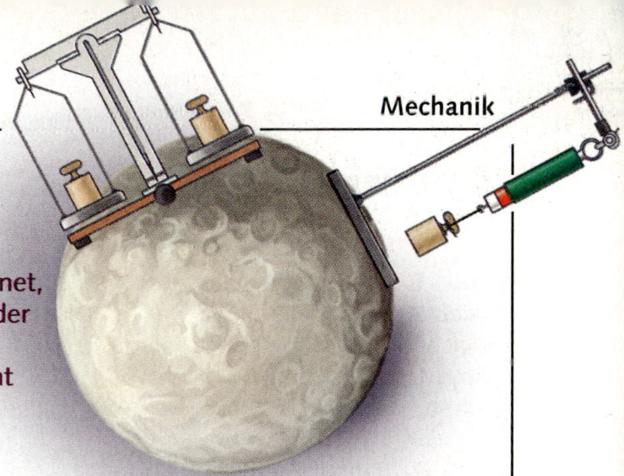

Gewichtskraft und Masse

1. a) Miss die Gewichtskraft F_G von Wägestücken aus einem Wägesatz wie in Bild 1.
b) Ermittle die Masse *m* und die Gewichtskraft F_G weiterer Gegenstände und trage diese Werte in die Tabelle ein.
c) Trage für jeden Gegenstand den Quotienten aus den Werten der 3. und 2. Spalte in die 4. Spalte ein und vergleiche die Werte.

2. a) Ermittle im Internet, wie schwer die Ausrüstung der ersten Mondfahrer war.
b) Überlege, warum sie nicht unter ihrer Last zusammenbrachen.

1	2	3	4
m		F_G	$\frac{F_G}{m}$
in g	in kg	in N	in $\frac{N}{kg}$
1000	1		

3. Die Anziehungskraft der Erde ist 6-mal so groß wie die des Mondes. Welche Gewichtskraft F_G wirkt auf eine Masse von 1 kg auf dem Mond?

Ein anderer Ort – eine andere Gewichtskraft

Eine gewaltige Ausrüstung mussten die ersten Mondfahrer mit sich herumschleppen. Filmaufnahmen zeigen aber, dass sie auf dem Mond überhaupt keine Schwierigkeiten damit hatten. In den Schuhen lagen sogar Bleisohlen, damit die Astronauten beim Laufen nicht so hoch hüpften.

Die Gewichtskraft ist auf dem Mond offensichtlich geringer als auf der Erde. Die Größe der Gewichtskraft hängt also nicht allein vom Gegenstand ab, der angezogen wird. Sie hängt auch vom Himmelskörper ab, auf dem sich der Gegenstand befindet. Der Mond zieht alle Gegenstände mit nur $\frac{1}{6}$ der Kraft an, die die Erde auf sie ausübt.
Würde derselbe Gegenstand auf der Erde und auf dem Mond an einem Kraftmesser hängen, so würde der Kraftmesser auf dem Mond nur ein Sechstel der Gewichtskraft anzeigen, die er auf der Erde anzeigen würde.

1 Balkenwaage mit Wägesatz

Die Masse ist überall gleich

Legst du einen Gegenstand auf eine Schale einer Balkenwaage, so sinkt die Schale ab. Die Waage lässt sich wieder ins Gleichgewicht bringen, wenn du auf die andere Schale passende Wägestücke legst. Auf dem Mond sind dazu beim selben Gegenstand die gleichen Wägestücke erforderlich wie auf der Erde. Mit der Balkenwaage wird eine Eigenschaft eines Körpers gemessen, die auf der Erde und auf dem Mond gleich ist. Es ist die **Masse** des Körpers. Sie ist unabhängig von dem Ort, an dem sich der Körper befindet. Die Masse wird mit dem Formelzeichen *m* bezeichnet und in Kilogramm (kg) oder Gramm (g) angegeben.

■ Die Gewichtskraft F_G, die auf einen Gegenstand wirkt, ist auf Erde und Mond unterschiedlich groß. Die Masse *m* des Gegenstandes ist überall gleich. Der Ortsfaktor *g* gibt an, mit welcher Kraft die Masse 1 kg angezogen wird.

Die Gewichtskraft ist abhängig vom Ort

Auf eine Masse von 100 g wird auf der Erde ungefähr eine Gewichtskraft von 1 N ausgeübt. Der Quotient aus Gewichtskraft und Masse ist an einem bestimmten Ort immer gleich und wird als **Ortsfaktor *g*** bezeichnet. Er beträgt für Mitteleuropa $g = 10\,\frac{N}{kg}$ (genau: $9{,}81\,\frac{N}{kg}$). Auf dem Mond gilt ungefähr $g = 1{,}67\,\frac{N}{kg}$.

Die träge Masse

1. Schnipse je einen Tischtennisball und eine etwa gleich große Holzkugel mit dem Finger an. Beschreibe, was du fühlst.

2. Baue wie in Bild 1 eine Brücke aus Streichholzschachteln. Lass zuerst den Tischtennisball, anschließend die Holzkugel aus Versuch 1 mit gleicher Geschwindigkeit dagegen rollen. Beschreibe deine Beobachtung.

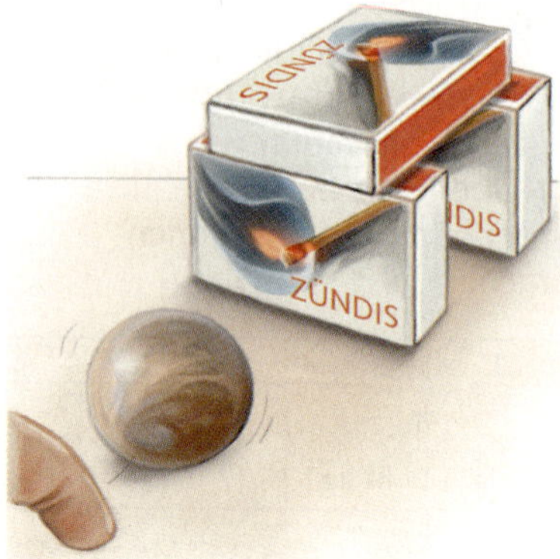

1 Brücke in Gefahr

3. **a)** Bestimme die Masse der beiden Kugeln aus Versuch 1.
b) Vergleiche die Ergebnisse mit den Beobachtungen aus den Versuchen 1 und 2.
c) Beschreibe den Zusammenhang zwischen der Masse der Kugel und der Kraft, die die Kugeln ausüben.

4. Wie kannst du bei einem Paar gleich aussehender Kugeln feststellen, welche Kugel aus Holz und welche aus Blei ist? Beschreibe zwei Möglichkeiten.

5. Wird ein Auto abgeschleppt, so darf der Fahrer im vorderen Fahrzeug nur sehr langsam anfahren. Gib den Grund an.

6. Nenne zwei Eigenschaften der Masse.

7. Warum werden Fahrgäste in der Straßenbahn nach vorn gerissen, wenn die Bahn heftig bremst?

8. Warum können Sicherheitsgurte im Auto schwere Verletzungen vermeiden helfen?

Die Kraft des Fußballes
Einem kräftig geschossenen Fußball kann keine gewöhnliche Fensterscheibe standhalten, sie zerspringt. Liegt der Fußball aber ruhig auf einer Glasscheibe in den Auslagen des Sportgeschäftes, so passiert nichts. Die Gewichtskraft des Fußballes kann also nicht die Ursache der Zerstörung sein.

Ursache ist das Tempo
Die Fensterscheibe zerbricht, weil sie den Ball nicht auf der Stelle bremsen kann und weil sie vom Ball auch nicht so schnell fort geschoben werden kann. Auch wenn die Scheibe nicht fest mit dem Rahmen verbunden wäre, würde sie zerbrechen.

Die Eigenschaft einer Masse, sich einer plötzlichen der Änderung der Bewegung zu widersetzen, heißt **Trägheit.** Ball und Scheibe sind träge.

Die Trägheit bewirkt eine Kraft
Ein Medizinball mit derselben Geschwindigkeit wie ein Fußball könnte größeren Schaden anrichten. Es ist aber auch weit mehr Kraft erforderlich, um ihn auf diese Geschwindigkeit zu bringen. Weil die Masse des Medizinballs größer ist, ist zu einer Änderung der Bewegung mehr Kraft erforderlich als beim Fußball. Die Trägheit hängt also von der Größe der Masse ab. Sie ist aber unabhängig vom Ort, an dem sich der Körper befindet. Auch auf dem Mond würde ein kräftig geschossener Fußball eine Fensterscheibe zerstören.

■ Alle Körper sind träge. Um sie in Bewegung zu versetzen oder abzubremsen, ist eine Kraft erforderlich. Die Trägheit eines Körpers ist abhängig von seiner Masse, aber unabhängig davon, wo er sich befindet.

Rückhaltesysteme

Fahrgastzelle
Bei einem Aufprall auf ein Hindernis wird ein Auto schlagartig gebremst. Die gewaltigen Kräfte, die dabei auftreten, müssen von den Fahrzeuginsassen ferngehalten werden. Die Fahrgastzelle wird deshalb möglichst stabil gebaut.

Sicherheitsgurt
Selbst wenn die Fahrgastzelle unbeschädigt bleibt, werden die Passagiere beim Aufprall mit gefährlich hoher Geschwindigkeit nach vorn geschleudert. Rückhaltesysteme verhindern, dass sie gegen Lenkrad und Armaturenbrett prallen können.

In Crashtests lässt sich beobachten, wie ein Dummy bei einem Aufprall vom Sicherheitsgurt aufgefangen wird. Der Gurt dehnt sich gerade so weit, dass Körper und Knie nicht auf das Lenkrad oder das Armaturenbrett aufprallen. Der gedehnte Gurt zieht sich nicht wieder zusammen. Für Menschen wäre es nämlich gefährlich, wenn sie vom Gurt gegen Sitz und Kopfstütze zurückgeschleudert würden.

Da sich Sicherheitsgurte nach einer Belastung nicht wieder auf ihre ursprüngliche Länge zusammenziehen, müssen sie nach jedem noch so kleinen Aufprall ausgewechselt werden. Gedehnte Sicherheitsgurte würden sich bei einem erneuten Unfall nicht noch einmal dehnen. Die Fahrzeuginsassen würden sehr heftig gebremst und könnten so durch die Gurte verletzt werden.

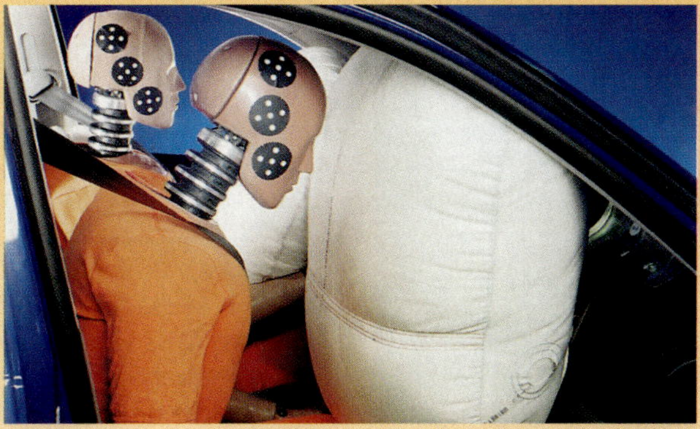

1 Dummies mit Sicherheitsgurt und Airbag

Airbag
Crashtests zeigen auch, dass der Kopf des Dummies durch Sicherheitsgurte nur unzureichend geschützt wird. Mit Airbags lässt sich die Verletzungsgefahr noch weiter vermindern. Ein Airbag ist ein Kissen, das bei einem Aufprall blitzschnell aufgeblasen wird. Schon während des Aufpralls fällt der Airbag aber wieder in sich zusammen. Denn der Aufprall auf einen straff aufgeblasenen Airbag könnte Verletzungen hervorrufen.
Inzwischen werden Autos auch mit Seitenairbags ausgerüstet. Die Fahrzeuginsassen werden so auch bei einem seitlichen Aufprall geschützt. Viele Autofahrer glauben, dass ein Airbag sie ausreichend vor Verletzungen schützt und legen deshalb keine Sicherheitsgurte mehr an. Bild 1 zeigt, dass der Airbag zwar den Kopf, nicht aber Brustkorb und Beine schützt.

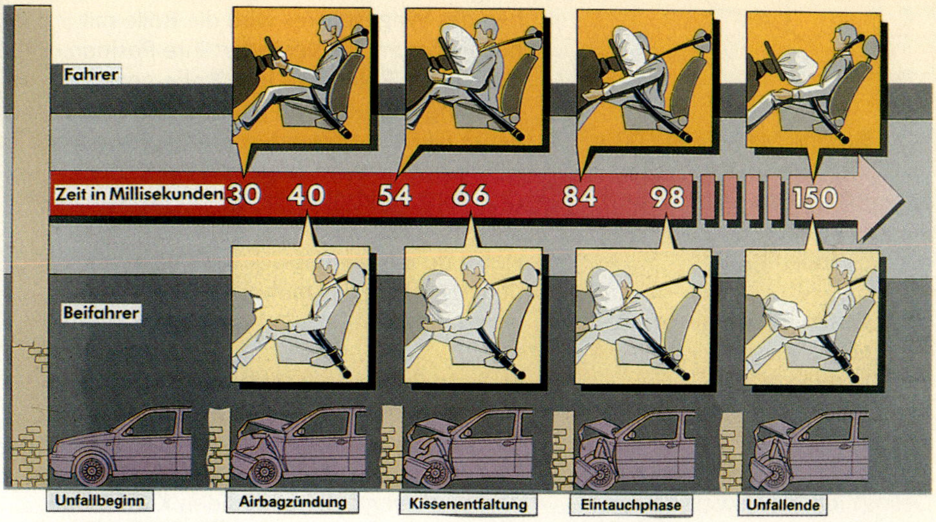

2 Ein Aufprall in Zeitlupe

1. Welchen Schutz bietet der Sicherheitsgurt, welchen der Airbag?

2. Beschreibe, wie der Unfall verläuft, der in Bild 2 nachgestellt ist.

Feste und lose Rollen

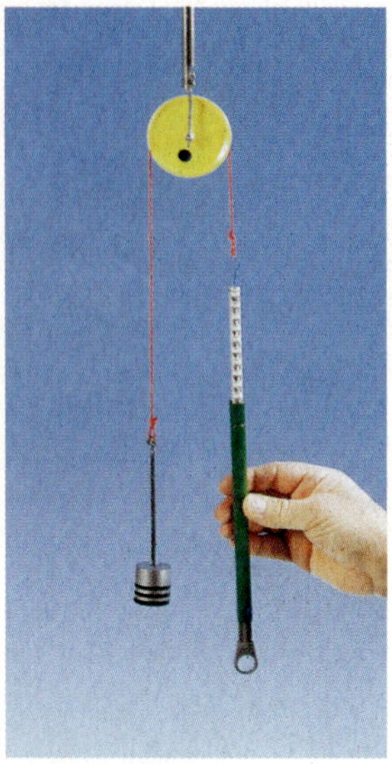

1 Feste Rolle

1. a) Miss die Kraft, die du zum senkrechten Anheben eines 200 g-Wägestückes und zum Anheben mit der Rolle (Bild 1) einsetzen musst .
b) Vergleiche jeweils die Richtungen der in Versuch a) eingesetzten Kräfte. Was stellst du fest?
c) Welche Funktion hat hier die feste Rolle?

2. a) Wähle die Wägestücke so, dass ihre Masse und die Masse der Rolle zusammen 200 g ergeben. Miss wie in den Bildern 2 und 3 jeweils die zum Anheben der Wägestücke und Rolle aufzuwendende Kraft und vergleiche. Was stellst du fest?
b) Welche Aufgabe hat in Bild 3 die feste Rolle?

3. Miss wie in den Bildern 1 bis 3 jeweils die Kraft *F*, die du zum Heben des Wägestückes um 30 cm einsetzen musst. Miss auch die Länge des Seiles, das du ziehen musst. Das ist der Weg *s*, entlang dessen die Kraft wirkt.

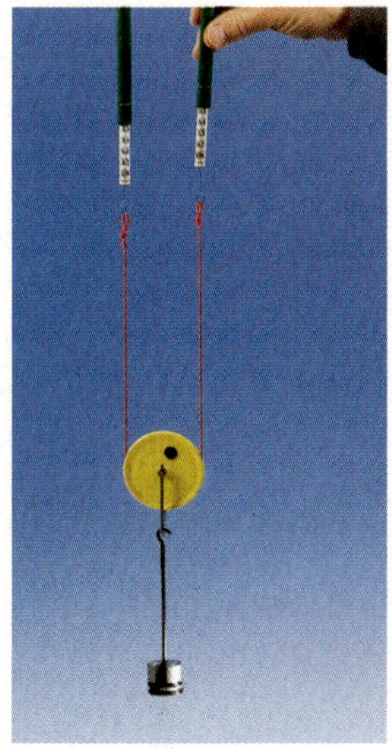

2 Lose Rolle

4. a) Übertrage die Tabelle ins Heft und fülle sie mit den Werten aus Versuch 3 aus. Berechne den Wert in Spalte 4.
b) Vergleiche jeweils die Werte in den Spalten 2 und 4. Was stellst du fest?

1	2	3	4
	F in N	s in m	$F \cdot s$ in Nm
A			
B			
C			

5. Eine Masse von 600 g wird über eine lose Rolle 3 m angehoben. Berechne die aufzuwendende Kraft und den Weg der wirkenden Kraft.

6. Ein gut trainierter Gewichtheber wiegt 65 kg. Er will eine Last von 80 kg
- senkrecht 4 m hochziehen.
- über eine feste Rolle 4 m heben.
- über eine lose Rolle 4 m heben.

Gelingt ihm das jeweils? Begründe deine Antwort.

Feste Rollen

Zum Heben eines 100 g-Wägestückes musst du eine Kraft von 1 N einsetzen. Eine gleich große Kraft musst du einsetzen, wenn du das Wägestück wie in Bild 1 über eine Rolle hochziehst, die dabei ihre Position nicht ändert. Eine solche Rolle heißt **feste Rolle.**
Du brauchst bei dieser Rolle ebenso viel Kraft wie beim senkrechten Heben. Die Rolle ändert aber die Richtung der wirkenden Kraft. Deshalb wird die feste Rolle auch Umlenkrolle genannt.
Um eine Masse um 20 cm zu heben, musst du 20 cm Seil einholen.

Lose Rolle

Die Wägestücke und die Rolle in Bild 2 wiegen zusammen 100 g. Beim Hochziehen des Wägestückes wird die Rolle mit hochgezogen. Sie verändert ihre Position. Eine solche Rolle wird **lose Rolle** genannt.
Allerdings brauchst du jetzt nur die Hälfte der in Bild 1 eingesetzten Kraft. Die andere Hälfte der Gewichtskraft von Wägestück und Rolle wirkt über das zweite Seilstück auf das Stativ.
Hebst du das Wägestück um 20 cm, musst du jetzt 40 cm Seil einholen. Der Weg der wirkenden Kraft ist jetzt doppelt so lang.

■ Feste Rollen ändern die Kraftrichtung. Bei losen Rollen wird Kraft gespart, der Weg der wirkenden Kraft wird aber länger. Das Produkt aus der eingesetzten Kraft *F* und dem Weg *s* der wirkenden Kraft bleibt gleich.

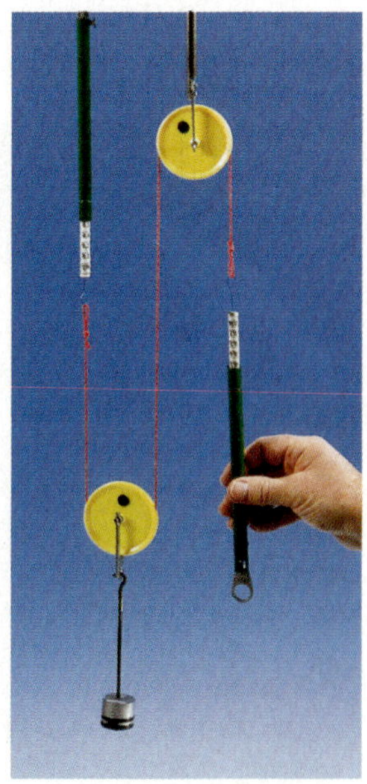

3 Feste und lose Rolle

Der Flaschenzug

1. Welche Rollen der Flaschenzüge in den Bildern 1 A bis C sind feste und welche lose Rollen?

2. a) Baue die Flaschenzüge wie in den Bildern 1A bis C auf. Wägestück und lose Rollen sollen zusammen eine Masse von 300 g haben.
b) Miss jeweils die Kraft, die du zum Hochziehen des Wägestückes einsetzen musst.
c) Miss jeweils die Länge des eingeholten Seiles, wenn das Wägestück um 30 cm gehoben wird.
d) Bilde jeweils das Produkt aus der eingesetzten Kraft *F* und der Länge *s* des eingeholten Seiles. Was stellst du fest?

3. a) Baue einen Flaschenzug aus drei losen und drei festen Rollen auf. Wägestück und lose Rollen sollen zusammen 300 g wiegen. Wiederhole Versuch 2.
b) Wie viele Seilstücke werden verkürzt, wenn das Wägestück gehoben wird? Wovon hängt ihre Anzahl ab?

4. Formuliere mithilfe der Versuchsergebnisse aus den Versuchen 2 und 3 eine Gesetzmäßigkeit.

5. Warum ist ein Flaschenzug mit 20 losen Rollen nicht sinnvoll?

6. Recherchiere weitere Beispiele für den Einsatz von Flaschenzügen.

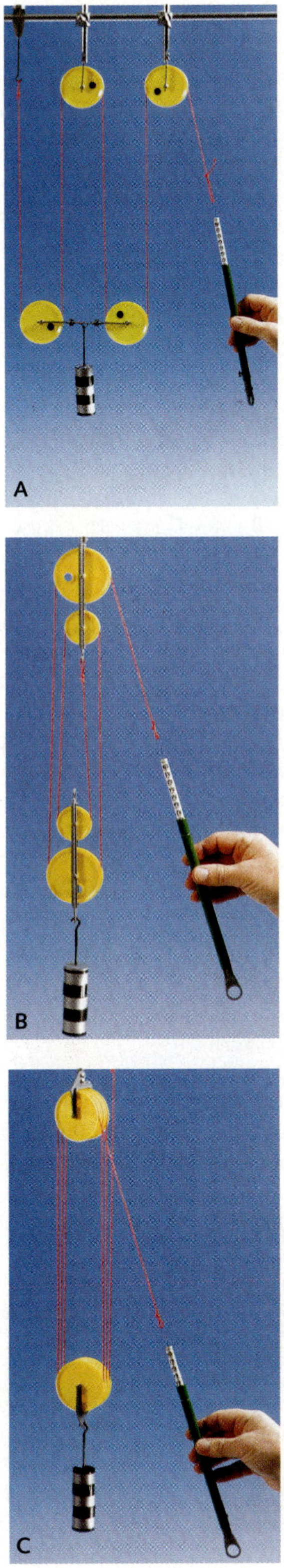

1 Flaschenzug.
A *versetzt angebrachte Rollen;*
B *übereinanderliegende Rollen;*
C *nebeneinanderliegende Rollen*

2 Kleiner Flaschenzug

Aufbau des Flaschenzuges

Ein Flaschenzug besteht aus einer Kombination fester und loser Rollen gleicher Anzahl. Der zu hebende Gegenstand hängt an den losen Rollen. Die Bilder 1A bis C zeigen mehrere mögliche Anordnungen der Rollen.

Verkürzung der Seilstücke

Das Wägestück wird durch eine Kraft hochgezogen, die am Ende des Seils wirkt. Soll es um 20 cm gehoben werden, müssen die vier Tragseile, an denen das Wägestück hängt, jeweils um 20 cm kürzer werden. Dazu musst du 80 cm Seil einholen.

Kraftersparnis

Du brauchst jetzt aber nur ein Viertel der Kraft aufzuwenden, die du beim senkrechten Hochheben einsetzen müsstest. Das Produkt aus der Kraft *F* und dem Weg *s* der wirkenden Kraft ist in allen Fällen gleich groß.

■ Durch den Flaschenzug kannst du beim Heben Kraft sparen. Das Produkt aus der Kraft *F* und dem Weg *s* der wirkenden Kraft ist so groß wie beim Heben über feste und lose Rollen.

3 Großer Flaschenzug

Der zweiseitige Hebel

1 Können Anna und Jörg ins Gleichgewicht kommen?

1. Wie kann Anna trotz ihrer geringeren Gewichtskraft mit Jörg im Gleichgewicht sitzen?

2. a) Hänge wie in Bild 2 an eine Stelle des linken Hebelarmes ein Wägestück. Miss an verschiedenen Stellen des rechten Hebelarms jeweils die Kraft, die für das Gleichgewicht aufgewendet werden muss. Übertrage die Tabelle in dein Heft und notiere die Werte für die Spalten A bis D.
b) Verändere die Position des Wägestückes, nimm auch unterschiedlich große Wägestücke. Verfahre dann wie bei Versuch a).
c) Berechne die Werte in den Spalten E und F und vergleiche sie. Formuliere eine Gesetzmäßigkeit.

A	B	C	D	E	F
F_1 in N	s_1 in m	F_2 in N	s_2 in m	$F_1 \cdot s_1$ in Nm	$F_2 \cdot s_2$ in Nm

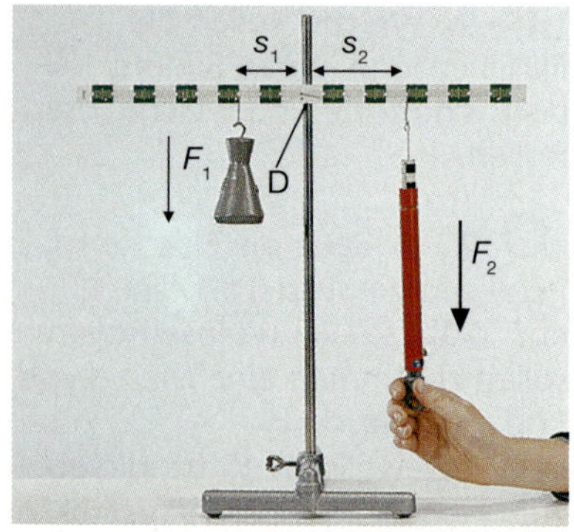

2 Messungen am zweiseitigen Hebel

3. Zeichne eine Schere und eine Zange in dein Heft. Trage die Hebelarme in verschiedenen Farben ein.

Hebel und Hebelarme

Anna und Jörg wollen die Wippe ins Gleichgewicht bringen. Anna ist jedoch leichter als Jörg. Wenn Anna aber den richtigen Sitzplatz auf ihrer Seite wählt, dann kommt die Wippe ins Gleichgewicht (Bild 1).
Die Wippe ist ein **Hebel.** Dieser Hebel hat zwei Arme, auf denen jeweils Anna und Jörg sitzen. Die **Hebelarme** drehen sich um den **Drehpunkt D.** Ihre Länge reicht vom Drehpunkt bis zu den Stellen, an denen Anna und Jörg jeweils ihre Gewichtskraft einsetzen. Diese Art von Hebel wird **zweiseitiger Hebel** genannt.
Das Zusammenwirken der Länge des Hebelarms s_1, auf dem Anna sitzt, und ihrer Gewichtskraft F_1 bewirkt das Gleichgewicht zu Jörgs kürzerem Hebelarm s_2 und seiner größeren Gewichtskraft F_2. Dabei wirken F_1 und F_2 immer in Richtung Erdmittelpunkt.

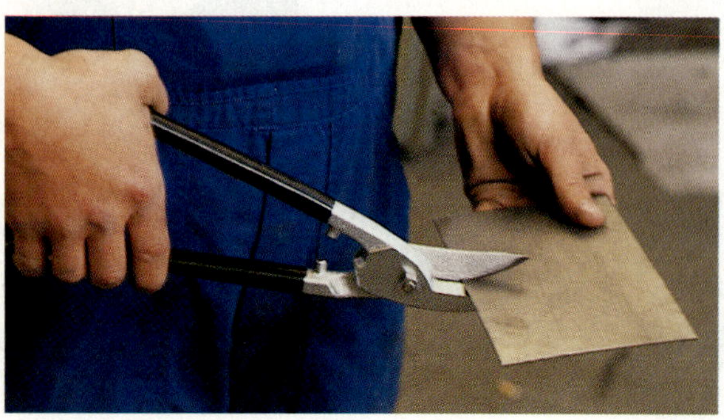

3 Hier findest du zwei Hebel.

Drehmoment und Hebelgesetz

Das Produkt aus der wirkenden Kraft F und der Hebellänge s heißt **Drehmoment** $\boldsymbol{M}$**.** Seine Einheit ist Nm (Newtonmeter). Die Kraft muss senkrecht auf den Hebelarm wirken ($F \perp s$).
Wenn das Drehmoment M_1 auf Annas Seite so groß ist wie das Drehmoment M_2 auf Jörgs Seite, dann ist der Hebel im Gleichgewicht. Dieser Zusammenhang wird als **Hebelgesetz** bezeichnet.

$$M_1 = M_2$$
$$F_1 \cdot s_1 = F_2 \cdot s_2 \quad (F \perp s)$$

Aus dem Hebelgesetz folgt, dass du bei doppelt so langem Hebelarm nur noch die halbe Kraft einzusetzen brauchst, um ein gleich großes Drehmoment zu erhalten.

Der einseitige Hebel

1. Vergleiche den einseitigen Hebel aus Bild 1 mit dem zweiseitigen Hebel. Nenne Gemeinsamkeiten und Unterschiede.

2. a) Hänge wie in Bild 1 an eine Stelle des Hebelarms ein Wägestück. Bringe den Hebel ins Gleichgewicht und miss die dazu notwendige Kraft. Versetze den Kraftmesser und bestimme erneut die zum Gleichgewicht notwendige Kraft. Übertrage die Tabelle in dein Heft und notiere die Werte für die Spalten A bis D.

A	B	C	D	E	F
F_1 in N	s_1 in m	F_2 in N	s_2 in m	$F_1 \cdot s_1$ in Nm	$F_2 \cdot s_2$ in Nm

b) Verändere erst die Position des Wägestückes, nimm dann verschieden große Wägestücke. Verfahre weiter wie bei a).
c) Berechne die Werte in den Spalten E und F und vergleiche sie.
d) Formuliere die Gesetzmäßigkeit. Vergleiche diese mit der Gesetzmäßigkeit für den zweiseitigen Hebel.

3. Gib bei den Bildern 3 bis 5 jeweils die Hebelarten an. Erkläre und beschreibe die Hebelarme anhand der Bilder.

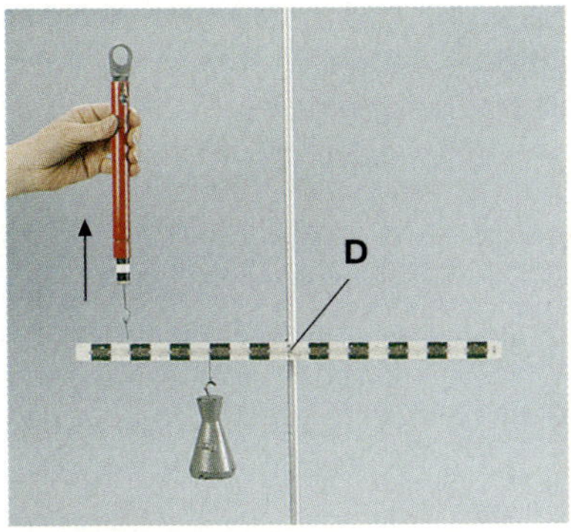

1 Einseitiger Hebel

Hebelarme auf der selben Seite

Bild 1 zeigt einen Hebel, bei dem sich beide Hebelarme auf derselben Seite des Drehpunktes D befinden. Das ist ein **einseitiger Hebel.**
Ein Hebelarm reicht vom Drehpunkt bis zum Angriffspunkt der Kraft des Wägestückes, der zweite Arm vom Drehpunkt bis zum Angriffspunkt des Kraftmessers.

Gleichgewicht am einseitigen Hebel

Der Hebel ist im Gleichgewicht, wenn beide Drehmomente gleich groß sind. Eine Kraft wirkt beim einseitigen Hebel der anderen Kraft entgegen.
Auch die Schubkarre in Bild 2 ist ein einseitiger Hebel. Hebst du die Karre weiter hinten an, hast du einen längeren Hebelarm und brauchst weniger Kraft, als wenn du sie weiter vorne anhebst.

■ Beim einseitigen Hebel sind bei Gleichgewicht die beiden Drehmomente gleich groß.

3 Der Durst wird ausgehebelt.

4 Gut bedacht!

2 Einseitiger Hebel an der Schubkarre

5 Zwei- oder einseitig, das ist hier die Frage!

Ein Informationsplakat entsteht

Plakate begegnen uns ständig. Mit großen auffallenden Bildern werben sie für Produkte, Firmen, Vereine, Parteien oder für Veranstaltungen. In Arztpraxen oder Behörden findest du auch Plakate, die zu einem bestimmten Thema informieren. Alle Plakate haben Eines gemeinsam: Sie sind auffällig, damit der Betrachter schnell erkennt, worum es geht.

Beachte beim Erstellen eines Informationsplakates folgende wichtige Regeln:
- Sammle zuerst Informationen zu deinem Thema und suche geeignete Bilder.
- Fertige eine Skizze an, die zeigt, wie das Plakat aussehen soll.
- Ordne die Inhalte, die du zeigen möchtest, nach Wichtigkeit. Beachte, der Platz ist begrenzt.
- Klebe die einzelnen Teile erst auf, wenn du dir über ihren Platz ganz sicher bist.
- Achte auf die richtige Schreibweise, vor allem bei Fachbegriffen.

Finde eine passende Überschrift und schreibe sie deutlich sichtbar auf dein Plakat.

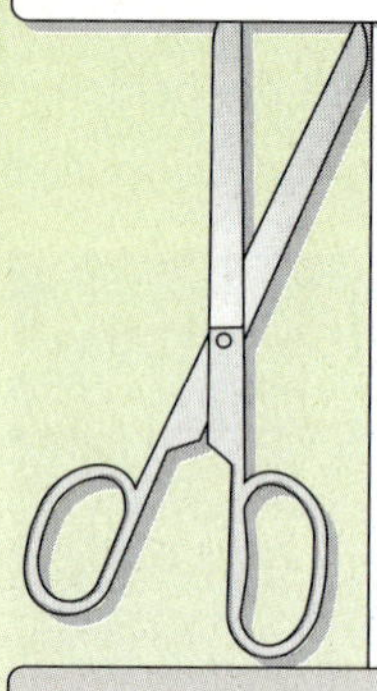

Schreibe den Text mit Computer oder handschriftlich mit einem dicken Stift.

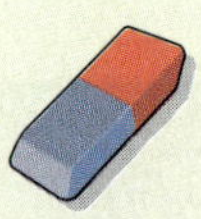

Hintergrund und Schrift müssen sich deutlich voneinander unterscheiden.

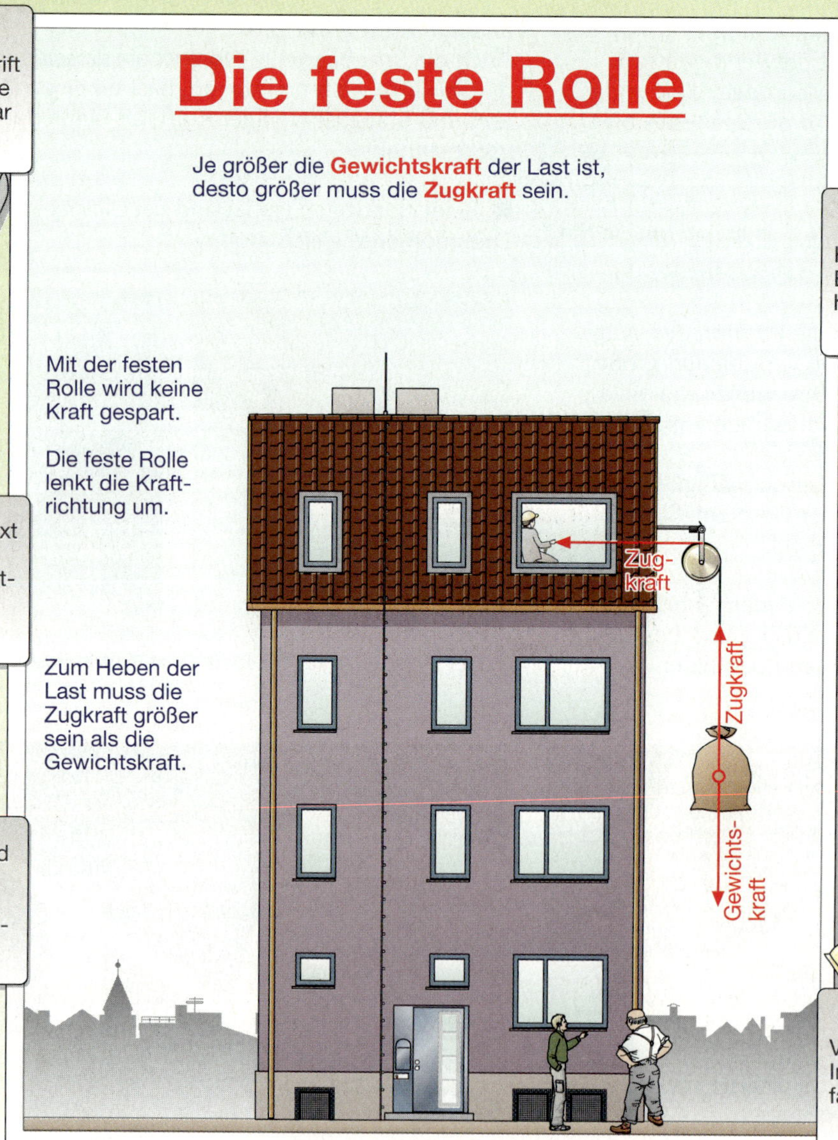

Hebe wichtige Begriffe farbig hervor.

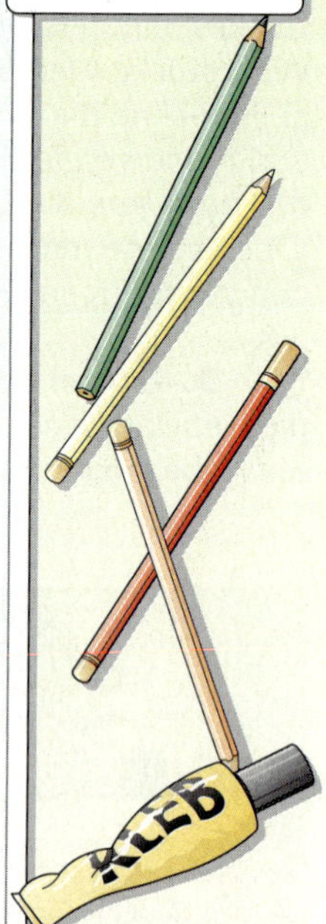

Verdeutliche den Inhalt durch einfache Bilder.

Methode

Eine Folie handschriftlich erstellen

Wenn du das Ergebnis deiner Arbeit im Unterricht vorstellen willst, kann eine Folie dabei eine große Hilfe sein. Beim Erstellen der Folie musst du auf einige Dinge achten. Fertige zunächst einen Entwurf in Originalgröße an.

Gestaltung

Schreibe die Überschrift groß und unterstreiche sie.

Gliedere den Inhalt sinnvoll.

Wähle die Schriftgröße so, dass jeder den Text gut lesen kann.

Achte besonders auf die richtige Schreibweise von Fachbegriffen.

DER FLASCHENZUG

Beim Flaschenzug werden die Eigenschaften von festen und losen Rollen kombiniert.

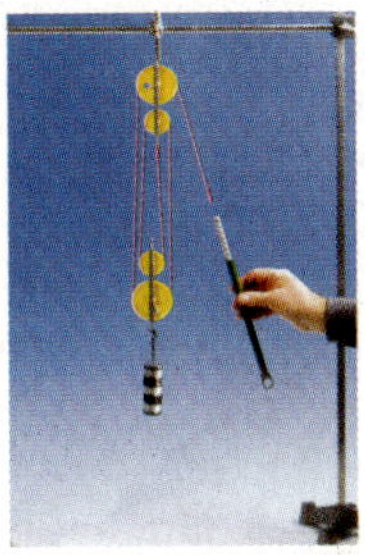

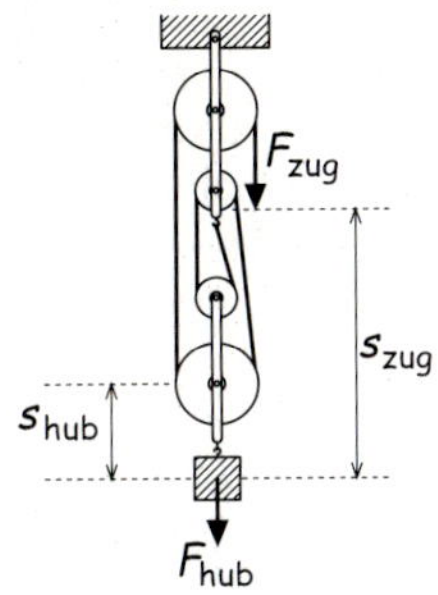

Die Gewichtskraft der zu hebenden Last verteilt sich auf die Anzahl der Seilstücke. Im Bild sind vier tragende Seilstücke. Die Zugkraft beträgt ein Viertel der Gewichtskraft. Dementsprechend ist der Zugweg viermal so lang wie der Hubweg.

Es gilt: $F_{zug} = \frac{1}{4} F_{hub}$ und $s_{zug} = 4 \cdot s_{hub}$

Anwendungen:

- Auto- und Eisenbahndrehkräne
- Bedienen von Großsegeln bei Segelschiffen
- Spannen von Fahrdrähten für elektrische Bahnen

Übersichtlichkeit

Veranschauliche den Text durch Zeichnungen. Aufwändige Bilder kannst du auf die Folie kopieren.

Schreibe nicht zu viel Text.

Verwende verschiedene Farben, um Wichtiges hervorzuheben.

Vortrag mithilfe einer Folie

- Halte Blickkontakt zu deinen Zuhörern.
- Gib deinen Zuhörern Zeit, den Text zu lesen und die Zeichnungen zu betrachten.
- Erläutere die Zeichnungen und den Text. Achte darauf, dass du nicht nur vorliest. Benutze zum Zeigen auf der Folie einen Stift.

Tipp

Bastele dir aus Pappe einen Rahmen für die Folie. Lege zuerst den Rahmen und dann die Folie auf den Overhead-Projektor. Durch den Rahmen wird der Rand abgedunkelt und deine Folie ist besser zu lesen.

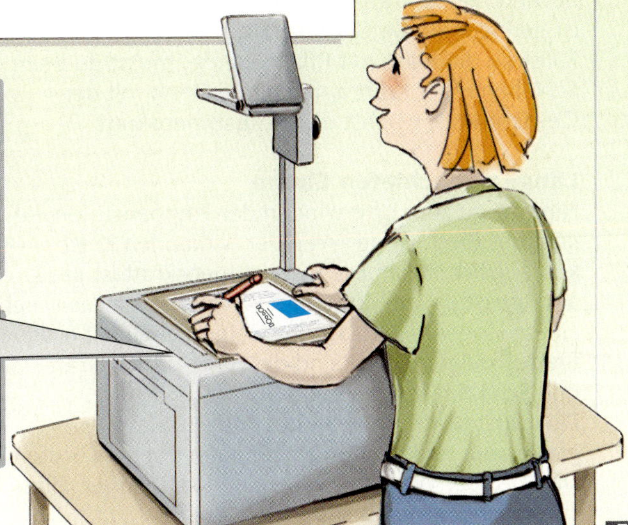

Die schiefe Ebene

1. Was würdest du in Bild 2 ändern, um die Schubkarre samt Inhalt mit weniger Kraft schieben zu können?

2. a) Befestige einen Versuchswagen mit einem etwa 20 cm langen Gummiband an einem Brett und setze den Wagen darauf. Stelle das Brett schräg. Verändere die Steigung des Brettes. Wie verändert sich das Gummiband? Was schließt du daraus?
b) Welche Kraft wirkt an dem Gummiband?
c) Nenne Kraft und Gegenkraft.

3. a) Miss die Gewichtskraft F_G des Versuchswagens aus Versuch 2.
b) Befestige den Kraftmesser am oberen Ende des Brettes. Bestimme die Kraft F_H, mit der der Wagen nach unten gezogen wird (Bild 1). Vergleiche F_H mit F_G.

4. a) Ziehe den Wagen aus Versuch 3 die schiefe Ebene hinauf. Miss die zum Ziehen notwendige Kraft F_Z. Übertrage die Tabelle ins Heft und notiere die gemessenen Werte.

F_Z in N		
Steigungswinkel α		
F_H in N		

b) Befestige zwei weitere unterschiedlich lange Bretter in jeweils gleicher Höhe. Wie verändert sich dabei der Steigungswinkel α der schiefen Ebene?
c) Wiederhole Versuch a), miss F_H und α. Was stellst du fest?
d) Zeichne zu zwei Messungen Kraft und Gegenkraft.

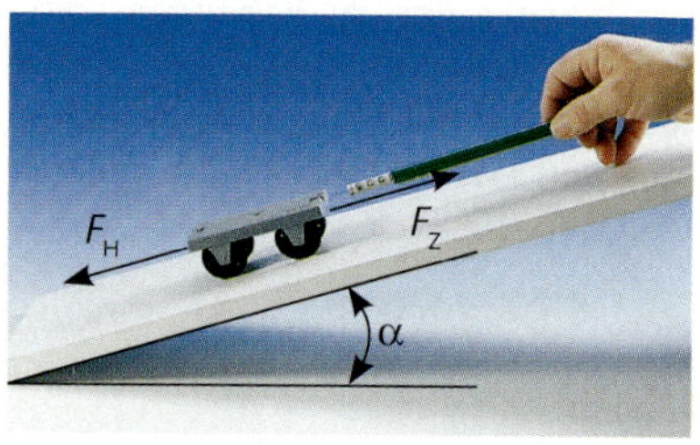

1 Messungen an der schiefen Ebene

5. Wiederhole Versuch 4. Verändere die Masse des Wagens mithilfe von Wägestücken.

6. a) Von welchen Größen hängt die zum Hochziehen des Wagens notwendige Kraft ab?
b) Von welchen Größen hängt die Kraft ab, die den Wagen die Ebene hinunter treibt? Formuliere die Gesetzmäßigkeit.

7. Wie wirken sich bei unterschiedlichen schiefen Ebenen mit gleicher Höhe die Steigungswinkel
a) auf die Länge der schiefen Ebene,
b) auf die Kraft F_H aus?

8. Wie bewegt sich ein Körper, wenn die Hangabtriebskraft größer ist als die Schubkraft? Nenne Beispiele dazu.

Die Hangabtriebskraft

Schiebst du die Karre wie in Bild 2 über das Brett, so musst du mehr Kraft einsetzen als beim waagerechten Schieben. Es tritt nämlich eine zusätzliche Gegenkraft auf, die das Zurückrollen der Karre bewirkt. Diese Kraft heißt **Hangabtriebskraft F_H**. Sie ist geringer als die Gewichtskraft F_G.
Füllst du die Karre mit Pflanzenerde, musst du beim Schieben mehr Kraft aufwenden. Denn mit der Gewichtskraft wächst die Hangabtriebskraft.

Länge der schiefen Ebene

Nimmst du zum Überwinden der Treppenstufen ein kürzeres Brett, ist der Weg der wirkenden Kraft kürzer, aber steiler. Die Hangabtriebskraft ist groß, also musst du viel Kraft zum Schieben einsetzen. Bei einem längeren Brett ist der **Steigungswinkel** α des Brettes kleiner. Damit sind die Hangabtriebskraft und **Schubkraft F_S** geringer.
Du sparst beim Schieben der Karre Kraft im Vergleich zum senkrechten Hochheben über die Stufen. Dafür ist der Weg der wirkenden Kraft länger. Eine solche Einrichtung heißt **schiefe Ebene.**

■ Beim Schieben eines Körpers über eine schiefe Ebene muss die Hangabtriebskraft F_H überwunden werden. Sie hängt von der Gewichtskraft F_G des Körpers und dem Steigungswinkel α der Ebene ab.

2 So geht es einfacher bei der Gartenarbeit.

Anwendung der schiefen Ebene

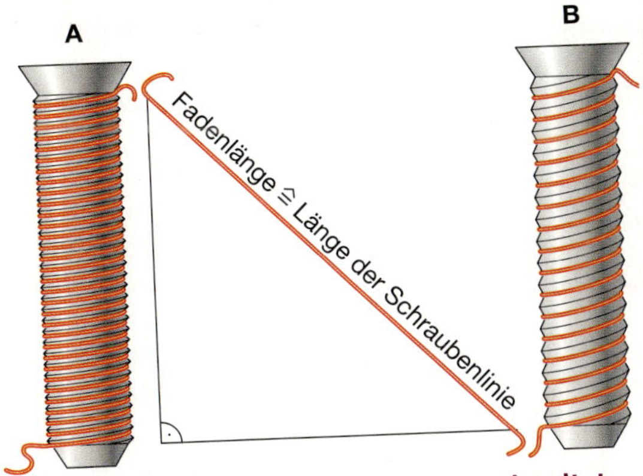

1. a) Miss die Länge der **Schraubenlinie** der Schraube A. Zeichne ein rechtwinkliges Dreieck, bei dem ein Schenkel des rechten Winkels die Länge des Schraubengewindes, die lange Seite des Dreiecks die Länge der Schraubenlinie hat.
b) Zeichne das entsprechende rechtwinklige Dreieck für Schraube B. Vergleiche den Anstieg der langen Seite mit dem Anstieg für Schraube A. Was stellst du fest?

2. Bei welcher Schraube musst du mehr Kraft zum Festdrehen einer Mutter aufwenden? Begründe deine Antwort mit den Begriffen Kraft, Steigungswinkel und schiefe Ebene.

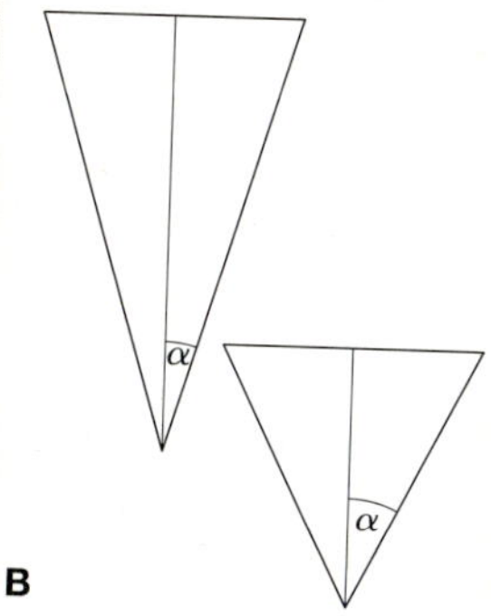

Zum Spalten von Holz werden oft **Keile** eingesetzt (Bild A). Auch die Klinge einer Axt ist ein Keil. Du kannst dir den Keil aus zwei schiefen Ebenen zusammengesetzt vorstellen. Bei einem längeren Keil ist der Steigungswinkel α (Bild B) kleiner als bei einem kürzeren Keil mit gleicher Aufschlagsfläche. Deshalb benötigst du beim Einschlagen eines schmaleren Keils weniger Kraft als beim Einschlagen eines entsprechend breiteren in das gleiche Material.

3. Wozu werden Keile außer zum Spalten noch eingesetzt?

4. Erkläre das Prinzip der schiefen Ebene bei einer Nadel, beim Messer und bei der Spindel eines Schraubstocks.

Die **Rendsburger Eisenbahnhochbrücke** überquert den Nord-Ostsee-Kanal und wurde in den Jahren 1911 bis 1913 aus 17 000 t Stahl gebaut. Damit auch Hochseeschiffe den Kanal befahren konnten, musste die Brücke eine Durchfahrtshöhe von 42 m haben. Eisenbahnen können nur geringe Steigungen bewältigen. Daher wurde eine etwa 7,5 km lange schleifenförmige Rampe gebaut, die die Eisenbahn zur Brücke hin befährt.

5. Mit welchen Hilfsmitteln können Eisenbahnen größere Steigungen bewältigen?

Die Goldene Regel der Mechanik

1. a) Flaschenzüge oder lose Rollen werden eingesetzt, wenn Gegenstände gehoben werden sollen. Worin besteht der Vorteil bei Flaschenzug und loser Rolle?
b) Wie ändert sich der Weg der wirkenden Kraft im Vergleich zum senkrechten Hochziehen, wenn dieser Vorteil ausgenutzt wird?

2. a) Die Verwendung von Hebeln kannst du oft in der Technik und in der Natur beobachten. Welchen Vorteil bietet der Einsatz von Hebeln?
b) Wie ändert sich beim Hebel die Weglänge der wirkenden Kraft?

3. Beantworte die Fragen aus Aufgabe 2 auch für die schiefe Ebene.

4. Formuliere den Zusammenhang zwischen aufzuwendender Kraft und Weglänge der wirkenden Kraft in einem Je-desto-Satz.

5. Finde eine Erklärung für den Namen „Goldene Regel“.

6. Erläutere den alten Handwerkerspruch: „Gewaltig ist des Schlossers Kraft, wenn er mit dem Hebel schafft.“

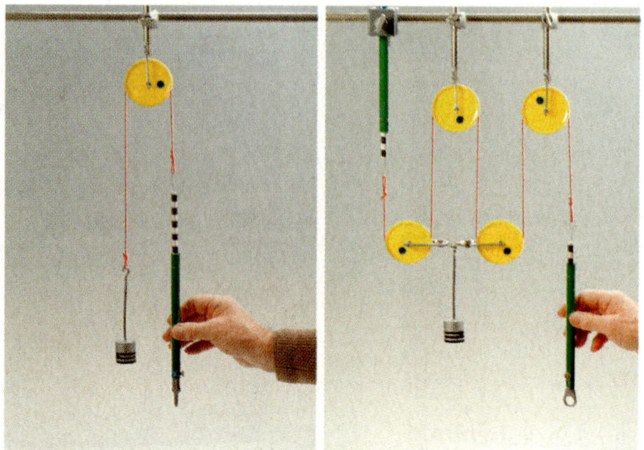

1 Eine gemeinsame Regel bei Rollen, …

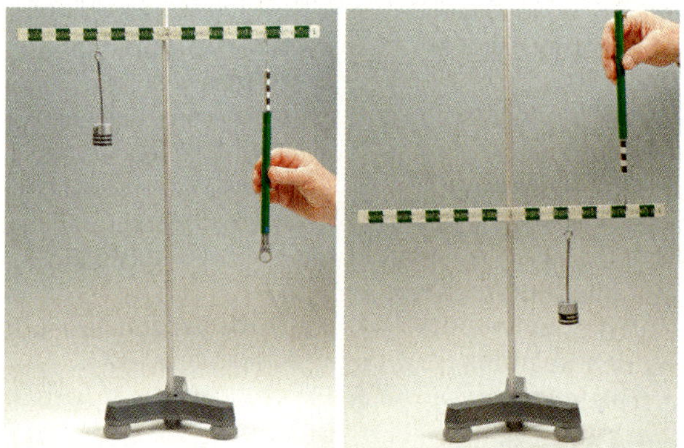

2 Hebeln …

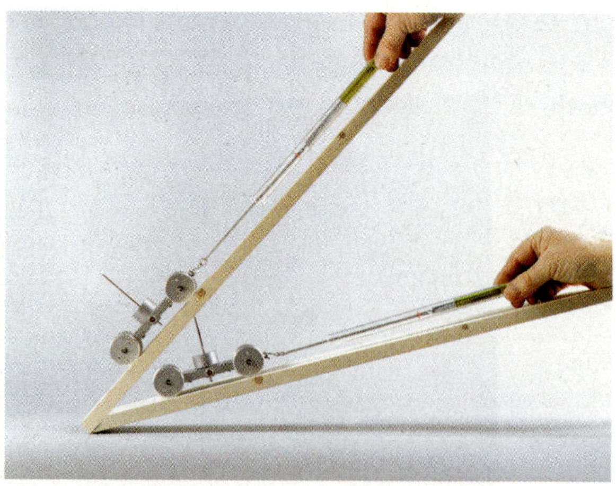

3 … und schiefen Ebenen.

Rollen und Co.
Lose Rollen, Hebel und schiefe Ebenen werden gerne benutzt, weil dadurch im Vergleich zum senkrechten Heben von Körpern weniger Kraft eingesetzt werden muss. Dafür ist aber ein längerer Weg nötig, längs dessen die Kraft dann wirkt.
Nimmst du zwei lose Rollen und eine feste Rolle, musst du nur noch ein Viertel der Kraft einsetzen. Du ziehst aber dann die vierfache Seillänge.
Ähnlich ist es beim Hebel. Willst du hier Kraft sparen, musst du einen längeren Weg der wirkenden Kraft in Kauf nehmen. Der Angriffspunkt der Kraft liegt dann in größerem Abstand vom Drehpunkt. Bei der schiefen Ebene sparst du Kraft, wenn du den Steigungswinkel verkleinerst und damit die Länge der Ebene vergrößerst.

Eine wichtige Regel
Dieser Zusammenhang zwischen der Kraft und der Weglänge wird als **Goldene Regel der Mechanik** bezeichnet. Sie besagt, dass du Kraft nur zu Lasten eines längeren Weges der Kraft sparen kannst. Umgekehrt hast du bei größerem Krafteinsatz einen kürzeren Weg der wirkenden Kraft.

■ Goldene Regel der Mechanik: Je mehr Kraft gespart wird, desto länger ist der Weg der wirkenden Kraft bei Rollen, Hebeln und schiefen Ebenen.

Anwendung zur Goldenen Regel der Mechanik

1. Baue den Flaschenzug auf. Miss die Kraft und die Länge des einzuholenden Seiles, wenn das Schlüsselbund 20 cm hoch gezogen wird.

3. Warum die vielen Serpentinen? Das ist doch nicht der kürzeste Weg über den Berg. Begründe.

2. Welchen Gang wählst du bei einer Bergfahrt, welchen bei einer Fahrt auf der Ebene? Begründe deine Antworten mit den Begriffen Kraft und Weg.

4. a) Welche Art von Schraubenschlüssel eignet sich am besten zum Lösen der Radschrauben? Begründe.
b) Welchen Trick kannst du anwenden, wenn du die Schrauben nicht lösen kannst?

5. Gib jeweils zwei weitere Beispiele für die Verwendung von Hebel, schiefer Ebene und Rollen an.

6. Wie haben die Menschen früher Pyramiden, Dome und viele andere große Bauwerke nur mit Muskelkraft schaffen können?

Hebel und Rollen in der Technik und in der Natur

In diesem Projekt sollen verschiedene Einsatzmöglichkeiten von Rollen und Hebeln in Technik und Natur untersucht werden.
Durch Anwendungen von Rollen und Hebeln wird entweder Kraft gespart oder es wird mit der zur Verfügung stehenden Kraft mehr erreicht.

Bei euren Untersuchungen und Ausführungen der Aufträge helfen euch Bücher aus den Bereichen Physik, Technik, Basteln und Biologie sowie Informationen aus dem Internet. Auch Kataloge aus Spielzeugläden können euch wertvolle Hinweise und Anregungen geben.

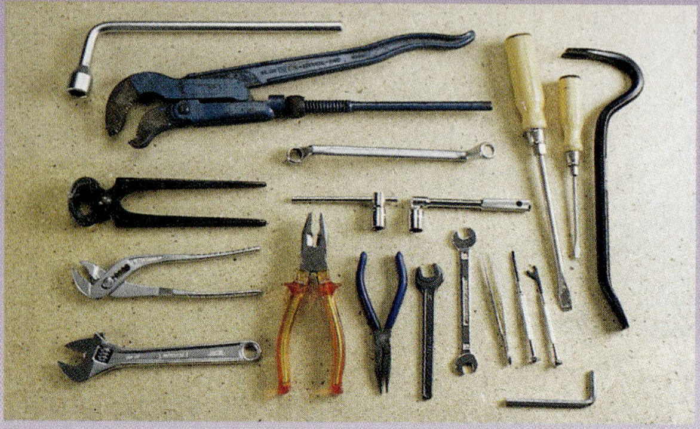

1 Hebelwirkung bei Werkzeuge

Gruppe 1: Hebel in der Technik
Ihr seht in Bild 1 einige Werkzeuge, bei denen zur Kraftersparnis die Hebelwirkung ausgenutzt wird. Nennt jeweils den Verwendungszweck der Werkzeuge, die Hebelart und beschreibt die Hebelarme. Sucht nach weiteren Werkzeugen, bei denen zur Kraftersparnis die Hebelwirkung genutzt wird. Zeichnet sie auf, beschreibt die Hebelarme und nennt die Hebelart.

2 Noch ein Hebel

Bindet um eine Türklinke eine Schlaufe und befestigt daran einen Kraftmesser. Bestimmt nun an verschiedenen Stellen der Klinke die zum Herunterziehen der Klinke aufzuwendende Kraft. Wiederholt den Versuch bei anderen Türklinken und Fenstergriffen. Erklärt die Ergebnisse. Welche Hebelart liegt jeweils vor?

Gruppe 2: Rollen und Flaschenzüge
Baut mithilfe von Technikkästen verschiedene Modelle von Baukränen. Gebt jeweils die Art und Aufgabe der verwendeten Rollen an.
Welche Aufgabe haben die Seile bei den Kränen? Messt jeweils die zum Heben eines Wägestücks notwendige Kraft. Bei welchem Kran braucht ihr die wenigste Kraft? Begründet.

Schaut euch einen Autokran oder einen Eisenbahnkran genau an. Welche Arten von Rollen könnt ihr bei diesen Kränen erkennen? Welche Aufgabe haben sie? Fertigt Skizzen der Kräne mit den Rollen und der Seilführung an.

Besorgt euch ein Paar Schnürsenkel und zieht sie so auf ein Paar Schuhe mit Metallösen, dass bei einem Schuh jede Öse, bei dem anderen Schuh nur jede zweite Öse benutzt wird.

Befestigt an den Enden der Schnürsenkel je einen Kraftmesser und messt die zum Zusammenziehen der Schuhteile erforderliche Kraft. Wiederholt den Versuch mit einem Paar Schuhe ohne Metallösen. Begründet die unterschiedlichen Messergebnisse.

3 Kraftmessung am Schnürsenkel

Gruppe 3: Hebel in der Natur
Schneidet Papierstücke in Form verschieden großer Baumkronen. Befestigt sie an unterschiedlich langen und dicken Strohhalmen. Klebt die Halme an die Tischkante, lasst mithilfe des Föhns einen kräftigen Wind wehen. Welchen Einfluss haben Baumkronengröße, Länge und Dicke der Halme auf die Wirkung des Windes? Wo und wodurch treten hier unterschiedliche Hebelwirkungen auf? Ihr könnt einen Wald nachbauen, indem ihr die Halme an einen Tisch klebt oder einen Schuhkartondeckel mit Gips ausgießt, die Halme in den Gips steckt und den Gips trocknen lasst. Dann könnt ihr die Versuche durchführen. Sucht weitere Beispiele für Hebel in der Natur.

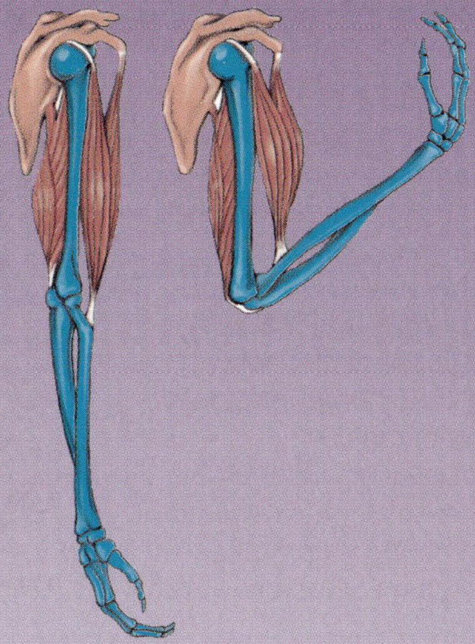
5 Ein Arm hat zwei Hebelarme.

Die Katze fährt ihre Krallen mithilfe eines Hebels ein und aus. Schlagt im Biologiebuch nach und erklärt die Funktionsweise. Welche Hebelart liegt hier vor? Wie funktioniert beim Menschen das Beugen und Strecken des Arms? Welche Hebelart ist das?

4 Der Wald bei Sturm

Gruppe 4: Hebel am Fahrrad
Befestigt die Kraftmesser wie auf Bild 6. Vergleicht die am Pedal wirkende Kraft mit der am Hinterrad wirkenden Kraft. Befestigt den Kraftmesser an einer anderen Stelle des Pedals und vergleicht wieder. Wie ändert sich die Kraft am Hinterrad, wenn bei gleicher Kraft am Pedal unterschiedliche Gänge eingeschaltet werden? Erklärt eure Beobachtungen und Messungen.

Funktionstüchtige Bremsen beim Fahrrad sind für die Sicherheit unbedingt notwendig. Durch die verstärkende Wirkung des Bremshebels kann das Fahrrad mit Muskelkraft abgebremst werden. Plant einen Versuch, wie ihr die eingesetzte Kraft am Bremshebel und die auf die Felge wirkende Kraft messen könnt und führt den Versuch aus. Sucht beim Fahrrad weitere Anwendungen des Hebels und erklärt die Funktionen.

6 Kraftübertragung beim Fahrrad

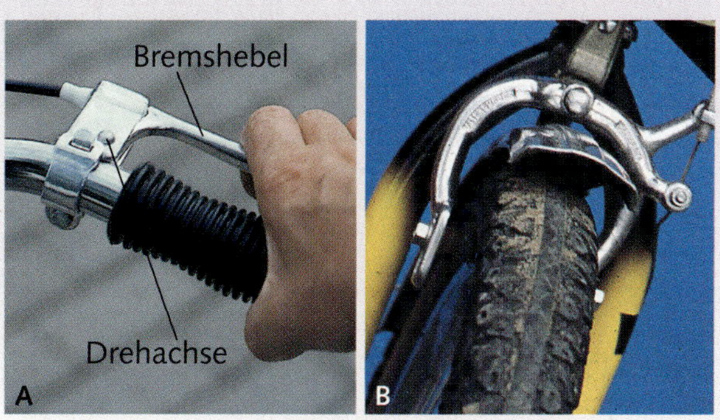

7 Handbremse oben (A) und unten (B)

Mechanische Energie

1. a) Du lernst am Tisch Vokabeln. Deine Schwester trägt ihre Tasche die Treppe hoch. Wer von euch braucht mehr Energie im physikalischen Sinne? Begründe deine Meinung.
b) Suche weitere Beispiele, bei denen du Energie im physikalischen Sinne benötigst.

1 Learning vocabulary

2. Die Klassenräume der Schule bekommen neue Tische. Pia und Dana tragen 8 Tische, Ulf und Eva tragen 12 Tische in den zweiten Stock. Christian und Nicole tragen 12 Tische in den ersten Stock. Begründe, wer die meiste Energie aufgewendet hat.

3. Paul bringt auf dem Sportplatz mit der Schubkarre erst 15 kg, dann 20 kg Sand vom Tor in den nahen Strafraum. Danach bringt er 20 kg Sand zur Eckfahne.
Wann hat er mehr Energie eingesetzt? Begründe deine Meinung.

Was ist Energie?

Die Energie begegnet dir in verschiedenen Formen. Chemische Energie steckt im Brennstoff Kohle oder in Biomasse. Von der Sonne gelangt Energie in Form von Wärme und Licht als Strahlung zu uns. Blitze entstehen aus elektrischer Energie und wenn Atome zerfallen, wird Kernenergie frei. Um auf die Frage „Was ist Energie?" eine Antwort zu finden, ist es sinnvoll, sich auch mit der **mechanischen Energie** zu beschäftigen.

Mechanische Energie

Auf deinen Körper wirkt die Erdanziehungskraft. Um eine Treppe hinaufzugehen, musst du Energie aufbringen. Das gilt auch, wenn du zum Beispiel auf einen Fußball eine Kraft wirken lässt. Der Fußball wird durch den Tritt mit dem Schuh verformt und bewegt sich in die gewünschte Richtung. Die dazu benötigte Energie ist mechanische Energie.

Die Energiemenge

Hebst du eine Getränkekiste in den Kofferraum des Autos, dann ist dafür eine ganz bestimmte Energiemenge notwendig. Je schwerer die Kiste ist, desto größer ist die notwendige Energiemenge. Wenn du dieselbe Kiste auf die Ladefläche eines Lkws stellst, musst du sie höher heben und deshalb mehr Energie aufwenden. Gehst du eine Treppe hoch, so ist für die Bestimmung der Energiemenge nicht die Länge der Treppe entscheidend, sondern der Höhenunterschied, den du überwindest.

Berechnung der Energie

Die Energie berechnest du, indem du die Gewichtskraft F_G des Körpers mit der erreichten Höhe h multiplizierst. Das Formelzeichen für die Energie ist das ***E*** (engl.: energy).

Energie = Gewichtskraft · Höhe
$$E = F_G \cdot h$$

2 Energieübertragung macht Durst!

Die Einheit der Energie

Die Einheit der Energie ist Joule (J). Benannt ist sie nach dem englischen Physiker JAMES PRESCOTT JOULE (1818–1889).
Die Energie von 1 J wird übertragen, wenn ein Körper mit der Gewichtskraft von 1 N um 1 m angehoben wird.
Identisch mit der Einheit Joule (J) sind das Newtonmeter (Nm) und die Wattsekunde (Ws):
1 J = 1 Nm = 1 Ws.

■ Wenn ein Körper mit der Gewichtskraft F_G um die Höhe h angehoben wird, gilt: $E = F_G \cdot h$.
Die Energie E wird in J (Joule) gemessen.

Einsatz von Energie

1. Krane helfen bei der Montage von Türmen für Windkraftanlagen. In Bild 1 wird gerade ein Turmsegment aus Stahl aufgesetzt. Die folgende Tabelle beschreibt den Aufbau eines Turmes, der aus 3 Segmenten zu je 20 m besteht. Das 1. Segment wird auf einen 2 m hohen Sockel aus Beton gehoben.

Segment	Gewichtskraft F_G in N	Höhe h in m	Energie $E = F_G \cdot h$ in Nm
1	300 000	2	600 000
2	300 000		
3	300 000		
Generator			

a) Berechne die Energien, die für das Anheben der nächsten beiden Segmente übertragen werden müssen.
b) Vergleiche die Energiebeträge aus a) miteinander. Was stellst du fest?
c) Formuliere eine Gesetzmäßigkeit, die die Proportionalität bei Energieübertragungen beschreibt.
d) Welcher Energiebetrag ist für das Aufsetzen des Generators notwendig, wenn er eine Masse von 3 t besitzt?

2. Eine Schubkarre mit einer Masse von 50 kg wird 25 m weit geschoben. Dabei wird eine Kraft von 40 N aufgewendet. Berechne die dafür benötigte Energie.

3. Wobei überträgst du bei deinen Hausaufgaben Energie?

1 Aufbau einer Windkraftanlage

Energieübertragung genauer betrachtet

Fährst du vom Erdgeschoss mit einem Fahrstuhl in die erste Etage, muss der Fahrstuhlantrieb über diese Höhe h eine Kraft zusätzlich einsetzen, die deiner Gewichtskraft F_G entspricht. Für die Fahrt in das zweite Stockwerk ist die doppelte Höhe erforderlich. Weil sich die Höhe verdoppelt hat, verdoppelt sich auch die benötigte Energiemenge. Entsprechendes gilt für das Erreichen der dritten Etage. Dafür ist die dreifache Energiemenge erforderlich.
Steigen zwei gleich schwere Personen in den Fahrstuhl, hat der Antrieb die doppelte Kraft aufzubringen. Die vom Fahrstuhlmotor abgegebene Energiemenge E ist der Kraft F und der Höhe h proportional.
Du kannst auch einen Vorgang betrachten, bei dem ein Körper mit einer Kraft F waagerecht eines Weges s bewegt wird.

Auch hierbei ergibt sich: Die aufzuwendende Energie ist proportional zur Kraft F und zum Weg s. Allgemein gilt:

$$E = F \cdot s$$

■ Die Energie E, die mit einer Kraft F längs eines Weges s übertragen wird, ergibt sich aus $E = F \cdot s$. Die Einheit ist Nm (Newtonmeter).

Die mechanischen Energieformen

1. a) Ein Skifahrer steht am Hang und fährt anschließend hinunter. Woher hat der die dafür benötigte Energie?
b) Welche Energieumwandlungen treten während der Abfahrt auf?
c) Am Ende des Hanges bleibt der Skifahrer nach einiger Zeit stehen. Finde eine Erklärung dafür.

2. Wofür wird die Höhenenergie des Wassers in einem Stausee genutzt?

3. a) Ein Blechfrosch kann enorm hüpfen. Wie macht er das?
b) Beschreibe, wie du ihm die Energie überträgst und wie diese Energie danach umgewandelt wird.

4. Ordne jedem der folgenden Beispiele eine der drei mechanischen Energieformen zu: Lawine, gedehntes Gummiband, Spraydose, Wind, Sportbogen, Hagelkörner.

1 Am Hang und auf der Piste

Höhenenergie

Da die Gewichtskraft F_G in Richtung Erdmittelpunkt wirkt, wird nur dann Energie übertragen, wenn ein Weg gegen die Erdanziehungskraft zurückgelegt wird. Ein angehobener Körper besitzt eine größere Energiemenge als vorher. Die Energie ist im Körper enthalten. Ihre Größe wird von der erreichten Höhe des Körpers bestimmt. Deshalb wird diese Form von Energie **Höhenenergie** oder **Lageenergie** genannt.
Ein Fahrradfahrer, der einen Berg hochfährt, gewinnt durch die Zunahme an Höhe immer mehr Höhenenergie. Die in ihm enthaltene Energiemenge, die er auf sich übertragen hat, kann er nutzen.

Bewegungsenergie

Wenn der Radfahrer nach einer Erholungspause hinunterrollt, wird die Höhenenergie wieder frei. Sie wird jetzt in **Bewegungsenergie** umgewandelt. Je höher die Geschwindigkeit des Radfahrers beim Herabrollen wird, desto größer wird auch seine Bewegungsenergie. Allgemein gilt: Die Geschwindigkeit eines Körpers kann nur geändert werden, wenn Energie umgewandelt wird.

Spannenergie

Energie, die zur Verformung eines Körpers führt, speichert der Körper in Form von **Spannenergie** oder **Verformungsenergie.** Im Schwimmbad springst du mit einem ordentlichen Satz auf das Ende eines elastischen Sprungbrettes. Deine Energie verformt das Sprungbrett, es biegt sich nach unten und besitzt nun Spannenergie. Sie wird auf dich übertragen. Im nächsten Moment wirst du hochgeschleudert und tauchst danach kopfüber ins Wasser.

■ Es gibt drei unterschiedliche Formen der mechanischen Energie: Höhenenergie, Bewegungsenergie und Spannenergie.

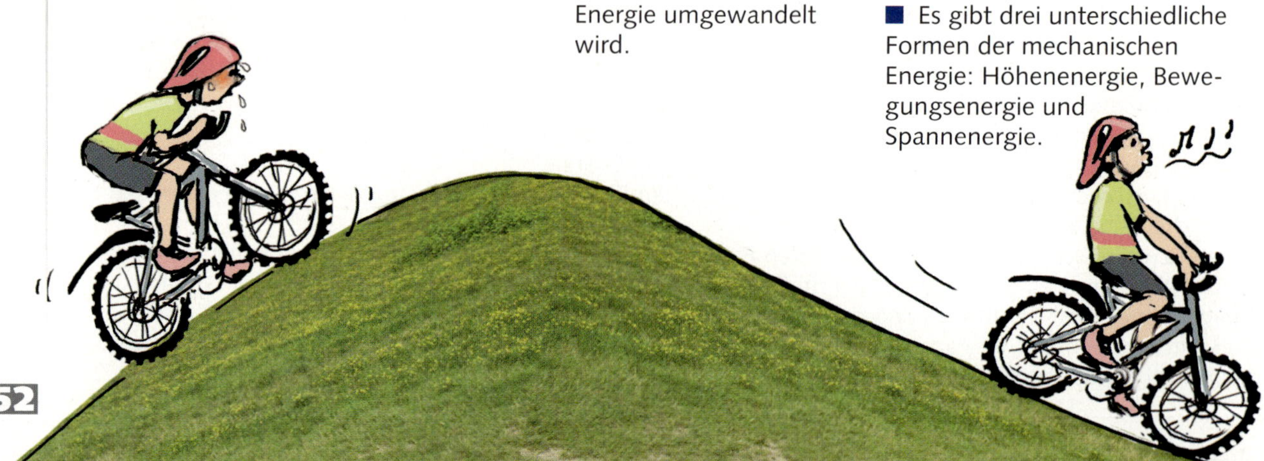

Umwandlungen mechanischer Energien

1. a) Verbinde ein 50 g-Wägestück durch einen Faden mit einem anderen Wägestück, das um 10 g schwerer ist. Hänge den Faden über eine feste Rolle an einem Stativ auf. Was kannst du beobachten?
b) Lege das 60 g-Wägestück nun auf einen Stapel Bücher. Beschreibe den Vorgang. Benutze dazu die Begriffe Kraft und Energie.
c) Stoße dieses Wägestück leicht an, sodass es herabfällt. Beschreibe, was du jetzt beobachtest.

2. a) Lass einen Hartgummiball aus etwa 1 m Höhe auf eine berußte dicke Glasplatte fallen. Was beobachtest du?
b) Erkläre deine Beobachtung mithilfe der verschiedenen Formen mechanischer Energie.

3. Ersetze den Ball aus Versuch 2 durch eine Plastilinkugel. Wiederhole den Versuch und vergleiche die Ergebnisse.

4. Beim Schwingen eines Pendels finden ständig Energieumwandlungen statt.
a) Nenne die Energieformen und Umwandlungen.
b) Zeichne das Pendel, wenn es sich
- in der Ausgangslage,
- zwischen Ausgangslage und tiefstem Punkt und
- im tiefsten Punkt befindet.

Schreibe die Energien in die Zeichnungen.

Von einer Energie in die andere

Jeder Gegenstand, der angehoben wurde, besitzt Höhenenergie. Fällt er in seine Ausgangslage zurück, ist seine Geschwindigkeit kurz vor dem Auftreffen am Boden am größten. Die gesamte Höhenenergie hat sich in Bewegungsenergie umgewandelt. Einen winzigen Moment später, wenn der Gegenstand den Boden berührt, ist die Geschwindigkeit gleich null. Jetzt besitzt der Gegenstand weder Höhenenergie noch Bewegungsenergie. Die Energie ist dann im Gegenstand gespeichert. Dabei handelt es sich um Spannenergie oder Verformungsenergie.

Artisten fliegen

Oleg möchte hoch hinaus. Ob es wohl möglich ist, ihn so hoch zu schleudern, dass er genau auf dem Sitz landet? Viktor will den Sprung auf das Schleuderbrett wagen. Er ist auf die Schultern des Obermannes hinaufgeklettert und hat so Höhenenergie gewonnen. Seine Gewichtskraft F_G und die Höhe h des Artistenturms bestimmen die Energiemenge. Je höher er klettert, desto mehr Höhenenergie erhält er. Ein Trommelwirbel erschallt. Die Zuschauer halten den Atem an. Jetzt springt Viktor von den Schultern. Seine Höhenenergie wandelt sich um in Bewegungsenergie. Beim Fallen nimmt die Höhenenergie ständig ab und die Bewegungsenergie nimmt ständig zu. Er landet genau auf dem Schleuderbrett.

Es biegt sich kräftig nach unten und spannt sich. Viktors Körper überträgt in diesem Moment seine Bewegungsenergie auf das Brett. Sie geht über in Spannenergie. Je stärker sich das Brett biegt, desto größer ist die übertragene Energiemenge. Die andere Seite des Brettes schnellt nach oben und gibt die Spannenergie an Oleg ab. Oleg übernimmt die Spannenergie des Brettes und wandelt sie augenblicklich in Bewegungsenergie um. Sein Körper wirbelt durch die Luft und er landet genau auf dem Sitz. Igor, der den Sitz trägt, beugt sich trotz großer Anspannung seiner Muskeln unter Viktors Gewichtskraft. Seine Schultern sind warm geworden. Die Zuschauer applaudieren begeistert.

■ Die Höhenenergie, die Bewegungsenergie und die Spannenergie können ineinander umgewandelt werden. Eine Energieform geht in eine andere Form von Energie über. Dabei tritt immer auch Wärme auf.

Streifzug

Bungee-Springen

1 **Ein toller Sprung**

Ein toller Sprung in die Tiefe! Ob Ute ahnt, dass bei ihrem Sprung die Physik mitfliegt?

Bevor Ute springt, muss sie zur hoch gelegenen Brücke gelangen. Sie speichert dabei Höhenenergie in ihrem Körper. An ihren Füßen wird das Bungee-Seil befestigt. Sie springt und fällt immer schneller. Dabei nimmt ihre Höhenenergie ab und ihre Bewegungsenergie nimmt zu. Während des Falls wird Ute plötzlich vom Seil abgebremst. Sie fällt langsamer, gleichzeitig wird das Gummiseil gedehnt. Dabei wird Bewegungsenergie in Spannenergie umgewandelt. Am tiefsten Punkt ihres Sprunges ist die Spannenergie am größten und die Bewegungsenergie null. Danach zieht sich das Seil zusammen. Die Spannenergie des Seils wird wieder in Bewegungsenergie umgewandelt. Ute steigt erst schneller, dann immer langsamer hoch. Dabei wird Bewegungsenergie zu Höhenenergie. Dann beginnt wieder alles von vorne. Ute erreicht aber nicht mehr die alte Höhe, da ein Teil der vorhandenen Energie durch Reibung mit der Luft und im Seil in Wärme umgesetzt wird.

Streifzug

Schwimmtraining

Ein Gummiband verbindet Martin beim Schwimmtraining mit dem Beckenrand. Dadurch werden Kondition und Muskulatur besonders gefordert und aufgebaut.
Die vom Sportler eingesetzte Energie wird nur zum Teil in Bewegungsenergie umgewandelt und dient zur Fortbewegung. Der andere Teil wird in Spannenergie umgewandelt, das Gummiband wird gedehnt. Dabei wird die Spannenergie umso größer, je mehr Kraft der Sportler einsetzt und je länger die Strecke ist, die er dabei zurücklegt. Die Spannenergie *E* hängt ab von der eingesetzten Kraft *F* und dem Weg *s*, längs dessen die Kraft wirkt. Du kannst die Spannenergie nach folgender Formel berechnen:

$$E = \frac{1}{2}\, F \cdot s$$

Legt der Schwimmer keine zusätzliche Strecke zurück, muss er trotzdem Kraft einsetzen, um seine Position zu halten. Setzt er keine Kraft ein, so wandelt sich die Spannenergie des Gummibandes wieder in Bewegungsenergie um und zieht den Schwimmer zum Startblock zurück

2 **Zurück geht's schneller!**

Energienutzung – im Wandel der Zeit

1. a) Beschreibe die Bilder und ordne sie geschichtlich ein.
b) Welche Aussagen machen die Bilder über die Nutzung der Bewegungsenergie von Wasser und Luft?
c) Diskutiere in der Klasse die Entwicklung des technischen Fortschritts und die Vor- und Nachteile der Energienutzung.

2. a) Bis zum Jahr 2030 sollen 25% der benötigten elektrischen Energie mit Windkraftwerken bereitgestellt werden. Recherchiere, mit welchen Maßnahmen dieses Ziel verwirklicht werden soll.
b) Wie kann die Bewegungsenergie des Wassers noch stärker als heute schon genutzt werden?

A

B

C

D

E

F

G

H

Mechanik

Bewegungen
Die **Geschwindigkeit *v*** ist der Quotient aus dem zurückgelegtem Weg *s* und der dazu benötigten Zeit *t*: $v = \frac{s}{t}$. Die Einheit ist $\frac{m}{s}$ oder $\frac{km}{h}$.

Kräfte
Kräfte können Bewegungen und Verformungen bewirken. Auch Reibung ist eine Kraft. Die Einheit der **Kraft *F*** ist N (Newton).

Zu jeder Kraft gibt es eine gleich große **Gegenkraft.** Eine besondere Gegenkraft ist der **Rückstoß.**

Elastische Körper nehmen im Gegensatz zu **plastischen Körpern** wieder ihre alte Form ein, wenn die Kraft auf sie nicht mehr wirkt.

Eine Kraft ist gekennzeichnet durch Angriffspunkt, Richtung und Größe. Eine Kraft wird grafisch als Pfeil dargestellt.

Wird an einen **Kraftmesser** ein Körper angehängt, verlängert sich die Schraubenfeder. Die Skala zeigt an, wie groß die wirkende Kraft *F* ist.

Hookesches Gesetz
Kraft *F* und Verlängerung ℓ sind bei einer Schraubenfeder proportional zueinander. Der zugehörige Quotient ist die **Federkonstante *D*.** Es gilt: $D = \frac{F}{\ell}$, gemessen in $\frac{N}{m}$.

Masse und Trägheit
Alle Gegenstände werden zum Erdmittelpunkt gezogen. Auf sie wirkt eine **Gewichtskraft F_G.**

Die Größe der Gewichtskraft hängt von dem Gegenstand ab, der angezogen wird, und von dem Himmelskörper, von dem er angezogen wird.

Die **Masse *m*** eines Gegenstandes ist unabhängig vom Ort. Sie wird mit einer Waage ermittelt und in g oder kg angegeben.

Alle Gegenstände sind träge. Sie ändern ihre Geschwindigkeit oder Bewegungsrichtung nur, wenn eine Kraft auf sie einwirkt.

Je größer die Masse eines Gegenstandes ist, desto größer sind seine Gewichtskraft und seine **Trägheit.**

Die Trägheit ist unabhängig von dem Ort, an dem sich der Gegenstand befindet.

Energieübertragung
Energie kann mit einer Kraft *F* längs eines Weges *s* übertragen werden. Wird ein Körper mit der Gewichtskraft F_G um die Höhe *h* angehoben, ergibt sich die Energie *E* als $E = F_G \cdot h$.

Mechanische Energie
Höhen-, Bewegungs- und Spannenergie sind die Formen der mechanischen Energie. Sie können ineinander umgewandelt werden. Dabei entsteht immer Wärme.

Rollen
Mit **festen Rollen** wird die Richtung der Kraft geändert. Es wird keine Kraft gespart.

Mit **losen Rollen** wird Kraft *F* gespart. Der Weg *s* wird dabei länger. Das Produkt aus *F* und *s* bleibt gleich.

Ein **Flaschenzug** besteht aus festen und losen Rollen.

Hebel
Beim **zweiseitigen Hebel** wirken die beiden Kräfte in die gleiche Richtung, beim **einseitigen Hebel** in unterschiedliche Richtungen.

Ein Hebel ist im Gleichgewicht, wenn beide **Drehmomente** gleich groß sind. Es gilt:

$$M_1 = M_2$$
$$F_1 \cdot s_1 = F_2 \cdot s_2$$

Schiefe Ebene
Die Kraft, die auf einer schiefen Ebene aufgewandt werden muss, hängt ab von der Gewichtskraft F_G des Körpers und dem Steigungswinkel α der Ebene.

Goldene Regel der Mechanik
Bei Rollen, Hebeln und schiefen Ebenen kann Kraft gespart werden. Der Weg der wirkenden Kraft wird dann aber länger.

1. Gib an, von welchen Größen die Geschwindigkeit v eines sich bewegenden Körpers abhängt.

2. Nenne drei verschiedene Arten von Kräften.

3. Nenne die Kraft, die eine Rakete steigen lässt.

4. Ist das Tretlager des Fahrrades gut geschmiert, musst du weniger Kraft aufwenden als bei einem ungeschmierten Tretlager. Begründe.

5. Gib die drei Merkmale einer Kraft an.

6. Was zeigt ein Kraftmesser an, wenn 150 g, 370 g oder 1,2 kg angehängt werden?

7. a) Wie lautet das hookesche Gesetz?
b) Schreibe die Formel für die Federkonstante auf. Was gibt sie an?

8. Begründe, dass jeder hochgeworfene Ball immer zur Erde zurückkehrt.

9. Warum können sich Astronauten trotz ihrer schweren Schutzanzüge mühelos auf dem Mond bewegen?

10. a) Wenn Autos auf ein Hindernis aufprallen, können die Insassen schwer verletzt werden. Nenne die Ursache dafür.
b) Nenne Einrichtungen, die diese Gefahr vermindern.

11. Welche Kräfte wirken, wenn du auf einer Personenwaage stehst?

12. Wieso schmerzen nach langem Stillstehen deine Füße?

13. Was ist das Urkilogramm?

14. Gib jeweils die Kraft an, die zum Heben aufgewandt werden muss. Ein 25 kg-Sack Zement wird hochgezogen
a) senkrecht nach oben an einem Seil,
b) über eine feste Rolle,
c) über eine lose Rolle.

15. Ein Flaschenzug hat zwei lose Rollen. Ein Körper mit einer Masse von 200 kg soll 2 m hochgezogen werden. Gib die aufzuwendende Kraft F und die Seillänge s an, die eingeholt werden muss.

16. An einem Hebel hängt ein Körper mit einer Masse von 60 g in einem Abstand von 40 cm vom Drehpunkt entfernt. Damit der Hebel im Gleichgewicht ist, wirkt eine Kraft F im Abstand von 15 cm vom Drehpunkt. Wie groß muss sie sein?

17. Nenne die Regel, die für den Krafteinsatz bei losen Rollen, Hebeln und schiefen Ebenen gilt. Gib jeweils 2 Beispiele für ihre Anwendung an.

18. Wie viel Energie überträgt ein Fahrstuhl auf eine Person, wenn der Fahrstuhl sie 12 m anhebt? Die Person besitzt eine Masse von 65 kg.

19. Nenne für die drei mechanischen Energieformen jeweils 2 Beispiele.

20. Beschreibe die Energieumwandlungen beim Aufziehen einer Uhrfeder.

21. Beschreibe die Energieumwandlung beim Stabhochsprung.

22. Wie verändert sich die Energie eines Körpers, wenn
a) seine Höhe verdoppelt wird?
b) die Masse des Körpers verdreifacht wird?
c) die Höhe verdoppelt und die Masse verdreifacht werden?

23. Ein Körper mit der Masse $m = 6$ kg befindet sich in einer Höhe $h = 2$ m. Wie muss die Höhe des Körpers verändert werden, wenn seine Masse verdoppelt wird, seine Energie E jedoch gleich bleiben soll?

Elektrizität

Was bleibt von der vorher gespeicherten Elektrizität übrig?

Schalter – wohl geordnet. Wozu dienen sie?

Wirkungen des elektrischen Stromes

1. Baue einen einfachen Stromkreis auf. Lege auf die Lampe ein kleines Stück Kerzenwachs. Schließe den Stromkreis und beobachte das Wachs. Beschreibe und erkläre deine Beobachtung.

2. Ersetze die Lampe aus Versuch 1 durch eine Kupferleitung, die mehrfach um einen Nagel gewickelt ist. Schließe den Stromkreis und nähere einen Kompass erst dem einen und dann dem anderen Ende des Nagels. Beschreibe und deute deine Beobachtungen.

3. a) Baue einen Versuch wie im Bild B auf. Fülle das Becherglas mit einer gesättigten Salzlösung. Schließe den Stromkreis. Was beobachtest du in der Lösung?
b) Was geschieht, wenn der Stromkreis unterbrochen wird? Beschreibe und deute deine Beobachtungen.

4. Welche Wirkungen des elektrischen Stromes werden im Bild dargestellt? Schreibe auf, was du siehst, und benenne die Wirkungen.

5. Schau dich in eurer Wohnung, auf der Straße und beim Einkaufen um. Notiere Beispiele für den Einsatz von Elektrizität. Ordne die Wirkungen, die dabei genutzt werden.

Einsatz	Wirkung
Leuchtreklame	Licht
Türklingel	

6. Welche Auswirkungen hätte ein längerer Stromausfall in eurer Wohnung und in eurer Umgebung? Wie müsstest du in dieser Zeit deine Lebensgewohnheiten ändern?

Lichtwirkung
Die **Lichtwirkung** des elektrischen Stromes ist dir selbstverständlich. Sowohl die Beleuchtung im Haus als auch das Flutlicht im Stadion, die Stand-by-Anzeige eines Gerätes und das Leuchten des Displays am Handy beruhen auf der Lichtwirkung des elektrischen Stromes. Immer ist damit auch Wärme verbunden.

Wärmewirkung
Bei einem Toaster und einem Föhn wird Wärme erzeugt genauso wie bei einem Wäschetrockner und einem Elektroherd. Hier wird die **Wärmewirkung** des elektrischen Stromes genutzt.

Magnetische Wirkung
Ein Stück mit Kupferdraht umwickeltes Eisen wird zur **Spule.** Schließt du an die beiden Drahtenden eine Batterie an, kannst du die **magnetische Wirkung** des elektrischen Stromes erfahren. Diese Wirkung wird beispielsweise genutzt, um Eisenschrott mit einem Magnetkran zu heben oder auszusortieren. Aber auch Lautsprecher und Kopfhörer funktionieren mithilfe der magnetischen Wirkung.

Chemische Wirkung
Mithilfe des elektrischen Stromes können Metallgegenstände dauerhaft versilbert oder vergoldet werden. Dabei wird die **chemische Wirkung** des elektrischen Stromes genutzt. Der elektrische Strom kann chemische Reaktionen auslösen, bei denen Stoffe zusammengefügt oder in ihre Bestandteile zerlegt werden.

■ Mithilfe des elektrischen Stromes können Licht und Wärme sowie magnetische und chemische Reaktionen bewirkt werden.

Ein Kupfer-Schlüssel aus Eisen

Gegenstände aus Eisen rosten schnell. Um sie zu schützen, werden sie mit einer dünnen Schicht haltbarer Metalle überzogen. Dazu eignen sich Zink und Kupfer, aber auch Chrom, Nickel, Silber und Gold.

Eine solche Beschichtung wird mithilfe des elektrischen Stromes hergestellt. Der Gegenstand, der überzogen werden soll, taucht dazu in eine Salzlösung, das galvanische Bad.

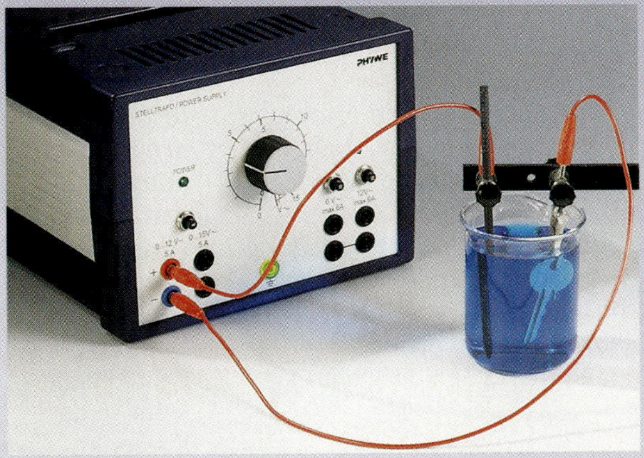

1 **Galvanisieren**

Ein Gegenstand, der zum Beispiel verkupfert werden soll, taucht in eine Kupfersalzlösung und ist mit dem Minuspol einer Stromquelle verbunden. An den Pluspol wird eine Kohleelektrode angeschlossen und ebenfalls in die Lösung eingetaucht. Wenn der Stromkreis geschlossen wird, entsteht auf dem Gegenstand eine sichtbare Kupferschicht. Dieses Verfahren heißt **Galvanisieren.**

1. Verkupfern eines Schlüssels

Reinige und entfette einen Schlüssel aus Eisen gründlich. Baue dann den Versuch zum Galvanisieren nach Bild 1 auf. Verbinde den Schlüssel mit dem Minuspol der Stromquelle und die Kohleelektrode mit dem Pluspol. Tauche den Schlüssel und die Kohleelektrode in ein galvanisches Bad. Stelle am Stromversorgungsgerät eine Gleichspannung von 3 V ein und schließe den Stromkreis.

Beende den Versuch nach etwa 15 min und spüle den Schlüssel mit klarem Wasser ab. Nachdem er getrocknet ist, kannst du ihn mit einem Poliertuch auf Hochglanz bringen.

2. Ein besonderer Schmuck

Schneide aus fester Kunststofffolie, zum Beispiel aus einem alten Schnellhefter, eine Figur wie in Bild 2 aus. Um diese Figur zu galvanisieren, musst du sie zuvor elektrisch leitend machen. Dazu trägst du eine Schicht Silberleitlack auf.

Wenn du ein Muster auf der Puppe haben willst, klebe die Stellen, die nicht verkupfert werden sollen, mit Klarsichtfolie ab. Tauche die Puppe dann in ein galvanisches Bad ein und verbinde sie mit dem Minuspol einer Gleichstromquelle. Ein Kupferblech wird ebenfalls eingetaucht und mit dem Pluspol verbunden.

Stelle am Stromversorgungsgerät eine Gleichspannung von 3 V ein und schließe den Stromkreis.

Beende das Galvanisieren nach 5 min. Spüle die Puppe erst mit klarem Wasser und dann mit Spiritus ab und lass sie trocknen. Poliere mit einem weichen Wolltuch anschließend die Puppe auf Hochglanz.

Klebe zum Schluss eine Anstecknadel aus einem Bastelladen auf und dein ganz persönliches Schmuckstück ist fertig.

Auch andere Gegenstände, wie zum Beispiel Steine, Blätter, kleine Zweige, Muschelschalen und leere Schneckengehäuse lassen sich mit diesem Verfahren verkupfern oder mit einem Edelmetall überziehen.

2 **Puppe mit Metallüberzug**

Energiefluss

1 Energiequellen

1. Ordne die elektrischen Geräte in Bild 2 den elektrischen Energiequellen in Bild 1 zu.

2. a) Wie gelangt die elektrische Energie von den elektrischen Energiequellen in die elektrischen Geräte in Bild 2?
b) Welche Bedingungen müssen erfüllt sein, damit elektrische Energie transportiert werden kann?

3. a) Wie verteilt sich die elektrische Energie auf die verschiedenen Geräte, die in einer Wohnung benötigt werden? Stelle deine Vermutungen in einem Kreisdiagramm dar. Fasse dabei die Geräte in Gruppen zusammen.
b) Überprüfe deine Vermutungen durch Befragung von Experten oder durch Recherche im Internet.
c) Erstelle mit diesen Angaben ein zweites Kreisdiagramm und vergleiche mit deinem ersten.
d) Welche Vermutungen musst du korrigieren?

4. Notiere Ideen, wie in eurer Wohnung der Bedarf an elektrischer Energie verringert werden könnte. Diskutiert und beurteilt eure Ideen in der Klasse.

2 Hier wird elektrische Energie benötigt.

Energiefluss

Ob ein Handy in Betrieb ist oder ein MP3-Player Musik abspielt, ob der Starter im Auto betätigt wird oder die Fahrradbeleuchtung angeschaltet ist – immer wird in diesen Geräten **elektrische Energie** benötigt. Erst wenn elektrische Energie fließt, entstehen in elektrischen Geräten Schall, Bewegung, Licht und Wärme.

Energiequellen

Die elektrische Energie kommt aus unterschiedlichen Stromquellen. Batterien, Akkumulatoren, Solarzellen, Elektrizitätswerke oder Windkraftanlagen stellen für die unterschiedlichen Geräte die erforderliche elektrische Energie zur Verfügung. In der Wohnung kannst du sie dann über viele verzweigte Leitungen an den Steckdosen nutzen.

Energiefluss bei Elektronenfluss

Nur wenn die Stromkreise geschlossen sind, können sich Elektronen bewegen. Erst dann können sie die notwendige elektrische Energie zu den Geräten transportieren.
Während sich aber die Elektronen im geschlossenen Stromkreis bewegen, fließt die elektrische Energie immer nur in einer Richtung, von der Stromquelle zum elektrischen Gerät, aber nicht zurück. Der Energiefluss ist nicht umkehrbar.

■ Elektrische Geräte benötigen elektrische Energie. Nur wenn Elektronen fließen, kann die elektrische Energie zum Gerät gelangen. Dabei bewegt sich die elektrische Energie nur in einer Richtung, von der Stromquelle zum elektrischen Gerät.

Energieformen

1. a) Verbinde eine Solarzelle mit einem geeigneten Kleinstmotor und beleuchte sie mit einer Lampe. Leuchte aus verschiedenen Winkeln und aus unterschiedlichen Entfernungen auf die Solarzelle. Beschreibe deine Beobachtungen.
b) Prüfe mit den Fingern die Temperatur des Motors vor, während und einige Zeit nach dem Einschalten.

2. Entwirf für die elektrischen Geräte in Bild 1 Energieflussdiagramme wie in Bild 4 dargestellt. Dabei soll deutlich werden: Je dicker der Pfeil gezeichnet ist, desto höher ist der Anteil der umgewandelten Energie.

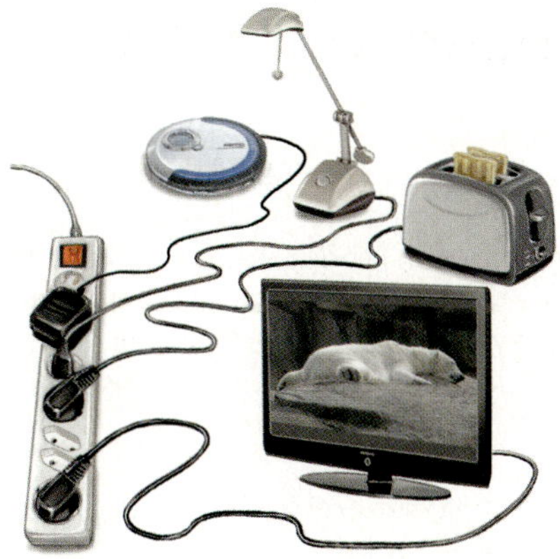

1 Hier wird elektrische Energie umgewandelt.

Umwandlung elektrischer Energie

Das NASA-Testflugzeug „Helios" wird nur mit Solarenergie angetrieben. Es erreichte eine Rekordhöhe von 32,2 km. Sonnenlicht wird in den Solarzellen auf den Flügeln in elektrische Energie umgewandelt. Über geschlossene Stromkreise transportieren Elektronen die Energie zu den Motoren. Dort wird sie in **Bewegungsenergie** umgewandelt. Die Motoren werden beim Betrieb warm und müssen gekühlt werden. Die elektrische Energie aus den Solarzellen wird also auch in Wärme umgewandelt. Bewegung und Wärme sind unterschiedliche **Energieformen.** Wärme tritt bei jeder Energieumwandlung auf.

2 NASA-Testflugzeug „Helios"

■ Elektrische Energie wird in elektrischen Geräten in Energien anderer Form umgewandelt. Die Umwandlung in die verschiedenen Energien kann in Energieflussdiagrammen dargestellt werden.

Energieflussdiagramme

Der Vorgang des Energietransportes und der Energieumwandlung von elektrischer Energie in Energien anderer Form kann in einem **Energieflussdiagramm** wie in Bild 4 dargestellt werden.
Hier wird der Energiefluss von der Solarzelle zum Motor mit einem Pfeil dargestellt. Um die Umwandlung der elektrischen Energie in Bewegungsenergie und Wärme deutlich zu machen, werden Verzweigungen eingezeichnet. Je breiter die Pfeile sind, desto größer ist der Energiefluss.
Solche Diagramme können für alle elektrischen Geräte erstellt werden.

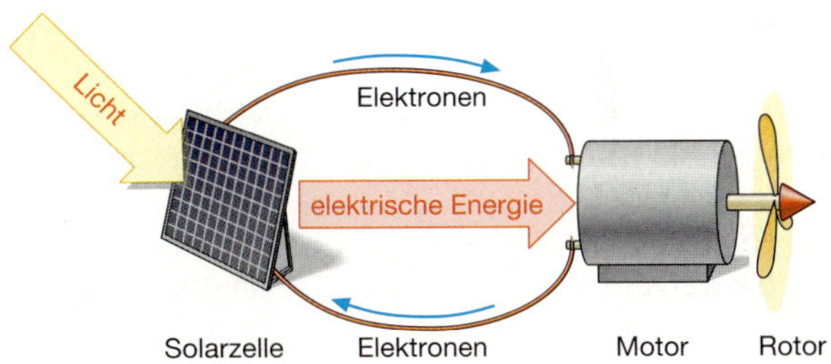

3 Energie- und Elektronenfluss

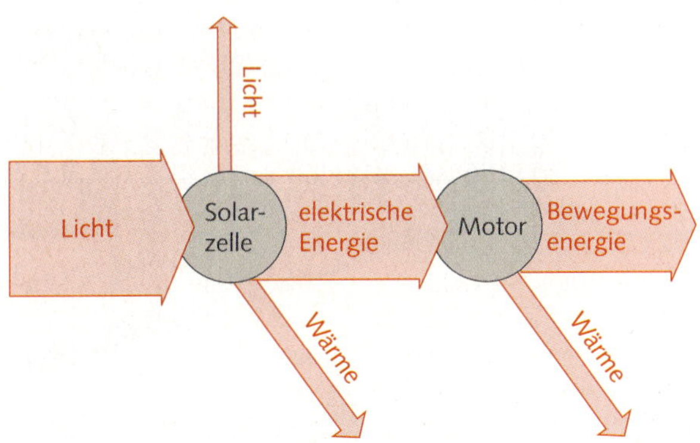

4 Energieflussdiagramm von „Helios"

Umwandlung elektrischer Energie

1. a) Bereite eine Tabelle vor und notiere darin elektrische Geräte.
b) Ergänze in der Tabelle die Formen der Energie, in die das Gerät elektrische Energie umwandelt.
c) Kennzeichne in der Tabelle, ob es sich bei den umgewandelten Energien um erwünschte oder unerwünschte Energien handelt.

2. Erstelle für drei Beispiele aus deiner Tabelle Energieflussdiagramme.

3. a) Was geschieht mit der Wärme, die von Glühlampen oder Fernsehgeräten abgestrahlt wird? Erstelle zu deinen Überlegungen ein Energieflussdiagramm.
b) Überlege, wie die entstandenen Energien bei einer leuchtenden Lampe weiter genutzt werden könnten.
c) Erkundige dich über die Energieumwandlungen bei unterschiedlichen Leuchtmitteln. Erstelle entsprechende Energieflussdiagramme.

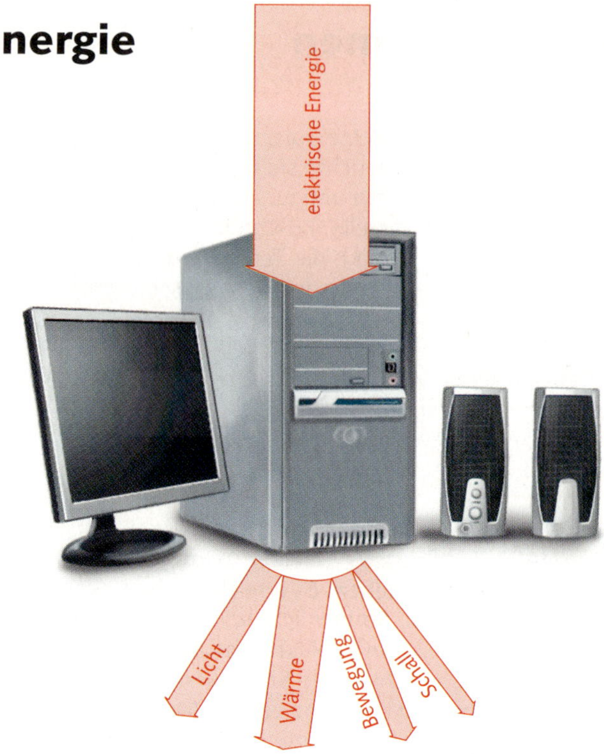

Energie geht nicht verloren
Elektrische Energie wird in elektrischen Geräten in Energien anderer Form umgewandelt. Eine Glühlampe wandelt beispielsweise etwa 5 % der elektrischen Energie in Licht um und 95 % in Wärme. Das Licht ist die **erwünschte Energie** und die Wärme ist die **unerwünschte Energie.** Bei einem Toaster ist es gerade umgekehrt. Die elektrische Energie wird zu mehr als 99 % in die erwünschte Wärme umgewandelt und zu weniger als 1 % in Licht, das durch die Heizdrähte im Toaster ausgestrahlt wird.
Bei Elektromotoren, die Maschinen antreiben, ist die Bewegungsenergie die gewünschte Energie und Schall und Wärme, die beim Betrieb entstehen, sind die unerwünschten Energien.

Energieentwertung
Der Schall, der sich von einer Maschine aus verbreitet, gelangt an dein Ohr und lässt dein Trommelfell schwingen. Die Wärme einer Glühlampe spürst du auch in einiger Entfernung noch. Diese Energien sind zwar vorhanden, sie lassen sich aber meistens nicht mehr in nutzbare Energie umwandeln. Diese Art der Energie wird daher **entwertete Energie** genannt.
Erwünschte und unerwünschte Energie zusammen sind genauso groß wie die in den Energiewandler, das elektrische Gerät, hineingesteckte Energie. Es geht also keine Energie verloren

■ Elektrische Energie kann in erwünschte und unerwünschte Energie umgewandelt werden. Dabei geht keine Energie verloren. Unerwünschte Energie, die nicht mehr genutzt werden kann, wird entwertete Energie genannt.

Energieflussdiagramme

MP3-Player
Beim Aufladen wird im Akku des MP3-Players elektrische Energie in chemische Energie umgewandelt und so gespeichert. Wenn der MP3-Player eingeschaltet ist, wandelt sich die chemische Energie in elektrische Energie. Dann bewegen sich die Elektronen im geschlossenen Stromkreis vom Akku durch den MP3-Player und wieder zurück. Die fließenden Elektronen transportieren die elektrische Energie. Sie wird in den Kopfhörern zu Schall und in der LCD-Anzeige in Licht umgewandelt. Die Kopfhörer, die LCD-Anzeige und der Akku werden dabei etwas warm. Aus elektrischer Energie wird im MP3-Player also Schall, Licht und Wärme.

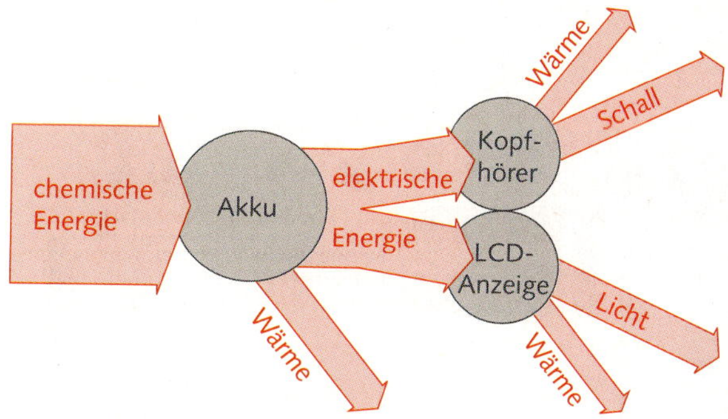

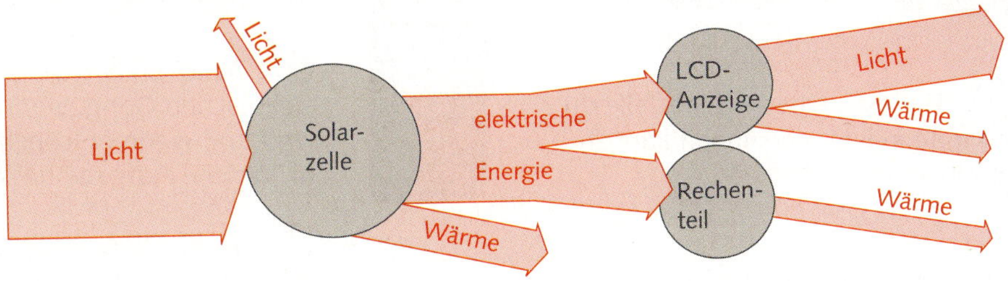

Der Solartaschenrechner
Das Licht, das auf die Solarzelle des Taschenrechners fällt, wird darin zu einem Teil in elektrische Energie und zu einem anderen Teil in Wärme umgewandelt. Ein kleiner Teil wird reflektiert.
Im Taschenrechner fließen Elektronen, die die elektrische Energie zum Rechen- und zum Anzeigenteil des Taschenrechners transportieren.

Das Handy
Ist das Handy eingeschaltet, wandelt sich die chemische Energie im Akku in elektrische Energie. Sie wird benötigt, um mithilfe elektromagnetischer Strahlung Funkkontakt zum nächsten Sendemast zu halten und um die LCD-Anzeige zu betreiben. Bei einem Anruf wird die elektrische Energie umgewandelt in Schall oder in Bewegung, wenn das Handy auf Vibrationsalarm gestellt ist. Ein geringer Teil der elektrischen Energie wird im Akku, im Lautsprecher und in der Anzeige in Wärme umgewandelt.

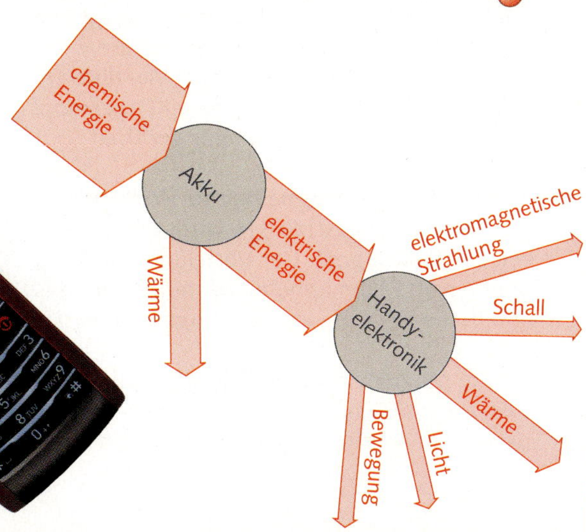

Der elektrische Gong meldet sich

1 Ein elektrischer Gong

1. Beschreibe, welche Teile du im Gong in Bild 1 erkennen kannst. Vermute, wozu sie dienen.

Wie funktioniert der Gong?

Zwischen den beiden Metallstangen eines elektrischen Gongs ist eine Kupferdrahtspule angebracht. Die Spule ist mit einer Papier- oder Kunststoffhülle geschützt. Sie liegt mit einer Stromquelle und dem Klingelknopf in einem Stromkreis.

In der Spule befindet sich ein Eisenstab, der sich im Spuleninnern leicht hin und her bewegen kann. Das ist der Klöppel, mit dem die beiden Metallstangen angeschlagen werden. Wenn der Klöppel gegen die kurze Metallstange stößt, hörst du ein helles „Ding", und wenn er gegen die lange Metallstange schlägt, ein dunkles „Dong". Mit dem Klingelknopf wird der Stromkreis geschlossen oder geöffnet.

Elektrizität erzeugt magnetische Wirkung

Wenn der Stromkreis geschlossen wird, wirkt die Spule wie ein Stabmagnet. Der Vorteil der Spule gegenüber einem Stabmagneten besteht darin, dass die magnetische Wirkung an- und abgeschaltet werden kann.
Abschaltbare Magnete können Schrott sortieren, Alarmanlagen auslösen, Bewegungen in Maschinen oder Sperrungen an Türen ein- und ausschalten.

2. a) Umwickle eine leere Garnrolle mit lackisoliertem Kupferdraht. Die Spule sollte insgesamt etwa 200 Windungen haben. Lege einige kleine Nägel um die Spule herum. Stelle ein Stromversorgungsgerät auf 5 V und schließe die Spule wie in Bild 2 an. Beschreibe, was du beobachtest.
b) Baue in den Stromkreis einen Schalter ein. Öffne und schließe den Stromkreis mehrfach. Beobachte die Nägel und deute das Versuchsergebnis.

3. a) Verwende den Aufbau von Versuch 2b). Lege einen Nagel in die Öffnung der Spule.
b) Was geschieht, wenn du den Schalter mehrmals öffnest und schließt?

4. a) Wodurch wird die Bewegung der Eisennägel in den Versuchen 2 und 3 hervorgerufen?
b) Welcher Bestandteil des Gongs verhält sich wie der Nagel in Versuch 3?

5. a) Erkläre die physikalischen Vorgänge im elektrischen Gong, wenn der Klingelknopf gedrückt wird und wenn er losgelassen wird.
b) Welche Aufgabe hat die Feder um den Klöppel?

6. a) Warum klingt der Gong nicht öfter, wenn der Klingelknopf gedrückt bleibt?
b) Was musst du tun, um den Gong mehrmals erklingen zu lassen?

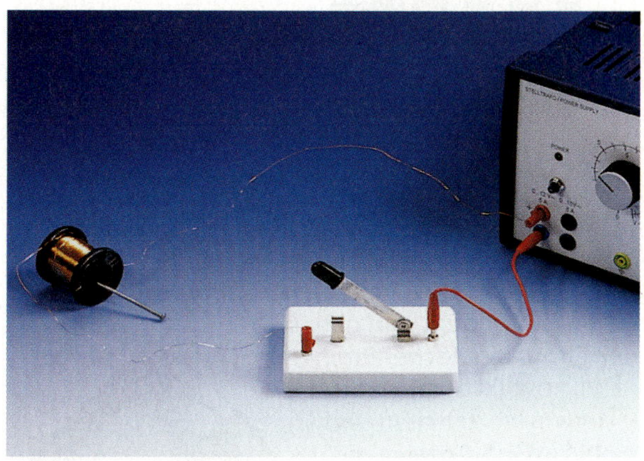

2 Was geschieht mit dem Nagel?

■ Eine Spule wirkt wie ein Magnet, wenn sie in einen geschlossenen Stromkreis eingebaut ist. Wird der Stromkreis geöffnet, verliert sie die magnetische Wirkung.

Ein Gerät, das Strom durch Magnetismus anzeigt

Ein Eisenstab, der in einer Strom führenden Spule liegt, wird zum Magneten. Er hat einen Nordpol und einen Südpol. Legst du zwei Eisenstäbe in die Spule, so werden beide auf die gleiche Art magnetisiert.

Bei beiden Stäben entsteht an den gleichen Enden ein Nord- und ein Südpol. Da sich gleiche Pole abstoßen, werden die beiden Eisenstäbe durch die magnetische Wirkung auseinander gedrückt. Das kannst du für die Anzeige von Strom nutzen.

Materialliste
12 m Klingeldraht
stabile Plastikfolie 20 cm x 9 cm
2 Zimmermannsnägel, 5 mm dick
2 Steckbuchsen
1 Brett aus Sperrholz oder Acrylglas ①
9 cm x 12 cm x 1 cm
1 Brett aus Sperrholz oder Acrylglas ②
8 cm x 7 cm x 1 cm
4 Holzklötzchen
1 cm x 1 cm x 1 cm
2 Schrauben M3 x 15 mm
mit Hutmuttern
Kleber, rote Farbe
Schraubendreher,
Maulschlüssel oder Flachzange

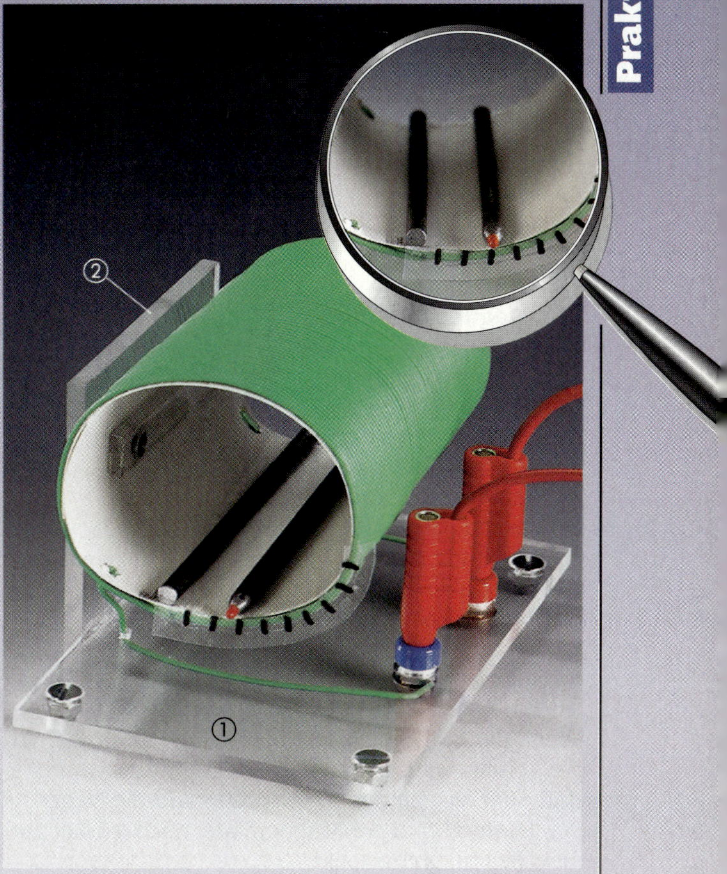

1 Anzeigegerät

Bauanleitung
Forme die Plastikfolie zu einem Rohr mit einem Durchmesser von 6 cm und klebe sie zusammen. Wickle den Klingeldraht auf das Rohr. So erhältst du eine Spule mit sechzig Windungen. Dann bleibt an jedem Ende genügend Draht für die Anschlüsse übrig.

Befestige das Sperrholzbrett ② senkrecht am Rand der Grundplatte ①. Schraube die Spule so an das Sperrholzbrett ②, dass sie über der Grundplatte ① hängt. Bohre für die Anschlussbuchsen zwei Löcher in die Grundplatte. Stecke die Buchsen hindurch und befestige sie.

Durchbohre die Grundplatte ① an den Spulenenden und verbinde die Anschlussdrähte mit den Steckbuchsen. Klebe an die vier Ecken je ein Holzklötzchen als Fuß.

Säge von einem Zimmermannsnagel den Kopf und die Spitze ab. Der verbleibende Eisenstab soll so lang werden wie die Spule. Er wird an der tiefsten Stelle in die Spule geklebt. Säge von dem zweiten Nagel das Kopfende so weit ab, dass der Eisenstab so lang wird wie die Spule. Die Spitze soll etwas aus der Spule herausragen. Streiche die Spitze rot an. Sie wird als Zeiger benutzt.

Klebe an den vorderen Spulenrand eine Skala in Form eines Viertelkreises. An das hintere Ende der Spule klebst du als Begrenzung für den beweglichen Stab einen schmalen Folienstreifen.

Schließe die Spule an verschiedene Batterien an und beobachte jeweils die Spitze des Nagels. Schließe sie danach an ein regelbares Stromversorgungsgerät an und beobachte erneut dein Anzeigegerät.

Die magnetische Wirkung lässt sich verstärken

1. a) Stelle eine Kompassnadel auf und warte, bis sie sich in Nord-Süd-Richtung eingependelt hat. Baue dann den Versuch wie im Bild 1A auf. Schalte das Stromversorgungsgerät ein und aus. Was beobachtest du?
b) Schreibe auf, wie du das Versuchsergebnis erklären würdest.

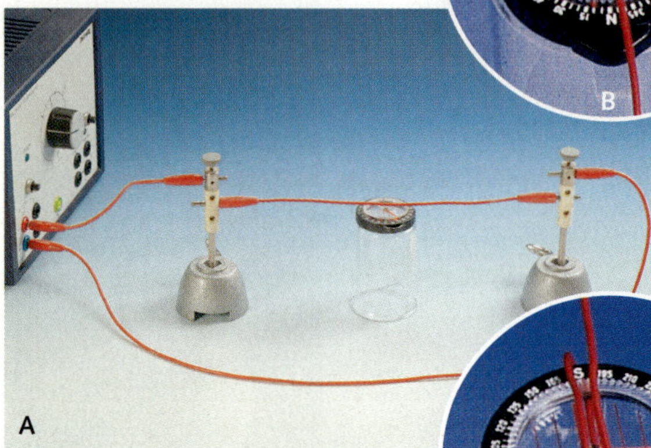

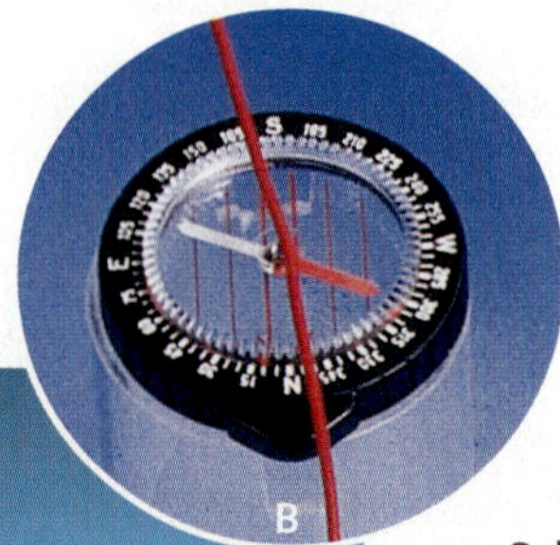

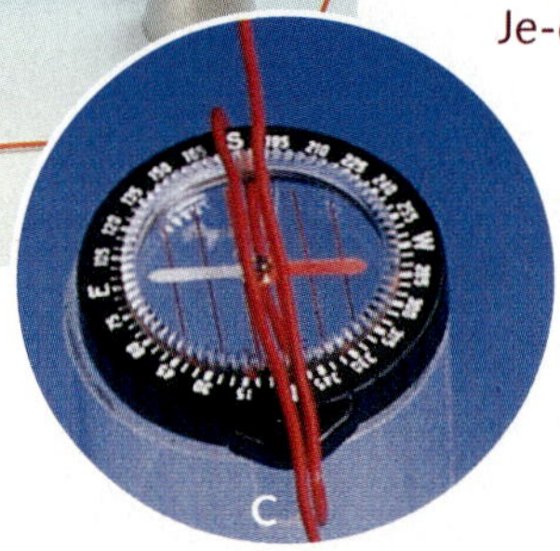

1 Ein Strom führender Leiter

2. Wiederhole Versuch 1 und lege den Draht wie in Bild 1B zunächst in einer Schleife, dann wie in Bild 1C in immer mehr Schleifen um die Kompassnadel. Öffne und schließe den Stromkreis jeweils. Beschreibe deine Beobachtungen mit einer Je-desto-Formulierung.

3. Erkläre, warum du bei den Versuchen 1 und 2 einen Draht verwenden musst, der isoliert ist.

Ein Magnet aus nur einem Draht

Kupfer ist nicht magnetisierbar. Hältst du aber einen Strom führenden Kupferdraht über eine Kompassnadel, dann wird sie aus der Nord-Süd-Richtung abgelenkt. Sobald Elektronen durch den Draht fließen, kannst du eine magnetische Wirkung beobachten.

Wenn der Leiter in einer Schleife um die Magnetnadel geführt wird, dann wirkt der Draht über und unter der Magnetnadel gleichzeitig auf die Nadel ein. Deshalb wird die Magnetnadel noch stärker aus ihrer Richtung abgelenkt.
Wird der Leiter in vielen Windungen wie bei einer Spule um die Nadel gelegt, so wird die magnetische Wirkung weiter verstärkt. Die Nadel wird noch stärker abgelenkt.

Daraus kannst du schließen: Eine Spule in einem geschlossenen Stromkreis ist ein **Elektromagnet.** Je mehr Windungen die Spule hat, desto stärker wirkt sie als Elektromagnet.

■ Ein Strom führender Leiter wirkt magnetisch. Die magnetische Wirkung lässt sich verstärken, wenn der Leiter zu einer Spule mit vielen Windungen aufgewickelt wird. Die Spule wird zu einem Elektromagneten.

Streifzug

Christian Oersted

Als der dänische Physiker Christian Oersted (1777–1851) seinen Studenten im Jahr 1820 einen Versuch vorführen wollte, entdeckte er, dass eine Kompassnadel auf dem Labortisch nicht die Nord-Süd-Richtung anzeigte. Erst an einem anderen Platz verhielt sie sich wieder wie erwartet. Oersted versuchte die Ursache dafür herauszufinden. Er stellte fest, dass die Nadel abgelenkt wurde, weil in ihrer Nähe ein Strom führender Leiter verlegt war.
Über die Versuche, die er daraufhin anstellte, berichtete er: „… ein gerader, von Norden nach Süden gerichteter Draht, gleich welcher Art, wird über eine ruhende Magnetnadel gehalten und mit einer Spannungsquelle verbunden. Sobald der Strom durch diesen Leiter fließt, wird die Kompassnadel aus der Nord-Süd-Richtung abgelenkt, ohne dass sie dabei vom Draht berührt wird …!"

4. a) Fertige eine symmetrische Flügelform aus Papier an, die du an einem Eisennagel befestigst. Baue anschließend den Versuch nach Bild 2 auf.
b) Nähere dem Schmetterling eine Spule mit 1000 Windungen, die an eine Spannung von 6 V angeschlossen ist. Vermute zuerst, was du beobachten wirst.
c) Schiebe einen Eisenkern in die Spule und führe den Versuch b) erneut durch. Worin besteht der Unterschied zum Versuchsergebnis von Versuch b)?

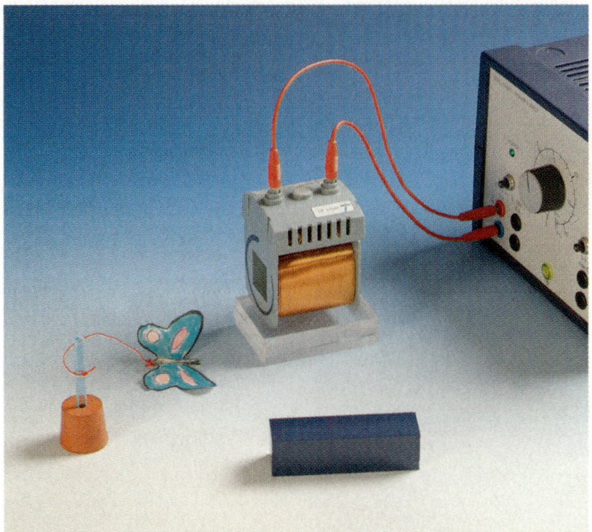

2 Was passiert mit dem Schmetterling?

6. Befestige einen Eisenkern im Innern der Spule. Wiederhole Versuch 5 und vergleiche die Beobachtungen.

7. a) Schließe zwei Spulen mit 1000 Windungen und Eisenkern an je eine 4,5 V-Batterie an. Schiebe das Ende des einen Eisenkerns auf das Ende des anderen Eisenkerns zu. Notiere deine Beobachtungen.
b) Drehe eine der beiden Spulen um und wiederhole den Versuch. Schreibe auf, was du jetzt beobachten konntest.
c) Wiederhole Versuch a), vertausche aber an einer Spule die Pole der Batterie. Beschreibe, was nun mit den Eisenkernen geschieht.
d) Vergleiche das Verhalten der Elektromagnete mit dem von Stabmagneten.

5. a) Baue wie in Bild 3 einen Stromkreis mit Schalter auf. Halte eine Hand voll kleiner Nägel unten an die Spule. Vermute zunächst, was mit den Nägeln geschieht
- beim Schließen des Schalters,
- beim Öffnen des Schalters.

b) Führe den Versuch entsprechend durch. Verändere dabei auch den Abstand zwischen Hand und Spule. Notiere das Versuchsergebnis.

Eisenkerne verstärken die magnetische Wirkung

Eine Spule aus Kupferdraht ist zunächst unmagnetisch. Erst wenn Elektronen durch den Draht fließen, wirkt die Spule wie ein Magnet. Es entsteht ein Elektromagnet. Steckst du einen Eisenkern in die Spule, dann wird die magnetische Wirkung verstärkt.

Elektromagnete haben Pole

Wie bei Dauermagneten können sich die Enden zweier Elektromagnete anziehen oder abstoßen. Elektromagnete haben also ebenfalls zwei unterschiedliche Pole. Wenn die Anschlüsse an der Stromquelle vertauscht werden, dann werden auch die Pole des Elektromagneten vertauscht.

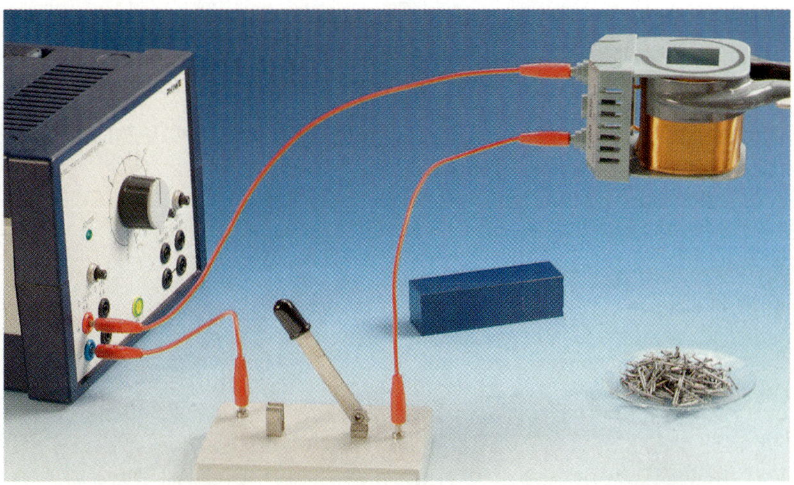

3 Spule ohne und mit Eisenkern

■ Mit einem Eisenkern kann die magnetische Wirkung eines Elektromagneten verstärkt werden. Ein Elektromagnet hat, wie jeder Magnet, zwei Pole.

Magnetkran – selbst gebaut

1 Auf dem Schrottplatz

Auf dem Schrottplatz werden schwere Eisenteile oder Autos durch einen Magnetkran zur Schrottpresse transportiert.

Solch einen Magnetkran kannst du selbst bauen. Die Teile, die du zum Bau des Kranes brauchst, stehen in der Materialliste. Bild 2 zeigt, wie du die Teile zusammenbauen musst.

Hinweis: Die Garnrolle darf sich nicht auf der Achse drehen. Du kannst sie festkleben oder an der Achse festschrauben.

Materialliste

1	Holzbrett	20 cm x 10,0 cm x 0,5 cm
3	Holzleisten	6 cm x 1,5 cm x 0,5 cm
2	Holzleisten	25 cm x 1,5 cm x 0,5 cm
	Enden schräg abgesägt	
1	Holzleiste	2 cm x 0,9 cm x 0,5 cm
2	Holzleisten	8 cm x 1,5 cm x 0,5 cm
	Enden schräg abgesägt	
1	Rundholz	2,5 cm, Durchmesser 6 mm
1	Rundholz	6 cm, Durchmesser 6 mm
1	Rundholz	1,5 cm, Durchmesser 6 mm
1	leere Garnrolle mit 1 m Kunststofffaden	
2	Kunststoffspulen einer Nähmaschine	
1	Schraube M6 (15 mm lang) mit Mutter	

15 m lackisolierter Kupferdraht
70 cm dünner, flexibler Leitungsdraht
3 cm Eisendraht

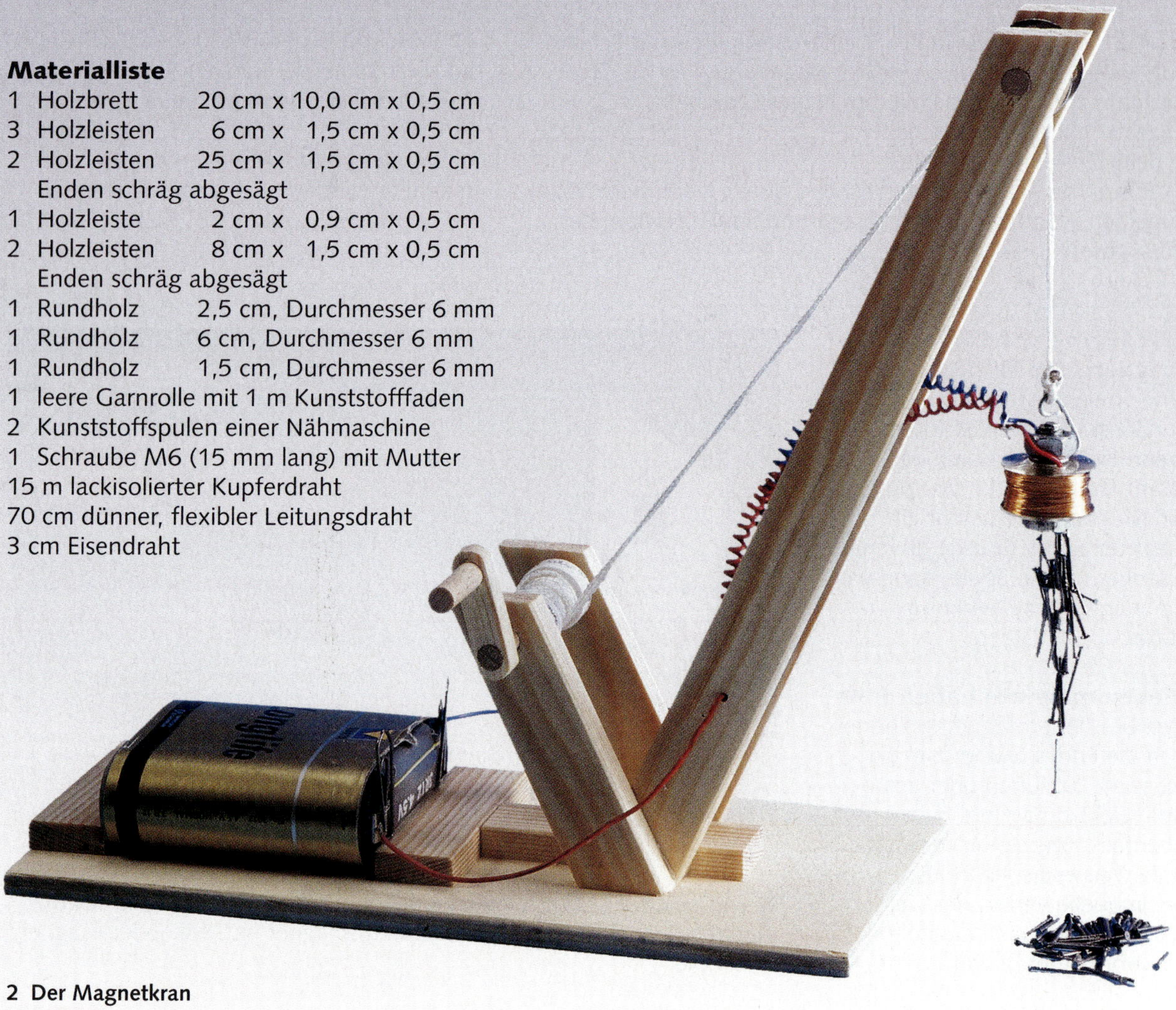

2 Der Magnetkran

Elektromagnete im Einsatz

Ein Elektromagnet als Schalter – das Relais

Mit einem Elektromagneten können elektrische Kontakte geschlossen und geöffnet werden. Solch ein magnetisch gesteuerter Schalter wird **Relais** genannt.

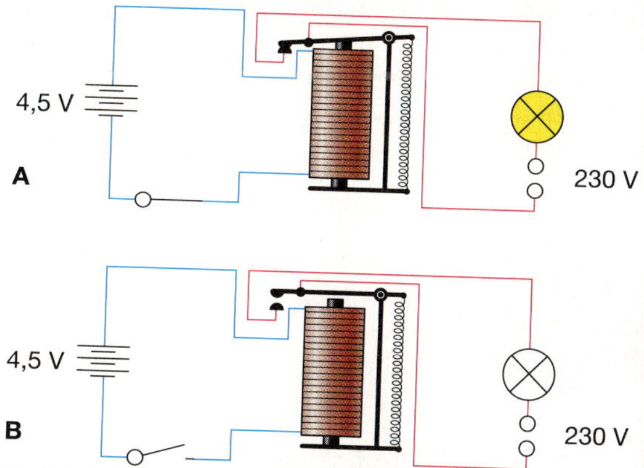

Ein Relais kann mithilfe einer Batterie eine 230 V-Glühlampe einschalten (Bild A) oder ausschalten (Bild B). Mit einem kleinen Strom kann ein starker Strom geschaltet werden.

Der Lautsprecher

Beim Lautsprecher ist eine Pappmembran am äußeren Rand mit dem Lautsprechergehäuse verbunden. In ihrer Mitte ist eine kleine Spule eingeklebt. Wenn das Radio eingeschaltet ist, erzeugt beispielsweise Musik je nach Lautstärke und Melodie unterschiedlich starke Ströme in der Spule des Lautsprechers. Diese Ströme erzeugen dann unterschiedlich starke magnetische Wirkungen. Die Spule selbst befindet sich im Magnetfeld eines Dauermagneten. Deshalb schwingt sie im Wechsel der Stromstärke hin und her und setzt dabei die Membran in Bewegung. Die Kugeln veranschaulichen diese Bewegungen.

Die elektrische Klingel

Der Elektromagnet zieht den Klöppel gegen die Glocke. Dadurch wird der Kontakt am Klöppel geöffnet und der Stromkreis wird unterbrochen. Die Spule ist nicht mehr magnetisch und der Klöppel schnellt zurück. Jetzt wird der Kontakt erneut geschlossen und alles beginnt wieder von vorn.

1. Beschreibe, wie eine elektrische Klingel für Batteriebetrieb arbeitet.

2. Zähle Vorteile auf, die ein Relais gegenüber einem Hebelschalter haben kann.

3. Nenne einen Nachteil des Relais gegenüber einem handbetätigten Schalter.

Elektrische Ladung

1. Reibe einen Bernstein mit einem Seidentuch und nähere ihn frisch gewaschenen Haaren oder Papierschnipseln. Beobachte, beschreibe und vermute, welche physikalischen Kräfte wirken.

1 **Aufgeladene Haare**

2. Reibe verschiedene Gegenstände aus Kunststoff mit einem Wolltuch. Nähere die Gegenstände kleinen Papierschnipseln. Beobachte erneut, beschreibe und deute das Versuchsergebnis.

3. Lege eine Kunststofffolie auf eine trockene Unterlage, reibe sie mit einem Wolltuch und berühre verschiedene Stellen der Folie mit einer Glimmlampe (Bild 3B). Was beobachtest du?

2 **Bernstein elektrisch geladen**

4. Reibe die Kunststofffolie aus Versuch 3 mit unterschiedlichen Materialien. Prüfe jeweils mit der Glimmlampe an verschiedenen Stellen auf der Folie nach, ob elektrische Ladung entstanden ist. Beschreibe das Ergebnis.

5. Reibe unterschiedliche Körper mit dem gleichen Reibmaterial und prüfe jeweils mit der Glimmlampe. Protokolliere die Unterschiede zwischen Versuch 4 und Versuch 5.

6. Deute die elektrischen Erscheinungen, die beim Kämmen von Haaren und beim Gehen auf dem Teppichboden entstehen können.

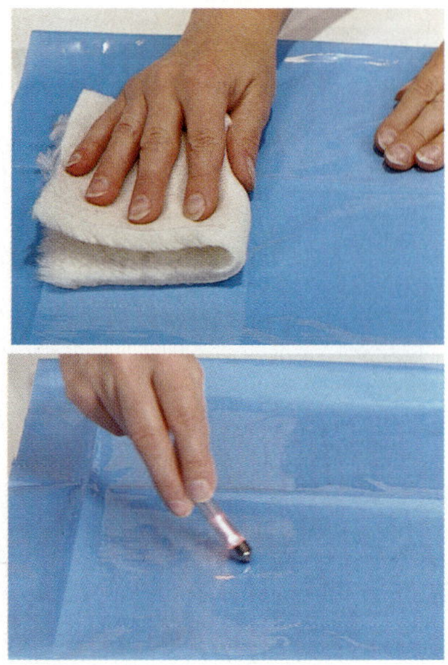

3 **Folie aufladen und prüfen**

Knisternde Spannung
Du stehst vor dem Spiegel und willst deine frisch gewaschenen Haare kämmen, aber es wird keine richtige Frisur. Es knistert und die Haare stehen dir zu Berge. Du gehst über den Teppichboden, greifst an eine Türklinke aus Metall und bekommst einen „Schlag". Es heißt dann, die Luft ist aufgeladen oder du bist aufgeladen.

Hier ist Elektrizität im Spiel. Sie entsteht durch die Reibung von zwei Körpern aus unterschiedlichen Stoffen aneinander. Dadurch werden auf der Oberfläche des einen Körpers viele Elektronen entfernt und dem anderen Körper hinzugefügt. Auf beiden Stoffen entsteht dann auf der Oberfläche **elektrische Ladung.**

Nachweis der Ladung
Papierschnipsel werden von einem geriebenen Bernstein angezogen. Magnetische Wirkung kann es nicht sein, weil beide Stoffe nicht magnetisiert werden können. Mit einer **Glimmlampe** (Bild 3 B) kann nachgewiesen werden, dass es sich um elektrische Ladung handelt. Die Glimmlampe leuchtet auf, wenn du damit einen elektrisch geladenen Körper berührst.
Kann auf der Oberfläche eines Körpers keine elektrische Ladung nachgewiesen werden, dann ist er **elektrisch neutral.**

Elektron – Bernstein
Die Erscheinung der elektrischen Ladung war den Griechen im Altertum schon bekannt. Sie wussten, dass Bernstein verschiedene Stoffe anzieht oder abstößt. Bernstein heißt auf griechisch Elektron. Die Worte Elektrizität und Elektron sind also von Bernstein abgeleitet.

■ Körper sind elektrisch geladen, wenn entweder Elektronen hinzugefügt oder entfernt werden.
Viele Körper, vor allem solche aus Kunststoffen, können durch Reibung elektrisch aufgeladen werden.
Ein Nachweisgerät für elektrische Ladung ist die Glimmlampe.

Negative und positive Ladung

1. Reibe einen Kunststoffstab mit einem Wolllappen. Berühre den Stab an mehreren Stellen mit einer Glimmlampe. Was beobachtest du?

2. Wiederhole Versuch 1 mit einem Acrylglasstab und Watte. Was beobachtest du jetzt? Vergleiche und deute die Ergebnisse aus den Versuchen 1 und 2.

3. Besprühe zwei Tischtennisbälle mit Bronze und hänge sie in 10 cm Abstand an 60 cm langen Zwirnsfäden auf. Lade einen Kunststoffstab durch Reibung auf und streife seine Ladung an den Bällen ab. Wiederhole den Versuch mehrmals und beschreibe deine Beobachtung.

4. Trage auf einen Ball aus Versuch 3 die elektrische Ladung eines geriebenen Hartgummistabes auf. Trage auf den anderen Ball die Ladung eines geriebenen Acrylglasstabes auf. Wie reagieren die beiden Bälle jetzt? Beschreibe.

5. a) Trage auf das Elektroskop mit einem Teller die elektrische Ladung
- eines geriebenen Acrylglasstabes,
- eines geriebenen Hartgummistabes auf.

b) Beschreibe und begründe deine Beobachtungen.

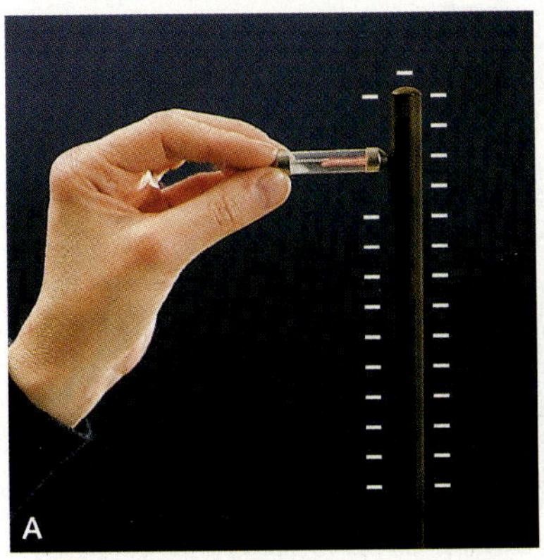

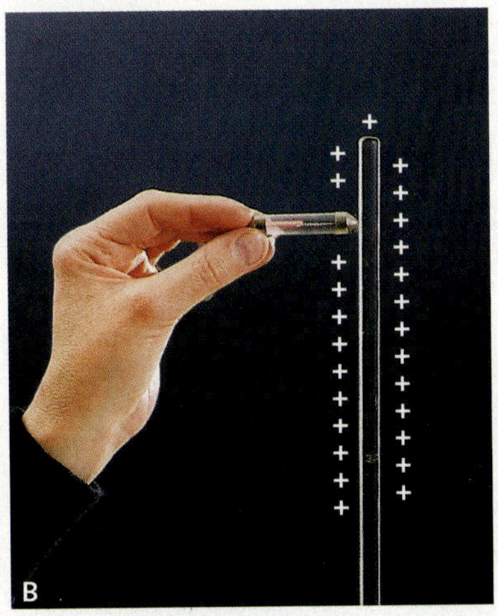

1 A *Elektronenüberschuss;*
B *Elektronenmangel*

2 Elektroskop

Glimmlampe als Nachweisgerät

Durch ihren besonderen Aufbau kann eine Glimmlampe nicht nur anzeigen, ob ein Körper elektrisch geladen ist. Sie zeigt auch an, ob auf den Körper Elektronen aufgetragen oder von ihm entfernt wurden.

Die Glimmlampe hat in ihrem Innern zwei voneinander getrennte Drähte. Wenn Elektronen vom geladenen Körper abfließen, leuchtet der Draht auf, der diesem Körper näher ist. Auf dem Körper herrscht **Elektronenüberschuss.** Der Körper ist an dieser Stelle **elektrisch negativ geladen,** denn die Elektronen sind **negativ geladene Teilchen.** Wenn Elektronen auf den Körper fließen, leuchtet in der Glimmlampe der Draht auf, der dem Körper ferner ist. Auf dem Körper herrscht **Elektronenmangel.** Er war **elektrisch positiv geladen.**

Abstoßen und anziehen

Zwei Tischtennisbälle, die nahe beieinander aufgehängt sind, stoßen sich gegenseitig ab, wenn sie mit gleicher Ladung aufgeladen werden. Sind die beiden Tischtennisbälle unterschiedlich aufgeladen, ziehen sie sich an. Je stärker die Aufladung ist, desto deutlicher ist die Abstoßung oder die Anziehung zu beobachten.

Die Abstoßung bei gleicher Ladung wird beim **Elektroskop** ausgenutzt. Der bewegliche Zeiger im Innern des Gerätes lädt sich mit der gleichen Ladung auf wie der Haltestab, an dem er angebracht ist. Je mehr Ladung aufgetragen wird, desto stärker schlägt der Zeiger aus, weil sich Zeiger und Haltestab abstoßen.

■ Körper können elektrisch negativ oder positiv geladen oder elektrisch neutral sein. Negative elektrische Ladung bedeutet Elektronenüberschuss, positive Ladung Elektronenmangel. Gleiche elektrische Ladungen stoßen sich ab, entgegengesetzte Ladungen ziehen sich an.

Elektronen sind Ladungsträger

1. Warum kann es beim Verbinden von zwei elektrisch unterschiedlich geladenen Gegenständen nur kurzzeitig zu einem Elektronenstrom kommen?

Ladungstransport
Metalle bestehen aus Atomen, bei denen einige Elektronen nicht sehr fest an das Atom gebunden sind. Sie können sich innerhalb des Metalls frei bewegen. Diese **freien Elektronen** sind die Ursache für die Leitfähigkeit von Metallen.

Wird an den elektrischen Leiter eine Spannung angelegt, entsteht ein gerichteter **Elektronenfluss.** Am Minuspol der Stromquelle ist Elektronenüberschuss. Dadurch werden die Elektronen im Leiter angestoßen und es entsteht ein **Ladungstransport** vom Minuspol zum Pluspol hin, denn dort herrscht Elektronenmangel. Dieser Ladungsausgleich ist der **elektrische Strom.**

2. a) Demonstrationsversuch: Zwei Metallkugeln werden wie in Bild 1A über ein Hochspannungsgerät unterschiedlich aufgeladen. Ihr Ladungszustand wird jeweils mit einer Glimmlampe überprüft.
b) Die Kugeln werden nun durch eine Stricknadel, die mit einer isolierten Zange gehalten wird, miteinander verbunden (Bild 1B).
c) Die Stricknadel wird mit der isolierten Zange wieder entfernt und die Kugeln werden mit einer Glimmlampe überprüft.

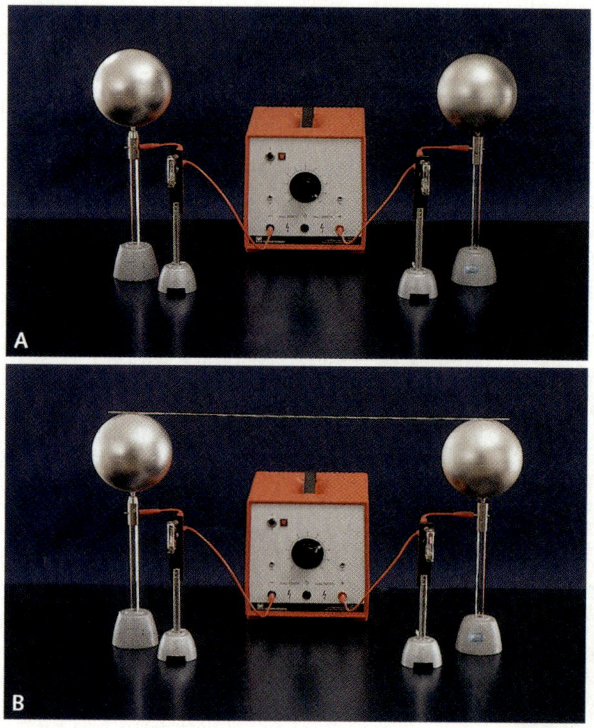

1 **A** *Laden;* **B** *Entladen*

3. Beschreibe deine Beobachtungen aus Versuch 2 und erkläre sie.

4. Ersetze das Hochspannungsgerät aus Bild 1 durch ein Stromversorgungsgerät. Verbinde die beiden Kugeln über eine Lampe (3,5 V|0,2 A) in einer Fassung. Was zeigt die Lampe an?

Elektronenbewegung
Die Elektronen bewegen sich bei geschlossenem Stromkreis in einem Kupferdraht mit einer Geschwindigkeit von 0,4 $\frac{mm}{s}$. Sie bewegen sich also sehr langsam. Das Weiterleiten der Ladungen im Leiter erfolgt dagegen mit einer Geschwindigkeit von ungefähr 200 000 $\frac{km}{s}$.

Diese unterschiedlichen Geschwindigkeiten werden dir am Modell in Bild 2 klar. Die Kugeln sollen Elektronen und die Röhre einen Leiter darstellen. Sobald oben in die Röhre eine Kugel eingeschoben wird, fällt unten sofort eine heraus. Bis die gerade hineingesteckte Kugel am Ende der Röhre angelangt ist, müssen aber viele Kugeln nachgeschoben werden.

■ In einem elektrischen Leiter gibt es frei bewegliche Elektronen, die sich durch den Leiter bewegen können und so Ladung transportieren. Dadurch entsteht ein Elektronenfluss. Das ist der elektrische Strom.

Elektrisch neutral
Hältst du einen geriebenen Acrylglasstab an ein Elektroskop, zeigt es einen Ausschlag. Berührst du dann das geladene Elektroskop mit einem geriebenen Hartgummistab, geht der Ausschlag zurück. Die Wirkungen beider elektrischer Ladungen heben sich also gegenseitig auf. Ein nach außen elektrisch neutraler Körper enthält genau so viele positive wie negative Ladungen.

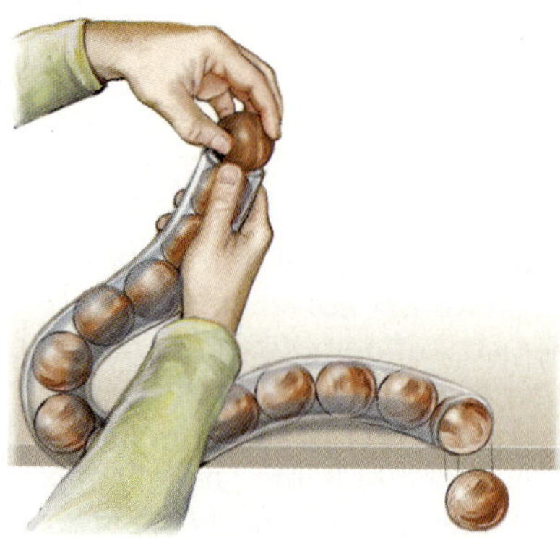

2 **Elektronenbewegung**

Elektrische Erscheinungen

Der atlantische Zitterrochen lebt auf dem Meeresboden. Seine Nahrung sind kleine Fische. Um an seine Beute zu kommen, hat er eine erstaunliche Fähigkeit entwickelt. Er jagt sie, indem er sich über sie wirft. Durch kurze, starke Stromstöße betäubt er die Beutetiere und macht sie so orientierungslos.

Ein Autofahrer steigt aus seinem Fahrzeug aus. Beim Schließen der Tür bekommt er einen elektrischen Schlag. Durch seine Bewegungen auf dem Sitz hatte er sich elektrisch aufgeladen. Beim Aussteigen erhält der Fahrer einen elektrischen Schlag, weil sich die elektrischen Ladungen ausgleichen.

Der Zitteraal kann bis zu 2,4 m lang und bis 45 kg schwer werden. Er kann Stromstöße aussenden, die sogar ein Pferd betäuben könnten. Der positive Pol befindet sich am Kopf des Aals, der negative am Schwanz. Durch die Stromstöße werden die Beutetiere betäubt oder sogar getötet.

Kommst du nahe an den Bildschirm deines Fernsehgerätes, so hörst du es knistern. Jedes Knistern ist eine elektrische Entladung, du spürst einen leichten elektrischen Schlag. Der Schlag ist nicht schmerzhaft, aber er ist doch spürbar. Auch hier werden elektrische Ladungen ausgeglichen.

1. Welche Tiere jagen ihre Beute mithilfe von Elektrizität?

2. Warum gibt es nur im Wasser Tiere, die ihre Beute mithilfe von Elektrizität jagen?

3. Bei welcher Wetterlage ist die Aufladung von Personen besonders stark?

Die elektrische Spannung

1 Stromquellen

1. Bezeichne die Stromquellen in Bild 1 und nenne je ein Beispiel für ihren Einsatz.

2. Vergleiche den Wasserkreislauf in Bild 3 mit dem elektrischen Stromkreis in Bild 2.

3. Schau dir die Typenschilder oder Aufdrucke bei verschiedenen elektrischen Geräten an. Notiere, welche Angaben zur elektrischen Spannung aufgedruckt sind.

2 Einfacher Stromkreis

3 Wasserkreislauf als Modell eines elektrischen Stromkreises

■ Die elektrische Spannung *U* ist die Fähigkeit der Stromquelle, Elektronen anzutreiben. Sie wird in Volt (V) angegeben. Die Höhe der Spannung ist das Maß für die Stärke des Antriebes, mit dem die Elektronen durch den Stromkreis fließen.

Spannungen

Überlandleitungen	380 kV
Ortsnetz	20 kV
Haushaltssteckdose	230 V
Autobatterie	12 V
Blockbatterie	9 V
Flachbatterie	4,5 V
Mignonzelle	1,5 V
Knopfzelle	1,55 V
Solarzelle	500 mV

Umrechnung: 1 kV = 1000 V
1 V = 1000 mV

Richtige Spannung – gutes Ergebnis

Schließt du eine 230 V-Lampe an eine 9 V-Batterie an, so leuchtet die Lampe nicht. Würdest du aber eine 3,5 V-Lampe an die Blockbatterie anschließen, würde die Wendel schmelzen.
Damit Lampen hell leuchten, aber nicht zerstört werden, musst du die Stromquelle mit der jeweils richtigen Voltzahl wählen. Die Voltzahl gibt den Wert der **elektrischen Spannung** der Stromquelle an.
Die Batterie hat wie jede Stromquelle zwei Anschlüsse, einen Plus- und einen Minuspol. Am Minuspol herrscht Elektronenüberschuss, am Pluspol Elektronenmangel. Dieser Ladungsunterschied ist das Maß für die Größe der elektrischen Spannung. Eine hohe Spannung bedeutet einen großen Ladungsunterschied zwischen Plus- und Minuspol.
Die elektrische Spannung wird mit dem Formelzeichen ***U*** angegeben und in der Einheit **Volt (V)** gemessen.

Modell Wasserkreislauf – elektrischer Stromkreis

Einen Stromkreis kannst du mit einem Wasserkreislauf vergleichen. Die Wasserschraube ist der Antrieb und sorgt für den Wasserfluss. Sie ist mit der Batterie vergleichbar. Die Batterie ist der Antrieb für die Elektronen. Das Wasser im Modell fließt schneller, wenn es von größerer Höhe kommt. Es hat dann mehr Energie zum Antreiben des Wasserrades. Im Stromkreis wäre das eine höhere Ladungsdifferenz zwischen den Polen, damit mehr Energie für den Antrieb der Elektronen vorhanden ist. Die Spannung ist also das Maß für die Antriebsstärke der Elektronen.

Die elektrische Stromstärke

1. Entnimm Bild 2 die Angaben über die Stromstärken.

2. Welche Stromstärke zeigt das Messgerät in Bild 3 an?

3. Warum ist es nicht sinnvoll, bei der Stromstärke die Anzahl der fließenden Elektronen anzugeben?

4. Rechne jeweils in die nächst kleinere Einheit um: 1,53 A; 0,078 mA; 425 mA; 0,007 A.

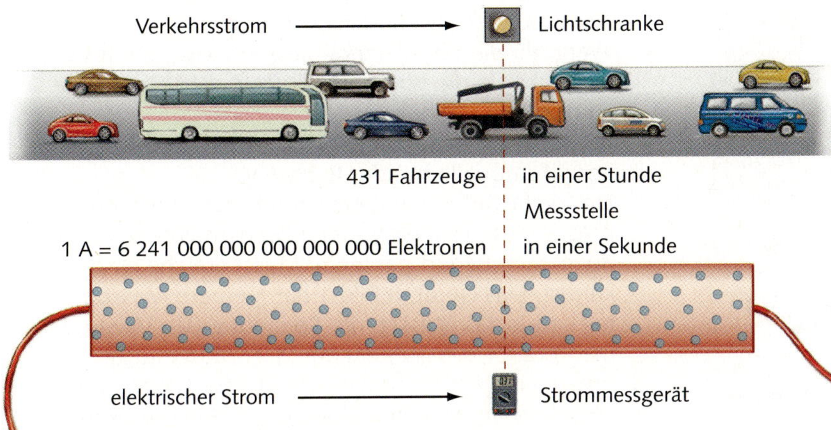

1 Verkehrsstrom und elektrischer Strom – ein Vergleich

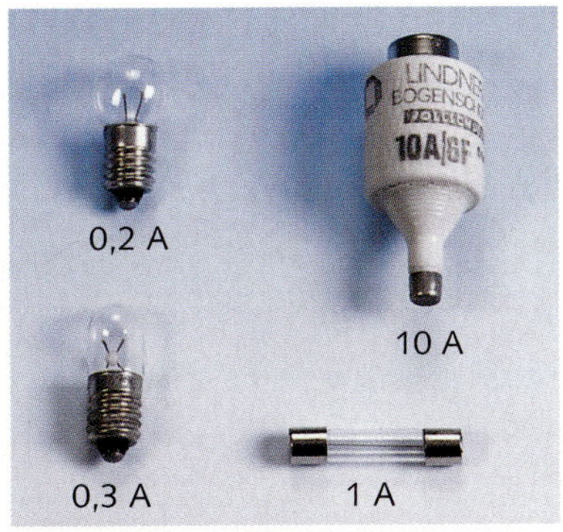

2 Lampen und Sicherungen

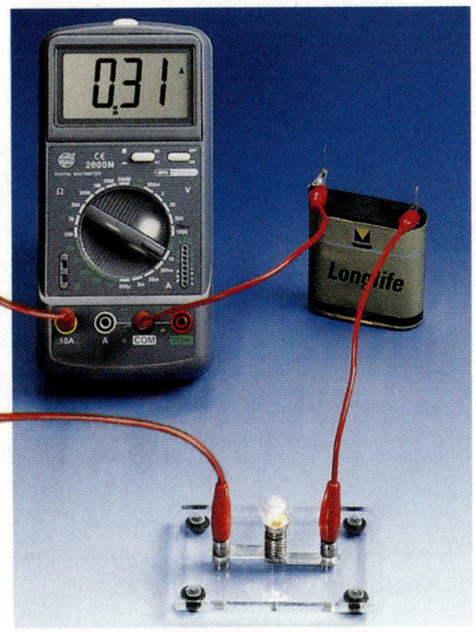

3 Digitales Strommessgerät

Viele oder wenige Elektronen

Der Ladungsausgleich beim Fließen von Elektronen im Stromkreis lässt sich mit einem Strommessgerät messen. Dabei wird nicht ein Zustand – die Ladungsdifferenz zwischen Plus- und Minuspol – gemessen, sondern die Menge der fließenden Elektronen. Je mehr Elektronen pro Sekunde durch einen bestimmten Leiterquerschnitt fließen, desto größer ist die **elektrische Stromstärke.** Das Formelzeichen für die Stromstärke ist ***I*,** die Einheit für die Stromstärke ist **Ampere (A).**
Die Stromstärke 1 A gibt an, dass in einer Sekunde 6 Trillionen 241 Billiarden (6.241.000.000.000.000.000) Elektronen durch den Leiterquerschnitt fließen. Bei 2 A wären es in 1 s dann doppelt so viele.

Das Messen der Stromstärke kannst du mit dem Zählen von Fahrzeugen vergleichen. Dabei wird die Anzahl der Fahrzeuge erfasst, die an einer bestimmten Stelle in einer Stunde in einer Richtung vorbeifahren. Das Ergebnis ist die Stärke des Verkehrsstromes. Im elektrischen Stromkreis zeigt ein Strommessgerät die Stärke des elektrischen Stromes an. Daraus könntest du berechnen, wie viele Elektronen in 1 s durch die Messstelle fließen.
Bei einer Glühlampe gibt der aufgedruckte Wert für die Stromstärke an, wie groß der Strom im Stromkreis ist, wenn sie hell leuchtet. Wenn die zulässige Stromstärke überschritten wird, unterbricht eine Sicherung den Stromkreis. Eine Sicherung ist so gebaut, dass sie immer nur eine bestimmte Stromstärke zulässt. Diese zulässige Stromstärke ist auf der Sicherung aufgedruckt.

■ Die Stromstärke *I* gibt an, wie viele Elektronen in einer Sekunde durch den Leiterquerschnitt fließen. Ihre Einheit ist Ampere (A).

Stromstärken

Blitz bis zu	1 000 000 A
Überlandleitung	1 000 A
Kochplatte	10 A
Toaster	5,2 A
Mikrowellenherd	2,6 A
Stereoanlage (160 W)	695 mA
Glühlampe (60 W)	261 mA
Taschenlampe	100 mA
Kopfhörer	1 mA
Taschenrechner	200 μA
Umrechnung:	1 A = 1000 mA
	1 mA = 1000 μA

Das Vielfachmessgerät

Schaltzeichen

(A)	Strommessgerät
(V)	Spannungsmessgerät

1 Analoges Vielfachmessgerät

1. Hier sind die Zeigerstellungen unterschiedlicher Messungen angegeben. Wie groß sind die Messwerte? Übertrage die Tabelle in dein Heft und ergänze sie.

	eingestellter Messbereich	abgelesene Zeigerstellung	Messwert
a)	6000 mA	3,0	3000 mA
b)	60 mA	1,7	
c)	600 mA	0,45	
d)	6 mA	1,5	
e)	6 V	1,5	
f)	60 V	0,9	
g)	600 mV	4,8	
h)	600 V	2,3	

2. Vergleiche das Vielfachmessgerät in Bild 1 mit einem Gerät eurer Schule. Suche Vorteile und Nachteile jedes Gerätes.

Ein Gerät – viele Möglichkeiten

Mit einem **Vielfachmessgerät** kannst du die Stromstärke in einem Stromkreis oder die Spannung an einer Stromquelle oder einer Lampe messen.
Das analoge Messgerät in Bild 1 besitzt oben drei Buchsen. Die Buchse mit den Symbolen ⊖⊥ wird bei allen Messungen verwendet. Sie wird mit dem Minuspol der Stromquelle verbunden.
Wenn du die Stromstärke messen willst, kommt der 2. Stecker in die Buchse **A.** Er stellt die Verbindung zum Stromkreis her.
Bei Spannungsmessungen verbindest du den Pluspol der Stromquelle mit der Buchse **V.**
Ein Vielfachmessgerät ersetzt mehrere einfache Messgeräte. Es besitzt einen Drehschalter, mit dem du je nach Bedarf passende **Messbereiche** einstellen kannst. Das Gerät in Bild 1 hat mehrere Messbereiche für das Messen der Spannung (V-, V~) und mehrere für das Messen der Stromstärke (mA-, mA~). Ein gerader Strich (-) bedeutet Gleichstrom-Messbereich, eine kleine Welle (~) Wechselstrom-Messbereich.

Messbereich beachten

Jeder Messbereich beginnt mit dem Wert Null und endet bei einem Höchstwert. Dieser wird mit den Einstellpunkten des Drehschalters angegeben. Bei dem Vielfachmessgerät in Bild 1 wurde ein Messbereich von 6 V- gewählt. Damit liegt der Messbereich zwischen 0 V und 6 V Gleichspannung. Wenn du eine größere Gleichspannung als 6 V messen möchtest, musst du den Drehschalter auf 60 V- stellen.
Vor dem Messen muss der Zeiger auf Null stehen. Beim Messen liest du ab, wo der Zeiger dann steht. Da auf der Skala nur die Ziffern 1 bis 6 aufgetragen sind, musst du Zwischenwerte ähnlich wie bei der Skala deines Lineals ermitteln und dabei den vorher gewählten Messbereich berücksichtigen.

Digitale Vielfachmessgeräte

Digitale Vielfachmessgeräte geben bei entsprechender Einstellung des Drehknopfes gleich den richtigen Wert in Zahlen an. Aber auch hier musst du auf den eingestellten Messbereich achten.

■ Mit einem Vielfachmessgerät misst du die Stromstärke oder die Spannung. Mit einem Drehschalter stellst du verschiedene Messbereiche ein.

Messen mit dem Vielfachmessgerät

1. Miss die Spannung einer Flachbatterie, einer Blockbatterie, einer Mignonzelle und einer Knopfzelle. Wähle jeweils einen Messbereich, der einen möglichst genauen Messwert liefert.

2. Für einen Versuch soll das Stromversorgungsgerät auf 6 V- eingestellt werden. Wie überprüfst du mit dem Vielfachmessgerät, ob das Stromversorgungsgerät den erforderlichen Wert liefert?

3. a) Baue einen einfachen Stromkreis mit einer Glühlampe auf. Miss die Stromstärke und die Spannung.
b) Zeichne einen Schaltplan des Stromkreises mit allen Bauteilen und Messgeräten.

4. a) Zeichne einen Schaltplan mit 2 Glühlampen in Reihe, einem Schalter und einem Strommessgerät.
b) Zeichne in den Schaltplan ein Spannungsmessgerät ein.

5. Baue den Stromkreis von Aufgabe 4 mit beiden Messgeräten auf. Was zeigen die Messgeräte nach dem Ausschalten an?

6. Was musst du tun, wenn
a) der Zeiger deines Messgerätes über den Höchstwert der Skala ausschlägt?
b) der Zeiger deines Messgerätes über die ganz links stehende Null nach links ausschlägt?

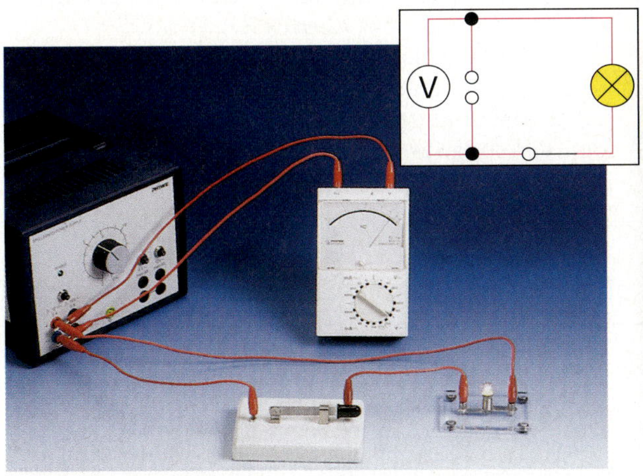

1 Messen der Spannung

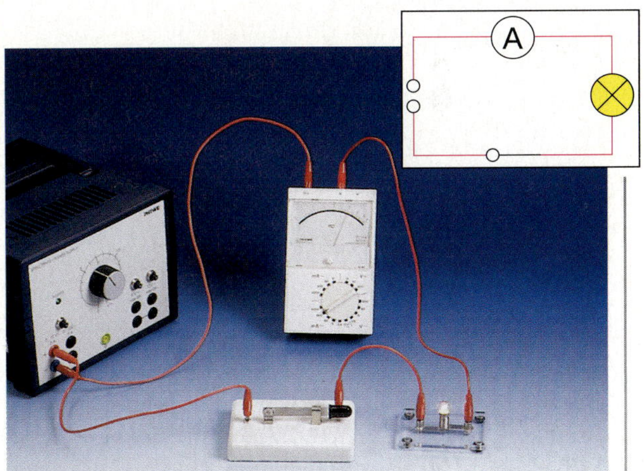

2 Messen der Stromstärke

Schritt für Schritt zur Messung
Willst du mit einem Vielfachmessgerät die Stromstärke oder die Spannung messen, dann musst du mehrere Arbeitsschritte nacheinander durchführen.

1. Kläre, ob die Spannung oder die Stromstärke gemessen werden soll.
2. Stelle fest, ob die Stromquelle Gleich- oder Wechselspannung liefert.
3. Wähle nun den geeigneten größten Messbereich und stelle ihn ein.
4. Wähle am Messgerät die richtigen Anschlüsse aus.
5. a) Zum Messen einer **elektrischen Spannung:**
   Schließe das Messgerät **parallel** zum Stromkreis an den Polen der Stromquelle an.
   b) Zum Messen einer **elektrischen Stromstärke:**
   Öffne den Stromkreis an einer Stelle. Baue das Messgerät **in Reihe** in den Stromkreis ein.
6. Lies den Messwert ab.
   Schalte bei Bedarf einen kleineren Messbereich ein. Wenn es notwendig ist, wiederhole dies.
7. Lies die Zeigerstellung ab und notiere den Messwert. Achte auf die Einheit.

■ Bei der Messung der elektrischen Spannung wird das Messgerät parallel zur Stromquelle geschaltet.
Bei der Messung der elektrischen Stromstärke wird das Messgerät in Reihe in den Stromkreis eingebaut.

Bau eines Messgerätes

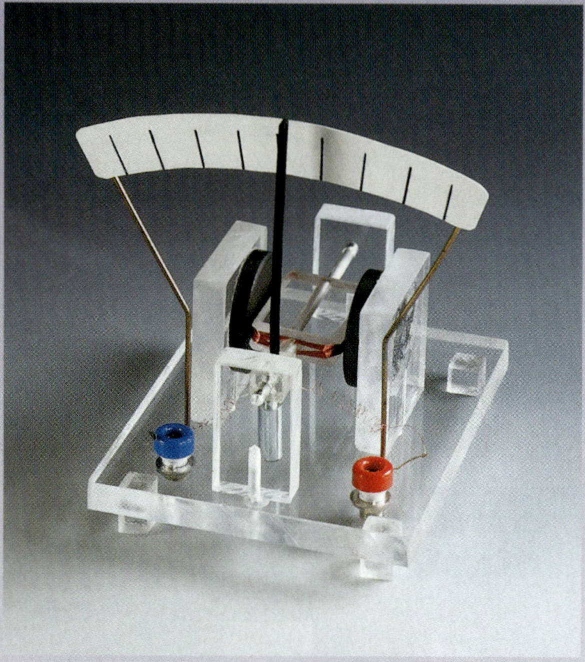

1 Messgerät mit drehbarer Magnetspule

Materialliste
Platte aus Sperrholz oder Acrylglas, 10 mm stark, mindestens 15 cm x 8 cm
2 Scheibenmagnete, Durchmesser 30 mm
1 Aluminium-Stricknadel, Durchmesser 3 mm
Schweißdraht, 30 cm lang, Durchmesser 1,5 mm
2 Buchsen mit Schraubgewinde
isolierter Draht, 15 m lang, Durchmesser 0,1 mm
4 kleine Schrauben, 15 mm lang, Durchmesser 3 mm
1 Trinkhalm als Zeiger
1 dicke Schraube als Gegengewicht für den Zeiger
Karton für die Skala
Kleber, Lötkolben, Lötzinn

Folgende Einzelteile musst du nach dem Zuschneiden der Grundplatte (10 cm x 8 cm) aus dem restlichen Sperrholz oder Acrylglas herstellen:
4 Füße, 2 Halterungen für die Scheibenmagnete,
2 Lagerhalterungen für den Anker, die Ankerplatte, die Halterung für den Zeiger

Bei diesem Messgerät wirken die zwei verschiedenen Pole von zwei Scheibenmagneten und eine drehbare Spule als Elektromagnet zusammen. Die drehbare Spule heißt Anker. Wenn du sie mit einer Batterie verbindest, wird die Spule zum Elektromagneten. Durch ihr Magnetfeld wird sie von den Magnetfeldern der Dauermagnete ausgelenkt. Diese Auslenkung kannst du mithilfe eines Zeigers ablesen. Je größer der Strom ist, desto stärker ist die Auslenkung des Zeigers aus seiner Nulllage.

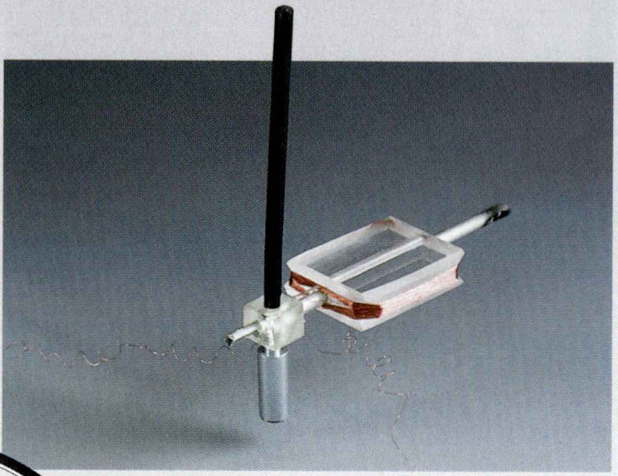

2 Ankerplatte mit Zeiger

Bauanleitung
So musst du die Achse der Ankerplatte formen, damit sich der Anker leicht bewegt. Mit einer Feile gibst du der Achse an beiden Enden eine dreieckige Form. Beim Einbau der Achse zeigt jeweils eine Dreiecksspitze nach unten.

3 Lagerung der Ankerplatte

Die Ankerplatte musst du in der Mitte längs durchbohren. Dann steckst du die Stricknadel durch die Bohrung und bringst die Halterung für den Zeiger an. Auf die Ankerplatte wickelst du 150 Windungen des lackisolierten Drahtes. Den Anker mit Magnetspule und Zeiger steckst du zwischen die Halterungen. Befestige sie mit Schrauben auf der Grundplatte. Unterhalb des Zeigers musst du in die Halterung eine dicke Schraube drehen, die den Zeiger in der Nulllage hält.

Anzeigegeräte für Elektrizität

Viele elektrische Geräte enthalten als wichtigste Bauteile einen oder mehrere Magnete. In diesem Projekt sollt ihr Anzeigegeräte bauen, bei denen Dauer- und Elektromagnete zusammenwirken. Sie zeigen die Stromstärke in den Spulen an.

Gruppe 1: Anzeigegerät mit Wechselwirkung

Bei diesem Anzeigegerät wirken die Magnetfelder von zwei Magneten zusammen. Das Magnetfeld des Elektromagneten wirkt auf das Magnetfeld des Dauermagneten. Dieser dreht sich dadurch in der Spule. Die Drehung lässt sich auf einen Zeiger übertragen. Das Anzeigegerät zeigt auch die Stromrichtung an.

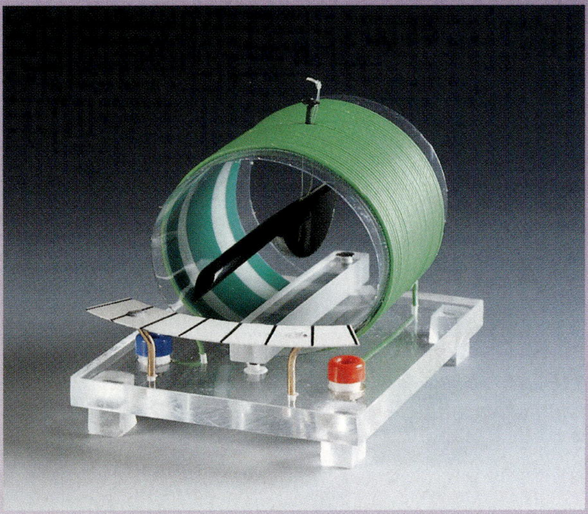

1 Anzeigegerät mit Spule und Dauermagnet

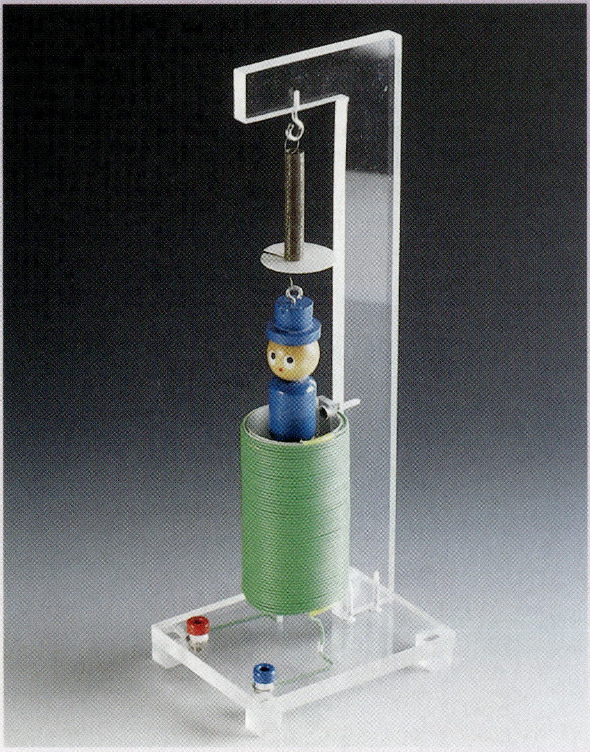

2 Anzeigegerät mit Spule und Eisenkern

Gruppe 2: Ein Anzeiger mit Tauchfigur

Dieses Gerät besteht aus einer Spule, in der ein Holzmännchen mit Eisenkern verschwinden kann. Das Holzmännchen hängt an einer Feder. Wird der Stromkreis über die Spule geschlossen, so entsteht in der Spule ein Magnetfeld. Je höher die Stromstärke ist, desto stärker ist das Magnetfeld.

Gruppe 3: Anzeigen durch Anziehen und Abstoßen

Bei diesem Anzeigegerät nutzt ihr die Polregel des Magnetismus aus.
Der Scheibenmagnet am unteren Ende des Pendels reagiert auf das magnetische Feld der Spule. Welcher Magnetpol an den Spulenenden entsteht, hängt davon ab, wie die Spule an die Stromquelle angeschlossen wird.

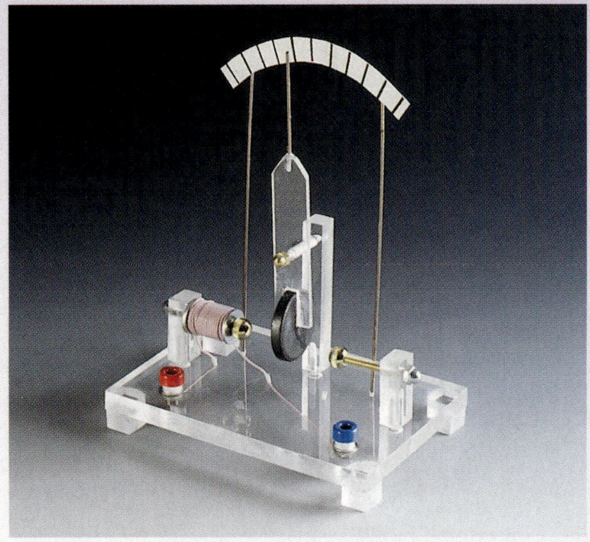

3 Ein Magnetpendel als Anzeigegerät

Stromstärken in Reihen- und Parallelschaltung

1 **A** *Weihnachtsbaumbeleuchtung;* **B** *Vereinfachte Schaltung*

1. Lockere in einer Weihnachtsbaumbeleuchtung eine einzelne Lampe. Beobachte und begründe, was passiert.

2. a) Wo können in einer Schaltung wie in Bild 1B Strommessgeräte eingesetzt werden?
b) Zeichne den Schaltplan mit Strommessgeräten so, dass die Stromstärken des gesamten Stromkreises und die Stromstärken an den einzelnen Lampen gemessen werden können.
c) Führe den Versuch durch. Protokolliere die Messwerte und deute die Ergebnisse.

Reihenschaltung
Die Lampen einer Weihnachtsbaumbeleuchtung sind manchmal hintereinander geschaltet. Bild 1 B zeigt den vereinfachten Aufbau dieser Schaltung.
Die Elektronen strömen nacheinander durch jedes Bauteil der Schaltung, wenn sie sich vom Minuspol zum Pluspol bewegen. Deshalb ist die Stromstärke an jeder Stelle der elektrischen Schaltung gleich.

Reihenschaltung: $I_{ges} = I_1 = I_2$

■ In einer Reihenschaltung ist die elektrische Stromstärke an jeder Stelle im Stromkreis gleich groß.

Praktikum

Messung der Stromstärken in Reihenschaltungen

1. a) Zeichne auf ein Sperrholzbrett den Schaltplan einer Reihenschaltung mit einer Flachbatterie, drei Glühlampen und vier Strommessgeräten.
b) Baue die Schaltung auf und befestige dabei die Fassungen mit Reißzwecken.
c) Schraube drei Glühlampen (3,7 V) ein. Lies die einzelnen Werte für die Stromstärken ab und trage sie in eine Tabelle ein.
d) Wiederhole den Versuch c) mit zwei Glühlampen (3,7 V) und einer Lampe (2,4 V).
e) Vergleiche die Messwerte in der Tabelle. Was stellst du fest?
f) Wiederhole Versuch c) mit 3 Lampen (1,5 V; 2,4 V; 3,7 V) und überprüfe damit deine bisherigen Ergebnisse.

Hinweis
Ein Lötkolben hat an seiner Spitze eine Temperatur von etwa 350 °C. Arbeite damit vorsichtig und achte darauf, dass du dir deine Finger nicht verbrennst.

Material
3 Glühlampen (3,7 V),
1 Glühlampe (2,4 V),
1 Glühlampe (1,5 V),
4 digitale Messgeräte,
Flachbatterie, Fassungen,
Sperrholzbrettchen 10 mm stark, Reißzwecken,Schaltdraht, Bronzeband, Lötkolben mit Lötzinn

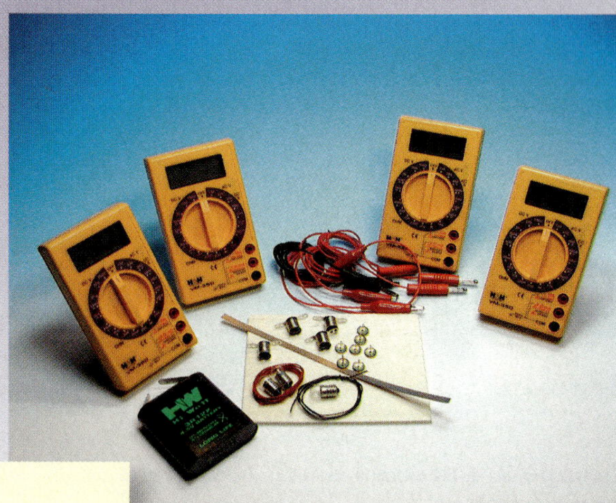

2 Materialien für eine Stromstärkemessung

I_{ges} in A	I_1 in A	I_2 in A	I_3 in A

3. a) Untersuche eine Partybeleuchtung. Lockere einzelne Lampen und beobachte.
b) Begründe deine Beobachtung.

4. a) Wo können in einer Schaltung wie in Bild 3B Strommessgeräte eingesetzt werden?
b) Zeichne den Schaltplan für zwei parallel geschaltete Lampen mit Strommessgeräten. Die Stromstärken sollen im gesamten Stromkreis und an den beiden Lampen gemessen werden.
c) Protokolliere den Versuch und deute die Messergebnisse.

Parallelschaltung
In der Lichterkette einer Partybeleuchtung sind alle Lampen parallel geschaltet. Der Elektronenstrom verzweigt sich vor den Lampen. Für die Elektronen stehen am Verzweigungspunkt zwei verschiedene Wege zur Verfügung. Sie führen wieder zu einem gemeinsamen Endpunkt. In jedem der Teilstromkreise ist die Stromstärke von der Bauart der Lampe abhängig. Die Summe der Teilstromstärken ist so groß wie die Gesamtstromstärke.

Parallelschaltung: $I_{ges} = I_1 + I_2$

■ In einer Parallelschaltung addieren sich die Teilstromstärken zur Gesamtstromstärke.

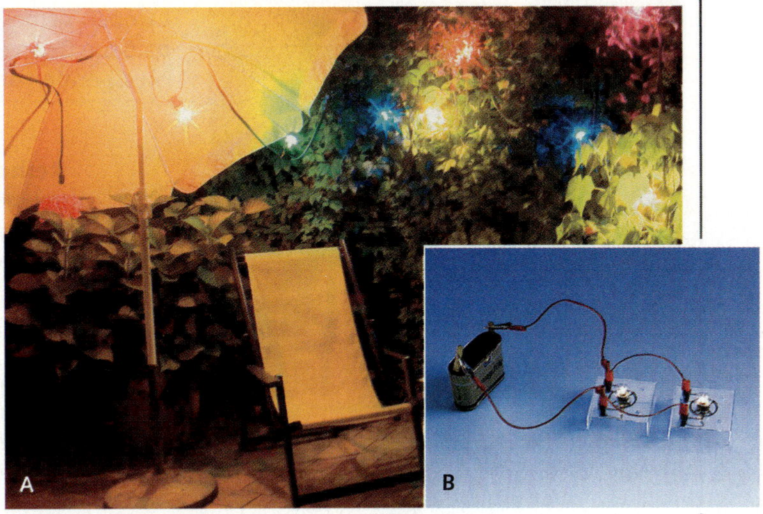

3 A *Partybeleuchtung;* **B** *Vereinfachte Schaltung*

Messung der Stromstärken in Parallelschaltungen

Praktikum

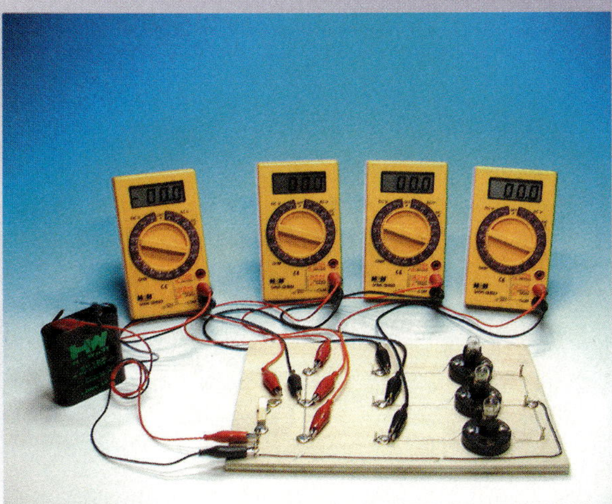

4 Stromstärkenmessung in der Parallelschaltung

1. a) Zeichne auf ein Sperrholzbrettchen den Schaltplan einer Parallelschaltung mit einer Flachbatterie, drei Glühlampen und vier Strommessgeräten.
b) Baue die Schaltung auf und befestige dabei die Fassungen mit Reißzwecken.
c) Schraube drei Glühlampen (3,7 V) ein. Lies die einzelnen Werte für die Stromstärken ab und trage sie in eine Tabelle ein.
d) Wiederhole Versuch c) mit zwei Glühlampen (3,7 V) und einer Glühlampe (2,4 V).
e) Vergleiche die Messwerte in der Tabelle. Was stellst du fest?

Material
3 Glühlampen (3,7 V), 1 Glühlampe (2,4 V), 4 digitale Messgeräte, Flachbatterie, Fassungen, Sperrholzbrettchen 10 mm stark, Reißzwecken, Schaltdraht, Bronzeband, Lötkolben mit Lötzinn

I_{ges} in A	I_1 in A	I_2 in A	I_3 in A	$I_1 + I_2$ in A	

Spannungen in Reihen- und Parallelschaltung

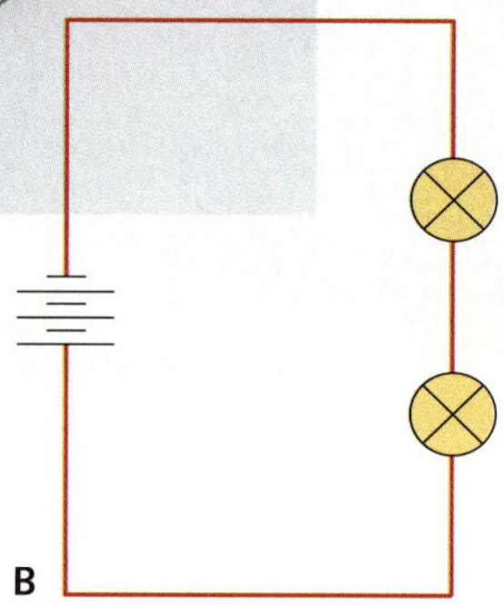

1 **A** *Tulpen als Lichterkette;*
B *Vereinfachter Schaltplan*

1. Wo können in der Schaltung in Bild 1B Spannungsmessgeräte eingesetzt werden?

2. a) Zeichne den Schaltplan mit Messgeräten so, dass die Gesamtspannung und die Spannungen an den einzelnen Lampen gemessen werden können.
b) Baue den Versuch auf. Lies die Spannungswerte an den Messgeräten ab. Trage sie in eine Tabelle ein und deute sie.

Reihenschaltung
In einer Reihenschaltung teilt sich die anliegende Gesamtspannung U_{ges} auf die einzelnen Lampen auf. Für eine solche Reihenschaltung gilt:

Reihenschaltung: $U_{ges} = U_1 + U_2$

Bei unterschiedlichen Bauarten der Lampen sind die Spannungswerte ebenfalls unterschiedlich. Auch bei mehreren Lampen wird die Spannung entsprechend aufgeteilt. Die Addition der Beträge der einzelnen Spannungen ergibt aber immer, von Messfehlern abgesehen, den Betrag der Gesamtspannung.

■ In einer Reihenschaltung ist die Summe der Teilspannungen so groß wie die Gesamtspannung.

Praktikum

Messung der Spannungen in Reihenschaltungen

1. a) Zeichne auf ein Sperrholzbrettchen eine Reihenschaltung mit 3 Glühlampen und baue die Schaltung auf.
b) Schraube drei Glühlampen (1,5 V) ein und schließe die vier Spannungsmessgeräte an. Lies die einzelnen Werte für die Spannungen ab und trage sie in eine Tabelle ein.
c) Wiederhole den Versuch b) mit zwei Glühlampen (1,5 V) und einer Glühlampe (2,4 V). Notiere erneut die Werte.
d) Vergleiche die Messwerte in der Tabelle. Was stellst du fest?

Material
3 Glühlampen (1,5 V),
1 Glühlampe (2,4 V),
4 digitale Messgeräte,
Flachbatterie, Fassungen,
Sperrholzbrettchen 10 mm stark, Reißzwecken, Nägel,
Schaltdraht, Bronzeband,
Lötkolben mit Lötzinn

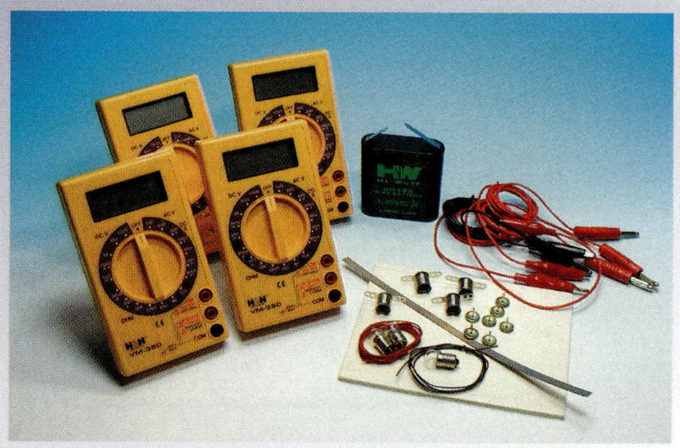

2 Materialien für eine Spannungsmessung

U_{ges} in V	U_1 in V	U_2 in V	U_3 in V	$U_1 + U_2$ in V	

3. a) Wo lässt sich in der Schaltung in Bild 3B eine Spannung messen?
b) Zeichne den Schaltplan mit Spannungsmessgeräten. Protokolliere die Messwerte des Versuches und deute die Ergebnisse.

4. Was würde geschehen, wenn die elektrischen Geräte in einem Zimmer in Reihe geschaltet wären?

5. Warum werden die Lampen einer Verkehrsampel für alle Farbzeichen mit der gleichen Spannung betrieben? Wie sind sie geschaltet?

Parallelschaltung
In einer Parallelschaltung bildet jede der angeschlossenen Lampen mit der Stromquelle einen eigenen Stromkreis. Deshalb liegt auch an jeder der Lampen die gleiche Spannung an. Für eine Parallelschaltung gilt:

Parallelschaltung: $U_{ges} = U_1 = U_2$

Die Parallelschaltung wird sehr häufig angewendet. Alle elektrischen Geräte in einem Haushalt sind parallel geschaltet, obwohl sich die Steckdosen an unterschiedlichen Stellen in der Wohnung befinden.

■ Bei der Parallelschaltung ist die Spannung an allen Bauteilen im Stromkreis gleich groß.

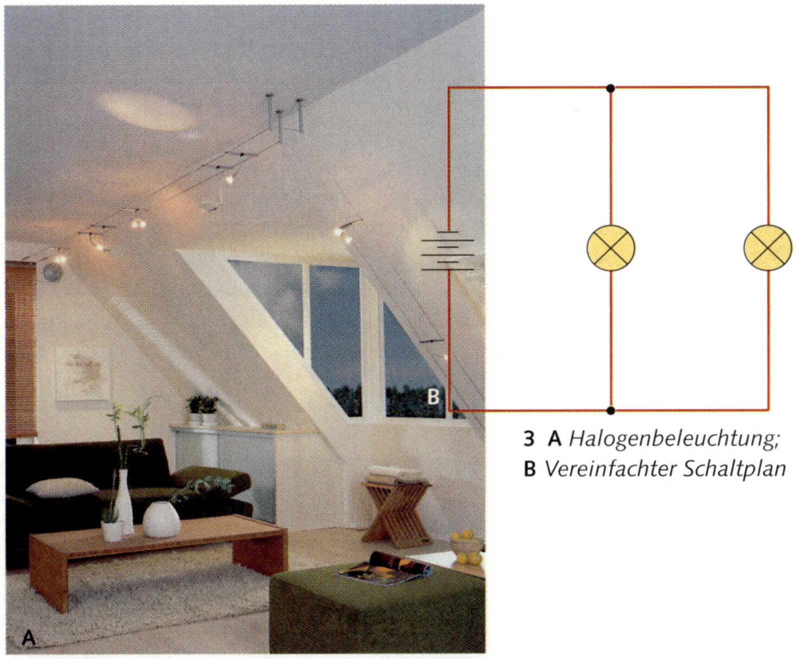

3 **A** *Halogenbeleuchtung;* **B** *Vereinfachter Schaltplan*

Messung der Spannungen in Parallelschaltungen

Praktikum

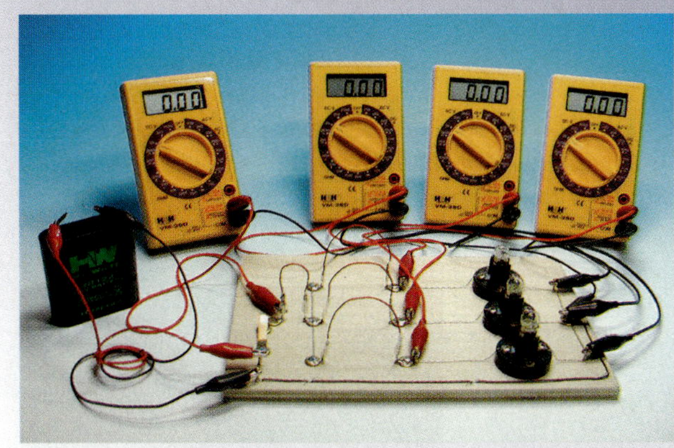

4 Spannungsmessung in der Parallelschaltung

1. a) Zeichne auf ein Sperrholzbrettchen den Schaltplan einer Parallelschaltung mit drei Glühlampen und baue die Schaltung auf.
b) Schraube drei Glühlampen (3,7 V) ein. Lies die einzelnen Werte für die Spannungen ab und trage sie in eine Tabelle ein.
c) Wiederhole Versuch b) mit zwei Glühlampen (3,7 V) und einer Glühlampe (2,4 V).
d) Vergleiche die Messwerte in der Tabelle. Was stellst du fest?
e) Wiederhole Versuch b) mit 3 verschiedenen Glühlampen (2,4 V; 3,7 V; 6 V) und überprüfe damit deine bisherigen Ergebnisse.

U_{ges} in V	U_1 in V	U_2 in V	U_3 in V

Material
3 Glühlampen (3,7 V), 1 Glühlampe (2,4 V), 1 Glühlampe (6 V), 4 digitale Messgeräte, Flachbatterie, Fassungen, Sperrholzbrettchen 10 mm stark, Reißzwecken, Schaltdraht, Bronzeband, Lötkolben mit Lötzinn

Gleichstrom und Wechselstrom

1. Baue einen einfachen elektrischen Stromkreis mit einem Stromstärkemessgerät auf. Verwende ein Zeigerinstrument mit Mittelstellung. Vertausche die Anschlüsse und beobachte erneut.

2. Tausche die Batterie aus Versuch 1 gegen eine Fahrradlichtmaschine. Drehe das Antriebsrad langsam in eine Richtung. Vergleiche die Zeigerbewegung mit der Beobachtung aus Versuch 1.

3. a) Baue einen Stromkreis mit einer Lampe (3,7 V) und einer Flachbatterie auf. Schließe parallel zur Lampe ein Oszilloskop an. Beschreibe das Bild auf dem Oszilloskop.
b) Schließe den Stromkreis an den Wechselstromausgang eines Stromversorgungsgerätes an und wiederhole die Messung. Vergleiche das Bild auf dem Oszilloskop mit dem Bild aus a).

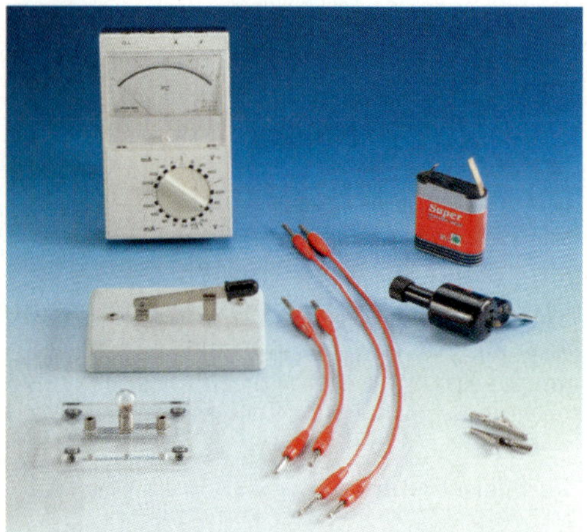

1 Batterie oder Fahrradlichtmaschine als Stromquelle

Batterie im Stromkreis
In einem geschlossenen Stromkreis mit einer Batterie als Stromquelle bewegen sich die Elektronen vom Minuspol in Richtung zum Pluspol. Diese Stromart heißt **Gleichstrom.**
Werden die Anschlüsse an der Batterie vertauscht, so wechseln auch die Elektronen die Bewegungsrichtung im Stromkreis. Als Antrieb für die Elektronen stellt die Batterie **Gleichspannung** zur Verfügung. Sie wird auf dem Oszilloskop als waagerechte Linie dargestellt.

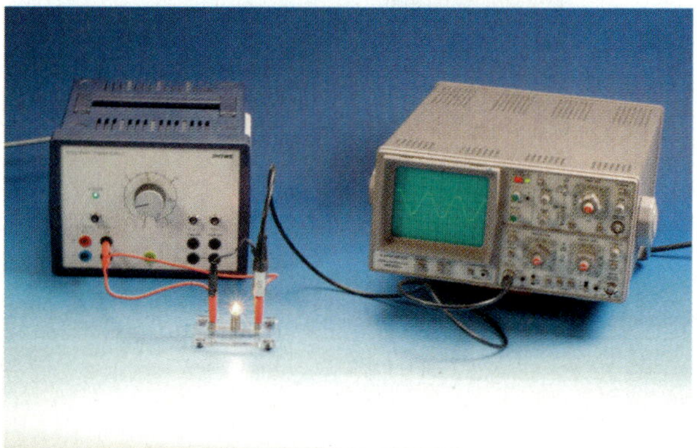

2 Stromkreis mit Lampe und Oszilloskop

Fahrradlichtmaschine im Stromkreis
Wenn die Stromquelle eine Fahrradlichtmaschine ist, wechseln Pluspol und Minuspol in schneller Folge. Damit ändert auch der Elektronenstrom ständig seine Richtung. Du erkennst es an der Hin- und Herbewegung des Zeigers am Messgerät. Es zeigt **Wechselstrom** an.
Auf dem Schirm eines Oszilloskops wird eine **Wechselspannung** als regelmäßige wellenförmige Kurve dargestellt. Sie wird **Sinuskurve** genannt.

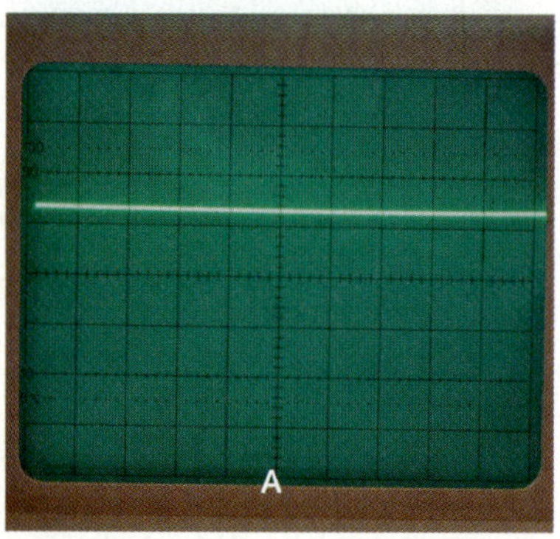

■ Das Oszilloskop zeigt eine Gleichspannung als waagerechte Linie an.
Eine Wechselspannung wird als Sinuskurve dargestellt.

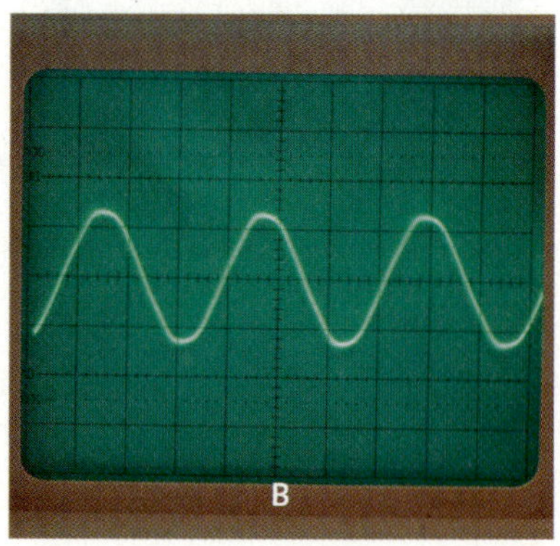

3 Oszilloskop. A *Gleichspannung;* **B** *Wechselspannung*

Elektrische Energiequellen

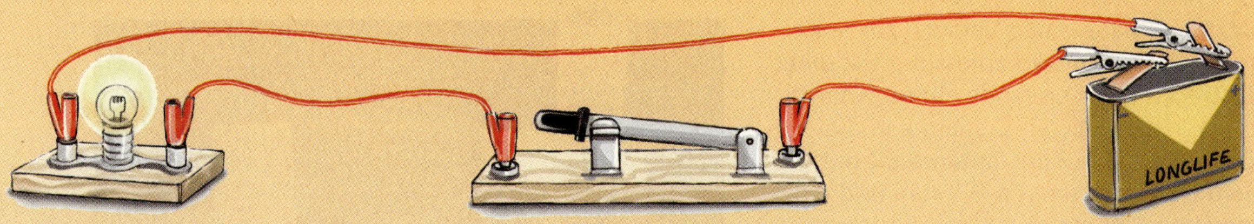

In einem elektrischen Stromkreis wird durch die Bewegung der Elektronen elektrische Energie übertragen. Die Batterie ist die Energiequelle und die Glühlampe ist ein Energiewandler. Während sich die Elektronen in einem geschlossenen Stromkreis bewegen, strömt die Energie nur in eine Richtung. In einem elektrischen Stromkreis ist die Richtung der Energie zwischen Quelle und Wandler nicht umkehrbar.

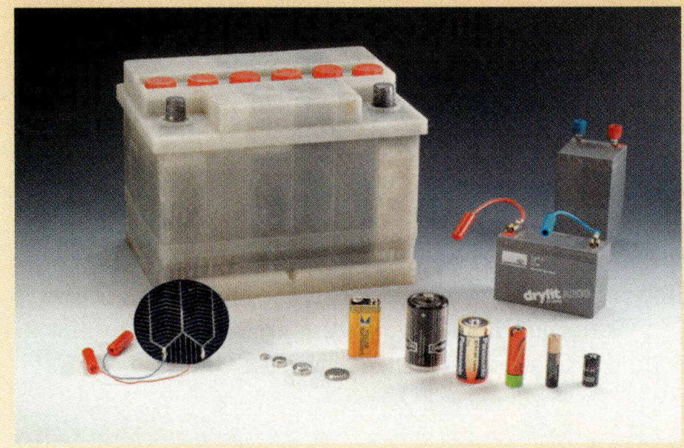

1 Gleichstromquellen

2 Generator als Wechselstromquelle

Gleichstromquellen

Alle Batterien sind **Gleichstromquellen.** Sie speichern Energie. Es gibt sie in unterschiedlichen Größen und mit verschiedenen elektrischen Spannungen. Hat eine Batterie ihre Energie abgegeben, muss sie über eine Sammelstelle entsorgt werden. Akkumulatoren, kurz Akkus genannt, sind ebenfalls Gleichstromquellen. Im Gegensatz zu Batterien können sie aber wieder aufgeladen werden.
Auch Solarzellen sind Gleichstromquellen. Sie können die elektrische Energie aber nicht speichern.

Wechselstromquellen

Der Generator einer Windkraftanlage muss sich drehen, damit er elektrische Energie erzeugen kann. Auch der Generator in einem Kraftwerk oder die Fahrradlichtmaschine dreht sich. Alle Geräte, die sich bei der Erzeugung elektrischer Energie drehen, sind **Wechselstromquellen.**

Generatoren können die elektrische Energie nicht speichern. Sie müssen sich in dem Moment drehen, in dem sie Energie abgeben sollen.

Physikalische Stromrichtung

Eine Batterie stellt die Elektronen am Minuspol zur Verfügung. Wird eine Batterie in einem Stromkreis angeschlossen, so wandern die Elektronen vom Minuspol in Richtung zum Pluspol. Dies ist die einzig mögliche Stromrichtung.

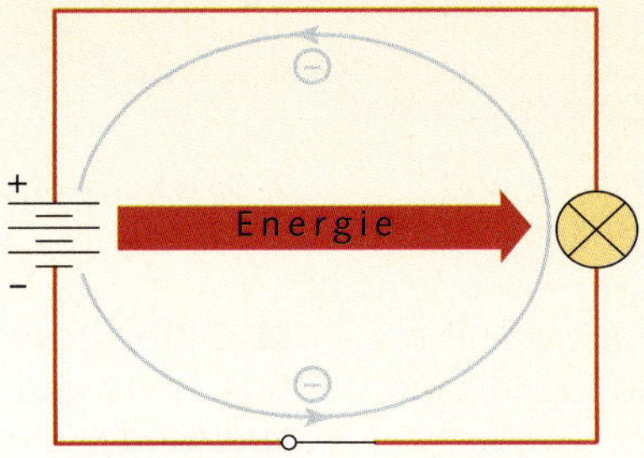

3 Elektronen- und Energiefluss

Technische Stromrichtung

Früher war über den elektrischen Strom nicht viel bekannt. Insbesondere wusste niemand, dass er durch Elektronen zustande kommt. Deshalb wurde willkürlich die Stromrichtung vom Pluspol zum Minuspol festgelegt. Techniker benutzen heute noch diese Sprechweise. Sie heißt daher **technische Stromrichtung.**

Spannung und Stromstärke hängen zusammen

1. a) Baue einen Versuch zur Spannungs- und Stromstärkemessung mit einer Prüfstrecke auf. Verwende ein regelbares Stromversorgungsgerät. Spanne in die Prüfstrecke einen Konstantandraht mit einem Durchmesser von 0,2 mm und einer Länge von 1 m ein.
b) Erhöhe die Spannung von 0 V schrittweise um 1 V bis 6 V. Trage die Messergebnisse für Spannung und Stromstärke in eine Tabelle ein.
c) Errechne jeweils den Quotienten $\frac{U}{I}$.

2. a) Zeichne auf Millimeterpapier ein Spannung-Stromstärke-Diagramm mit den Messwerten aus Versuch 1.
b) Beschreibe den Verlauf des Grafen.
c) Lies aus dem Diagramm die zugehörigen Stromstärken für die Zwischenwerte 2,5 V; 3,4 V und 4,5 V ab. Berechne auch dafür die Quotienten $\frac{U}{I}$.
d) Vergleiche alle Quotienten. Was stellst du fest?

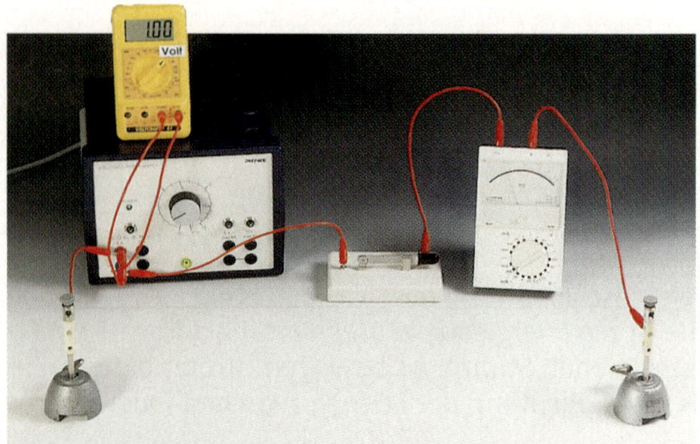

1 Messen von Spannung und Stromstärke

3. a) Wiederhole Versuch 1 mit einem Konstantandraht mit einem Durchmesser von 0,2 mm und einer Länge von 0,5 m. Berechne die Quotienten $\frac{U}{I}$ und zeichne den Grafen in das Koordinatensystem von Aufgabe 2.
b) Wiederhole Versuch a) mit einem Konstantandraht mit einem Durchmesser von 0,4 mm und einer Länge von 0,5 m. Zeichne den Grafen in das Koordinatensystem von Aufgabe 2.
c) Vergleiche die Grafen. Was stellst du fest?

Das ohmsche Gesetz

An einem Konstantandraht im Stromkreis kann der Zusammenhang zwischen der elektrischen Spannung und der Stromstärke untersucht werden. Dabei verändert sich die Stromstärke in gleichem Maße wie die Spannung. Bei doppelter Spannung verdoppelt sich auch die Stromstärke. Bei dreifacher Spannung verdreifacht sich die Stromstärke. Bei halber Spannung halbiert sich die Stromstärke. Die Spannung und die Stromstärke sind immer direkt proportional zueinander. Diese Proportionalität lässt sich in einem Spannung-Stromstärke-Diagramm wie in Bild 2 darstellen.
Die Quotienten der jeweiligen Wertepaare aus Spannung U und Stromstärke I haben immer den gleichen Wert. Es gilt:

$$I \sim U; \frac{U}{I} = \text{konstant}$$

Diese Gesetzmäßigkeit zwischen Spannung und Stromstärke wird **ohmsches Gesetz** genannt.

Auch bei anderen Drahtlängen oder Querschnitten bleibt der Quotient aus Spannung und Stromstärke jeweils konstant.

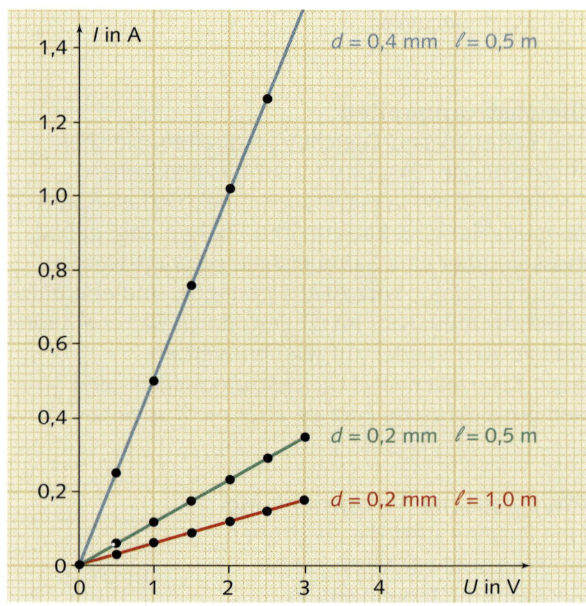

2 Spannung-Stromstärke-Diagramm

■ Ohmsches Gesetz: In einem Stromkreis sind Spannung und Stromstärke direkt proportional zueinander. Der Quotient aus Spannung und Stromstärke ist eine Konstante.

Der elektrische Widerstand

1. Baue einen Stromkreis mit Prüfstrecke auf. Spanne einen Konstantandraht mit einem Durchmesser von 0,2 mm und einer Länge von 1 m in die Prüfstrecke ein. Stelle am Stromversorgungsgerät eine Spannung von 4 V ein und lies die zugehörige Stromstärke ab. Notiere die Werte in einer Tabelle.

2. a) Wiederhole Versuch 1 für Drähte aus Eisen und aus Kupfer mit gleichem Querschnitt und gleicher Länge.
b) Vergleiche die Stromstärken in der Tabelle miteinander.
c) Welches Metall leitet den elektrischen Strom am besten?
d) Welches Metall hat den größten elektrischen Widerstand?

3. Bestimme mithilfe der Farbcodetabelle in Bild 2,
a) welche Farbenfolge ein Widerstand von 470 Ω hat.
b) welcher Widerstandswert sich aus der Farbenfolge rot – grün – braun ergibt.
c) welche Farbenfolge ein Widerstand von 56 kΩ hat.

Der elektrische Widerstand – eine physikalische Größe

In einem Stromkreis misst du bei gleicher Spannung und gleichen Maßen eine höhere Stromstärke für Drähte aus Kupfer als für Drähte aus Eisen oder Konstantan. Das bedeutet, dass die Elektronen besser durch Kupfer als durch Eisen fließen können. Kupfer hat eine bessere elektrische Leitfähigkeit als Eisen, weil Kupfer den Elektronen einen geringeren Widerstand als Eisen entgegensetzt. Der **elektrische Widerstand** eines Drahtes ist eine physikalische Größe. Das Formelzeichen für den elektrischen Widerstand ist ***R***.

Die Maßeinheit des elektrischen Widerstandes ist das Ohm, geschrieben Ω (griechischer Buchstabe; gelesen: Omega).
Diese Einheit wurde zu Ehren des deutschen Physikers Georg Simon Ohm (1789–1854) gewählt. Größere Widerstände werden in Kilo-Ohm (kΩ) angegeben, 1 kΩ = 1000 Ω.

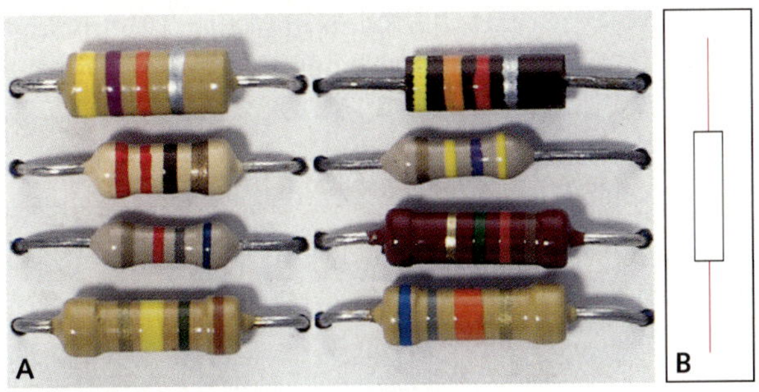

1 A *Widerstände;* B *Schaltzeichen*

■ Je besser die elektrische Leitfähigkeit eines Drahtes oder eines anderen Bauteiles ist, desto kleiner ist sein Widerstandswert. Der elektrische Widerstand *R* wird in Ohm (Ω) angegeben.

Farbe	1. Ring	2. Ring	3. Ring	4. Ring
schwarz	0	0		
braun	1	1	0	± 1 %
rot	2	2	00	± 2 %
orange	3	3	000	
gelb	4	4	0000	
grün	5	5	00000	
blau	6	6	000000	
violett	7	7	0000000	
grau	8	8	00000000	
weiß	9	9	000000000	
gold			:10	± 5 %
silber			:100	±10 %

2 Farbcodetabelle für Widerstände

Der elektrische Widerstand – ein elektrisches Bauteil

Mit dem Wort Widerstand wird auch ein Bauteil bezeichnet. Solche Bauteile können Drähte mit einem genau festgelegten Widerstandswert sein.
Die Bauteile in Bild 1 sind ebenfalls Widerstände. Ihr Körper besteht aus Keramik, dem ein leitender Stoff beigemischt wurde. Diese Bauteile werden als Strombegrenzer in Schaltungen eingebaut. Das Bild 1B zeigt das Schaltzeichen des elektrischen Widerstandes.

Der Wert des Widerstandes wird durch farbige Ringe angegeben. Mithilfe einer Farbcodetabelle wie in Bild 2 kannst du den Wert eines Widerstandes bestimmen. Der Ring mit dem geringsten Abstand von Rand des Widerstandes ist der erste Ring in der Tabelle. Der Ring auf der anderen Seite gibt die zulässige prozentuale Abweichung vom Standardwert an.

Eine Formel für den Widerstand

1. Berechne die fehlende Größe.
a) $U = 4\ \text{V}, R = 4\ \Omega$
b) $I = 0{,}62\ \text{A}, R = 16{,}12\ \Omega$
c) $R = 0{,}85\ \Omega, \rho = 0{,}017\ \frac{\Omega \cdot \text{mm}^2}{\text{m}}$, $A = 1{,}5\ \text{mm}^2$

Beispielaufgaben zum ohmschen Gesetz

1. An einen Stromkreis wird eine elektrische Spannung angelegt. Das Strommessgerät zeigt 0,25 A an. Berechne den Widerstand.
geg.: $U = 10\ \text{V}, I = 0{,}25\ \text{A}$
ges.: R
Lös.: $R = \frac{U}{I}$
$R = \frac{10\ \text{V}}{0{,}25\ \text{A}}$
$\underline{\underline{R = 40\ \Omega}}$

Antwort: Der Widerstand beträgt 40 Ω.

2. Mit welcher Spannung muss ein Gerät betrieben werden, damit bei einem Widerstand von 460 Ω ein Strom von 0,5 A gemessen werden kann?
geg.: $R = 460\ \Omega, I = 0{,}5\ \text{A}$
ges.: U
Lös.: $U = I \cdot R$
$U = 0{,}5\ \text{A} \cdot 460\ \Omega$
$\underline{\underline{U = 230\ \text{V}}}$

Antwort: Die Spannung muss 230 V betragen.

3. Bei einem Bügeleisen wird ein Widerstand von 46 Ω angegeben. Es wird mit 230 V betrieben. Wie groß ist dabei die Stromstärke?
geg.: $R = 46\ \Omega, U = 230\ \text{V}$
ges.: I
Lös.: $I = \frac{U}{R}$
$I = \frac{230\ \text{V}}{46\ \Omega}$
$\underline{\underline{I = 5\ \text{A}}}$

Antwort: Die Stromstärke beträgt 5 A.

2. Aus 1 kg Kupfer kann ein Draht mit einem Querschnitt von 1 mm² und einer Länge von 112 m hergestellt werden. Bei gleicher Masse und gleichem Querschnitt wäre ein Aluminiumdraht 370 m lang.
a) Informiere dich in einer Tageszeitung über die Weltmarktpreise von Kupfer und Aluminium. Bestimme danach den Materialwert des jeweiligen Leiters.
b) Berechne für die beiden Leiter jeweils den Preis und den Widerstand für eine Länge von 1 m.

Beispielaufgaben zum spezifischen Widerstand

1. Ein Kupferdraht ist 125 m lang und hat einen Querschnitt von 1,5 mm². Wie groß ist sein Widerstand?
($\rho_{\text{Kupfer}} = 0{,}017\ \frac{\Omega \cdot \text{mm}^2}{\text{m}}$)

geg.: $\ell = 125\ \text{m}, A = 1{,}5\ \text{mm}^2$
ges.: R
Lös.: $R = \frac{\rho \cdot \ell}{A}$
$R = \frac{0{,}017 \cdot 125}{1{,}5}\ \Omega$
$\underline{\underline{R = 1{,}42\ \Omega}}$

Antwort: Der Kupferdraht hat einen Widerstand von 1,42 Ω.

2. Berechne den Widerstand eines Aluminiumdrahtes mit den gleichen Abmessungen.
($\rho_{\text{Aluminium}} = 0{,}028\ \frac{\Omega \cdot \text{mm}^2}{\text{m}}$)

geg.: $\ell = 125\ \text{m}, A = 1{,}5\ \text{mm}^2$
ges.: R
Lös.: $R = \frac{\rho \cdot \ell}{A}$
$R = \frac{0{,}028 \cdot 125}{1{,}5}\ \Omega$
$\underline{\underline{R = 2{,}33\ \Omega}}$

Antwort: Der Aluminiumdraht hat einen Widerstand von 2,33 Ω.

Der elektrische Widerstand
Zur Berechnung des Widerstandes musst du an einer beliebigen Stelle des Grafen das Wertepaar für die Spannung und die Stromstärke ablesen. Den Widerstandswert *R* erhältst du, wenn du den Wert für die Spannung durch den Wert für die Stromstärke dividierst, weil *I* und *U* proportional zueinander sind.
Die mathematische Darstellung des ohmschen Gesetzes lautet in seinen drei Formen:

$$R = \frac{U}{I};\ U = I \cdot R;\ I = \frac{U}{R}$$

Bei den Berechnungen musst du die Spannung in Volt (V) und die Stromstärke in Ampere (A) angeben. Dann erhältst du den Widerstand in Ohm (Ω).
Als **Maßeinheit** für den Widerstand ergibt sich $\mathbf{\frac{1V}{1A} = 1\ \Omega}$**.**

Der spezifische Widerstand
Für die Berechnung des Widerstandes eines Drahtes musst du wissen, aus welchem Material er besteht. Diese vom Material abhängige Größe heißt **spezifischer Widerstand.** Sein Formelzeichen ist ρ (gelesen: rho).
Bei der Berechnung des Widerstandes eines Drahtes unter Berücksichtigung des Materials und seiner Abmessungen gilt dann die Formel:

$$R = \frac{\rho \cdot \ell}{A}$$
ℓ – Länge des Leiters;
A – Querschnitt des Leiters

■ Der elektrische Widerstand eines Leiters lässt sich aus den Werten für die Spannung *U* und die Stromstärke *I* berechnen. Er ergibt sich auch aus den Werten der Abmessungen und aus seinem spezifischen Widerstand ρ.

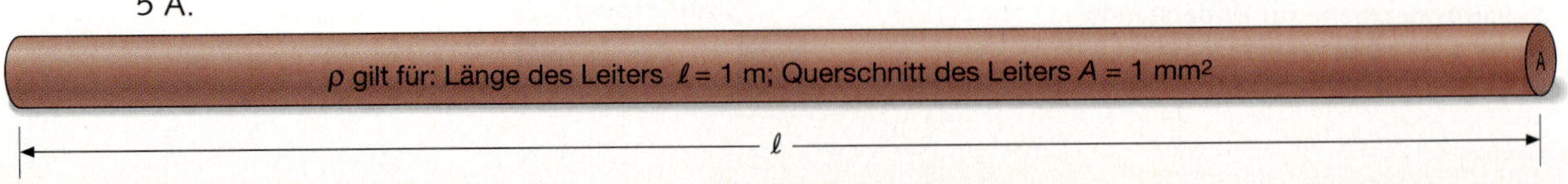

Fehlerbetrachtung

Messfehler

Messwerte aus Experimenten sind immer mit gewissen Fehlern verbunden. Vor einer Messung musst du überlegen, welche Fehler möglich sind und wie du sie vermeiden oder gering halten kannst. Es gibt zwei Arten von Fehlern.

Zufällige Fehler

Sie treten beispielsweise durch ungeschicktes Ablesen von Messwerten auf. Für die Messung von Spannung oder Stromstärke kannst du ein Vielfachmessinstrument wie in Bild 1A benutzen. Blickst du zum Ablesen des Wertes nicht senkrecht zur Skala des Messgerätes, wird die Ablesung ungenau (Bild 1B). Dieser Fehler heißt **Parallaxenfehler.**

Systematische Fehler

Sie treten auf, wenn Messgeräte fehlerhaft anzeigen oder wenn nicht der passende Messbereich eingestellt wird. Bei einer Messung sollte immer mit dem höchsten Messbereich begonnen werden. Für einen kleineren Messbereich wird der Bereich mit dem größten Zeigerausschlag gesucht. Dann besteht gleichzeitig die größtmögliche Ablesegenauigkeit.

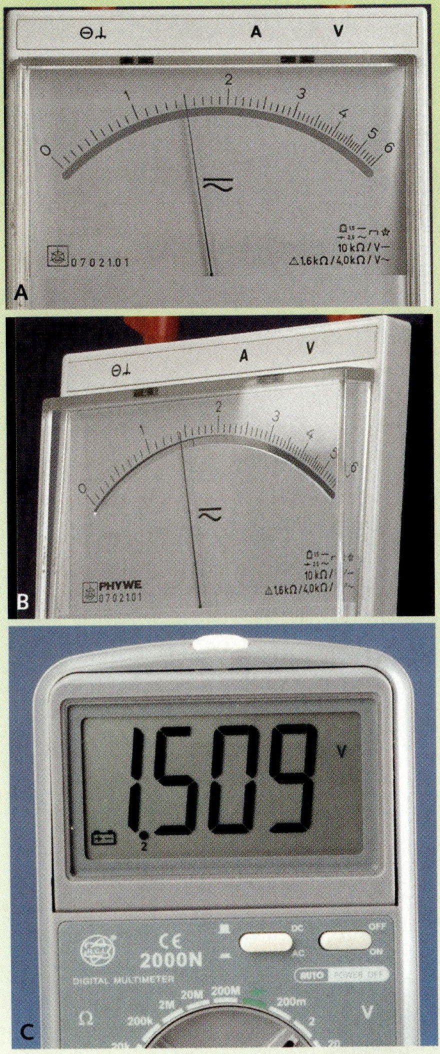

1 Messwerte ablesen. A *mit senkrechtem und* **B** *mit schrägem Blick auf den Zeiger;* **C** *digitale Anzeige*

Digitale Messgeräte

Messgeräte mit einer digitalen Anzeige zeigen den Wert in Ziffern an (Bild 1C). Dies ist für das Ablesen sehr bequem. Aber auch bei diesen Messgeräten muss auf den Messbereich geachtet werden. Je nach Gerätetyp erfolgt die Anzeige mit drei oder vier Stellen. Danach richtet sich wiederum die Genauigkeit der abgelesenen Werte. Der Messbereich muss so eingestellt werden, dass der Messwert möglichst genau angezeigt werden kann.

Es kommt auch vor, dass digitale Messgeräte einen völlig falschen Wert anzeigen. Das ist häufig dann der Fall, wenn die Spannung der Batterie des Messgerätes zu stark abgenommen hat. Die Batterie muss dann umgehend ausgetauscht werden.

Fehler in grafischen Darstellungen

Du kannst auch in einer grafischen Darstellung einen fehlerhaften Messwert erkennen. Überträgst du die gemessenen Werte aus Tabelle 3 in ein Koordinatensystem, so stellst du fest, dass sie nicht exakt auf einer Geraden liegen. Um das *U*-*I*-Diagramm zu erstellen, musst du eine Gerade zeichnen, die sich den Messpunkten möglichst gut anpasst. Dabei müssen die Abstände oberhalb und unterhalb der Geraden in der Summe gleich sein. Diese Gerade heißt **Ausgleichsgerade.** Messpunkte, die stark von dieser Geraden abweichen, bleiben unberücksichtigt.

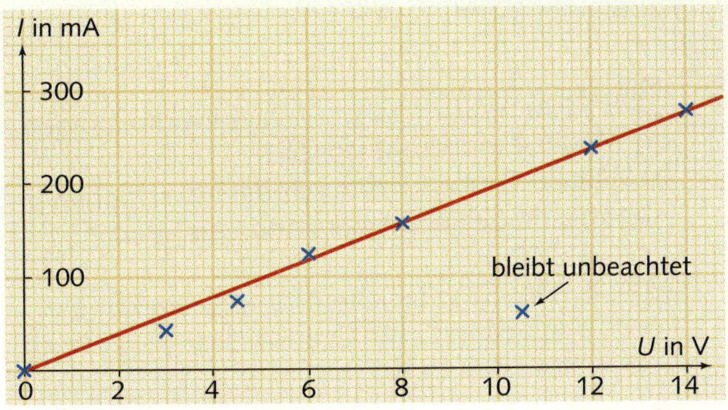

2 ***U*-*I*-Diagramm**

***U* in V**	2,5	4,5	6,0	8,0	10,5	12,0	14,0
***I* in mA**	42,0	77,5	123,0	156,5	60,0	238,0	278,0
***R* in Ω**	59,5	58,1	48,8	51,1	175,0	50,4	50,4

3 Messwerttabelle

Widerstände und ihre Anwendung

A *Schiebewiderstand;* **B** *Abgriff;* **C** *Schaltzeichen*

Mit **Schiebewiderständen** kann die Spannung oder die Stromstärke in einem Stromkreis eingestellt werden. Bei ihnen ist ein isolierter Draht auf ein Porzellan- oder Keramikrohr gewickelt. Mit einem verschiebbaren Abgriff kann die Länge des Widerstandsdrahtes im Stromkreis verändert werden. Dort, wo der Schleifkontakt über den Draht gleitet, ist dieser nicht isoliert (Bild B). Das Schaltzeichen für den regelbaren Widerstand siehst du in Bild C.

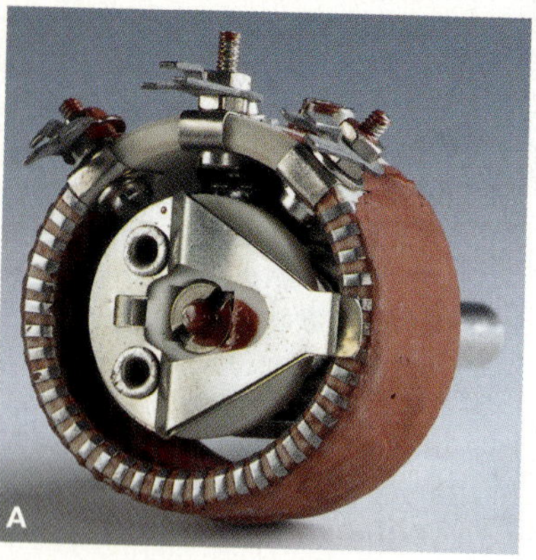

Bei dem regelbaren Widerstand in Bild A hat der Keramikkörper die Form einer Röhre. Darauf wurde der Widerstandsdraht gewickelt. Der dreieckige Schleifkontakt lässt sich mit einer Achse drehen. Zwischen der mittleren Klemme und dem Anfang des Widerstandsdrahtes kannst du den eingestellten Widerstandswert abgreifen. Regelbare Widerstände werden auch **Potentiometer** genannt.

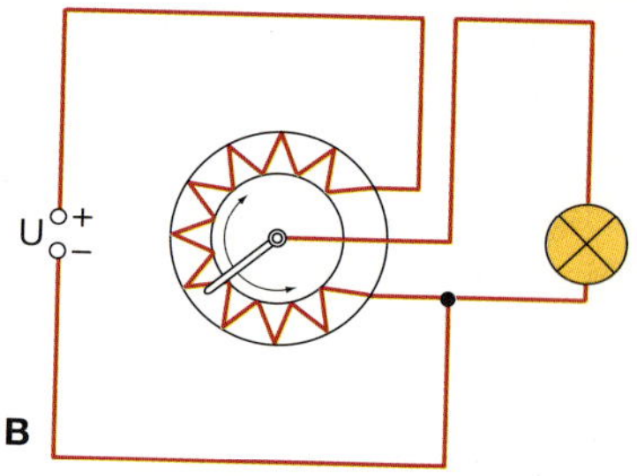

Die **Potentiometerschaltung** zeigt, dass die Spannung an der Lampe von der Position des Abgriffs abhängig ist.

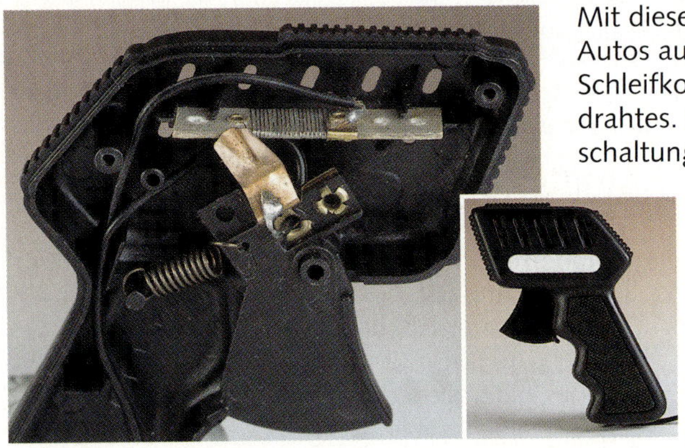

Mit diesem Handgriff kann die Geschwindigkeit eines Autos auf einer Modellrennbahn eingestellt werden. Ein Schleifkontakt bewegt sich entlang eines Widerstandsdrahtes. Draht und Schleifkontakt sind als Potentiometerschaltung in einen Stromkreis mit dem Motor des Modellautos geschaltet. Damit können die Größe des Widerstandes und somit die Spannung für die Fahrzeuge geändert werden.

1. a) Warum ist bei Schiebewiderständen der Widerstandsdraht isoliert?
b) Welche Größe wird durch das Verschieben des Abgriffs am Schiebewiderstand verändert?

2. Das Schaltzeichen für einen veränderlichen Widerstand enthält zusätzlich einen Pfeil. Wofür steht der Pfeil?

3. Finde weitere Geräte, die Potentiometer enthalten.

A

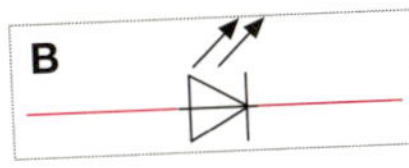

B

A *Leuchtdiode mit Schutzwiderstand;* **B** *Schaltzeichen*

In vielen Bausätzen und elektronischen Schaltungen werden **Leuchtdioden (LED)** als Kontroll- oder Anzeigelampen verwendet. Da Leuchtdioden nur mit einer kleinen Stromstärke betrieben werden dürfen, muss ein **Schutzwiderstand** vorgeschaltet werden. Er begrenzt die Stromstärke. So wird die LED nicht zerstört.

4. Begründe den Namen Schutzwiderstand für einen Widerstand, der einer Leuchtdiode vorgeschaltet ist.

A

B

A *Drehwiderstand;* **B** *Platine mit Drehwiderstand*

Bei **Drehwiderständen** kann das leitende Material aus einer Grafitschicht bestehen. Es ist auf einem Kunststoffträger aufgebracht. Durch diese Bauart sind die Potentiometer kleiner als Drahtwiderstände. Drehwiderstände werden in Schaltungen eingesetzt, mit denen sich die Helligkeit oder die Lautstärke einstellen lässt.

5. Warum benötigt ein Potentiometer drei Anschlüsse?

Für die Regelung von Tonaufnahme oder -wiedergabe wird ein **Mischpult** eingesetzt. Darüber kann die Lautstärke geregelt werden. Auch eine Veränderung der Klangfarbe ist möglich. Das Zusammenspiel mehrerer Instrumente und Stimmen lässt sich so steuern.
In das Mischpult sind Schiebewiderstände eingebaut. Das eigentliche Leitermaterial besteht aus einer Grafitschicht auf einer Kunststoffschiene als Träger. Der Schiebeknopf bewegt einen Schleifkontakt über die Leiterschicht. Dadurch lässt sich die Höhe der Spannung verändern. Über eine elektronische Schaltung wird dieses Signal dann an die Lautsprecher weitergeleitet.

6. Worin besteht bei einem Mischpult der Vorteil eines Schiebereglers gegenüber einem Drehpotentiometer?

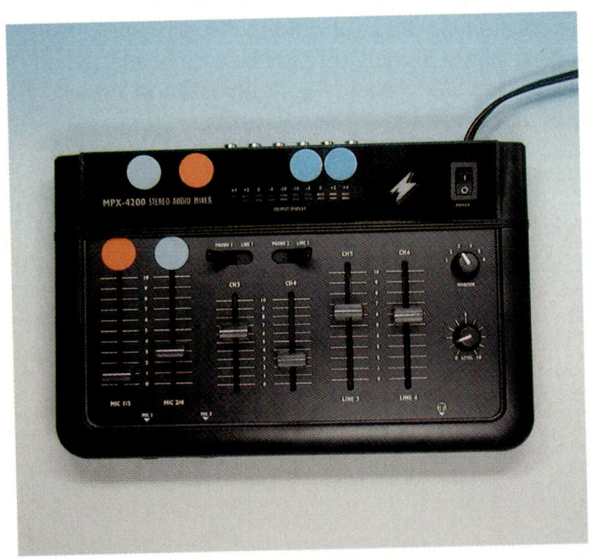

Messen von Widerständen

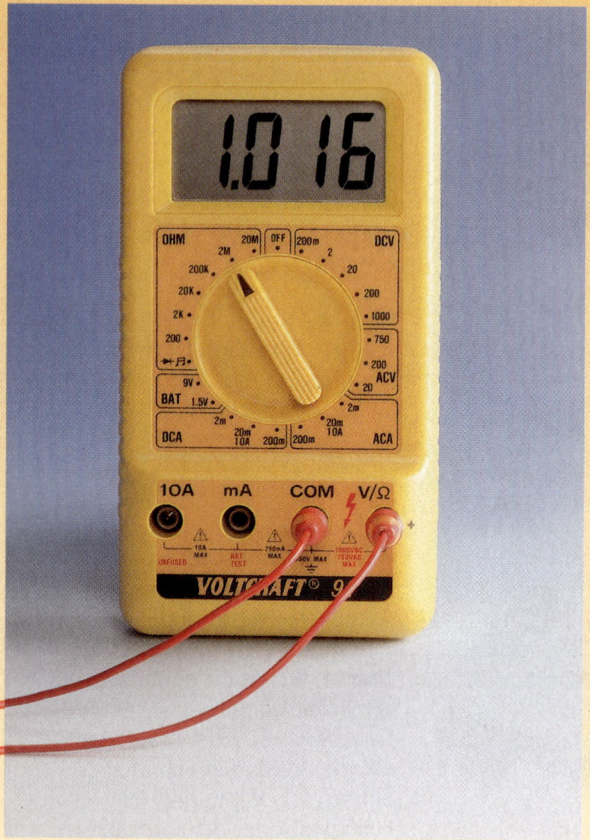

1 Vielfachmessgerät

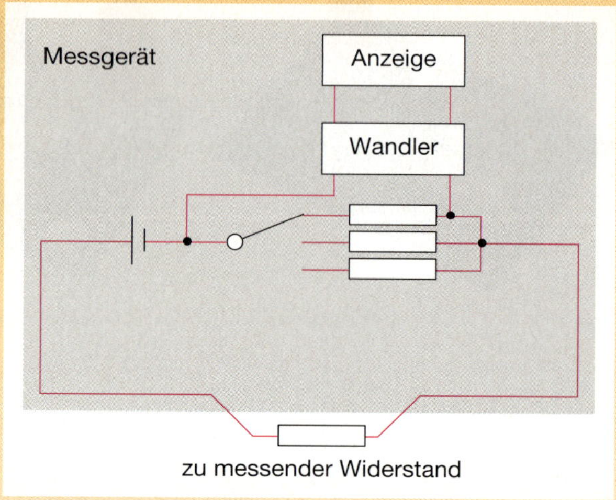

2 Schaltung zur Widerstandsmessung

Messgerät

Mit Vielfachmessgeräten lassen sich neben Spannung und Stromstärke auch die Werte von Widerständen messen. In Bild 1 steht der Wahlschalter eines solchen Gerätes auf diesem Bereich. Für eine Messung können geeignete Messbereiche eingestellt werden. Die Anzeige des gemessenen Widerstandswertes erfolgt auf dem Display.

Messungen

Die Messung des elektrischen Widerstandes erfolgt in einem indirekten Verfahren. Die Basis dafür bietet die Spannungsmessung an einem Widerstand. Auf Bild 2 siehst du den Schaltplan für eine Widerstandsmessung. Das Messgerät muss zur Messung mit einer eigenen Stromquelle ausgestattet sein. Dies ist in der Regel eine Batterie im Gehäuse.

Für die Widerstandsmessung sind im Messgerät die Stromquelle und ein Widerstand in Reihe geschaltet. Ein elektronisches Bauteil stellt die Verbindung zur Anzeige her. Die Anschlüsse für den zu messenden Widerstand sind über Steckbuchsen und Kabel nach außen geführt.

Bei Verbindung der Anschlusskabel miteinander entsteht ein geschlossener Stromkreis. Die gesamte Spannung liegt an einem der gewählten Widerstände im Inneren des Messgerätes an. Ihren Wert wandelt das elektronische Bauteil so um, dass in der Anzeige 00,0 Ω erscheint.
Wird nun über die Messkabel ein äußerer Widerstand in den Kreis geschaltet, ändern sich – wie in einer Reihenschaltung – die Spannungsverhältnisse. Bedingt durch den zweiten Widerstand tritt jetzt am Widerstand im Messgerät eine andere Spannung auf. Ihr Wert wird umgewandelt und als Größe des zu bestimmenden Widerstandes auf der Anzeige ausgegeben.

Der Widerstand eines Leiters ist temperaturabhängig

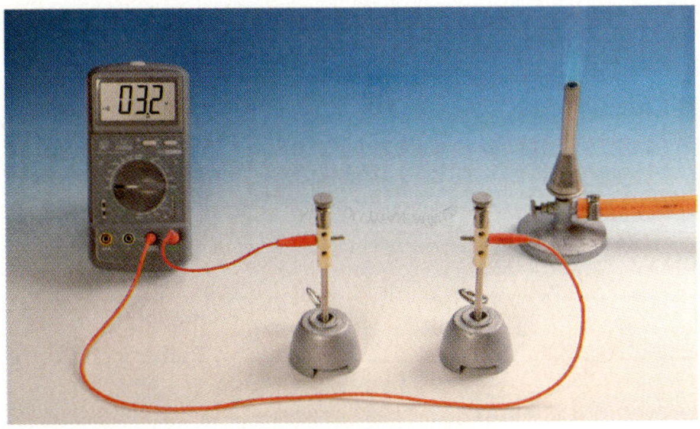
1 Ein Widerstandsdraht im Wärmetest

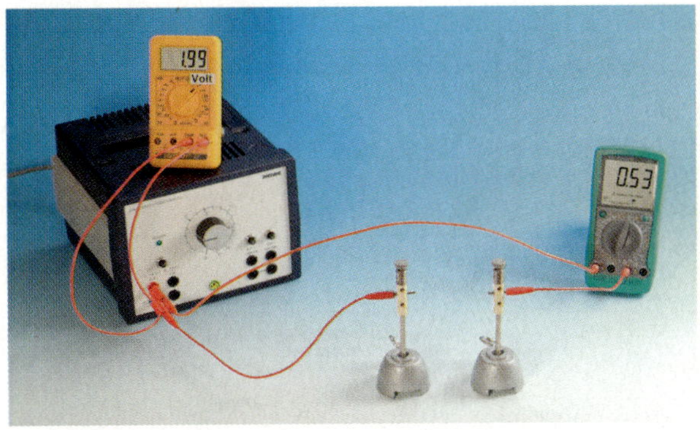
2 Bestimmung des elektrischen Widerstandes

1. a) Wickle einen 50 cm langen Eisendraht mit einem Durchmesser von 0,2 mm zu einer Wendel. Baue einen Versuch wie in Bild 1 auf und miss den Widerstand. Verwende dazu ein Vielfachmessgerät.
b) Erwärme die Drahtwendel vorsichtig mit einer Brennerflamme bis zur Rotglut. Beobachte dabei die Anzeige des Widerstandsmessgerätes. Was stellst du fest?

2. a) Baue den Versuch nach Bild 2 auf und spanne in die Prüfstrecke eine Wendel aus einem 50 cm langen Eisendraht mit einem Durchmesser von 0,2 mm. Erhöhe die Spannung schrittweise von 0 V um je 0,5 V bis zu einem Wert von 14 V. Notiere die Messwerte in einer Tabelle.
b) Errechne aus den Werten die Widerstandswerte.

U in V	*I* in A	*R* in Ω

3. a) Wiederhole Versuch 2 mit einem 50 cm langen Konstantandraht mit einem Durchmesser von 0,2 mm.
b) Vergleiche die berechneten Widerstandswerte aus den Versuchen 2 und 3.

4. Zeichne mithilfe der Messwerte aus den Versuchen 2 und 3 ein Spannung-Stromstärke-Diagramm. Vergleiche die Grafen und interpretiere die Darstellung.

Widerstand und Temperatur

Der Widerstandswert eines Leiters verändert sich mit der Länge und dem Querschnitt des Leiters. Auch das Material des Leiters hat Einfluss auf den Widerstandswert.
Bei elektrischen Leitern beispielsweise aus Eisen oder Kupfer ist der Widerstand zusätzlich von der Temperatur abhängig. Je höher die Temperatur steigt, desto größer ist auch der Widerstandswert. Bei Rotglut des Leiters ist er besonders hoch. Die Temperaturerhöhung kann durch Erwärmung von außen erfolgen (Bild 1). Sie kann aber auch durch hohe Stromstärke im Leiter wie in einer Glühlampe erfolgen.
Es gibt aber auch Materialien, deren elektrischer Widerstand nicht von der Temperatur abhängt. Ein Beispiel ist die Legierung **Konstantan.** Sie besteht zu 60 % aus Kupfer und zu 40 % aus Nickel.

Widerstandsthermometer

Die Temperaturabhängigkeit von elektrischen Leitern wird beim Bau von elektrischen Thermometern genutzt. In einen Stromkreis mit konstanter Spannung wird ein elektrischer Leiter als Temperaturfühler mit einem Strommessgerät in Reihe geschaltet. Jeder gemessene Wert der Stromstärke entspricht einer bestimmten Temperatur. Damit lässt sich die Skala für die Stromstärke in eine Temperaturskala umwandeln.

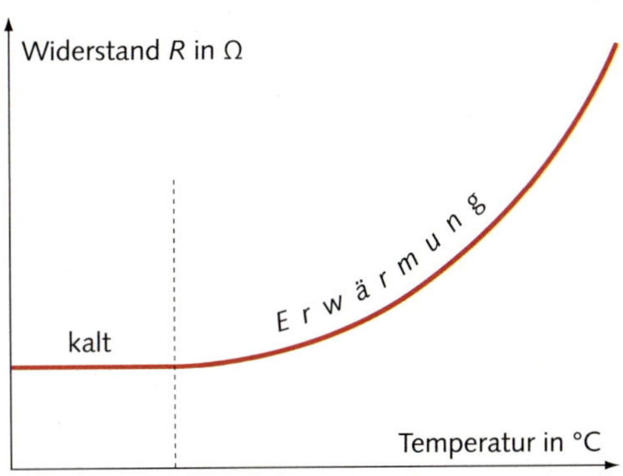

3 Temperaturabhängigkeit eines Widerstandes

■ Der Widerstand eines Leiters ist von seiner Temperatur abhängig. Je höher die Temperatur ist, desto größer ist der Widerstand des Leiters. Eine Ausnahme bildet Konstantan.

Widerstände in der Reihenschaltung

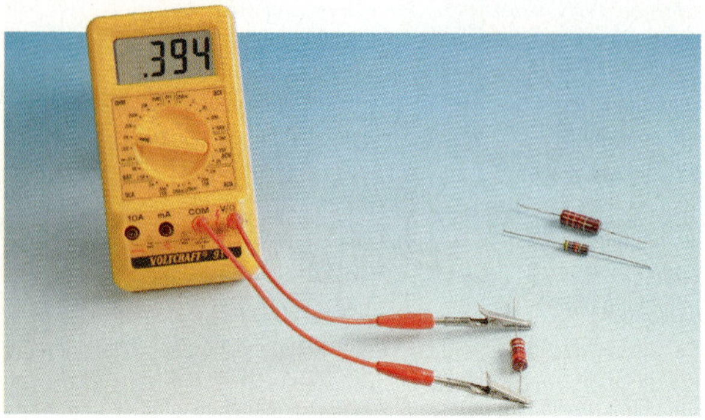

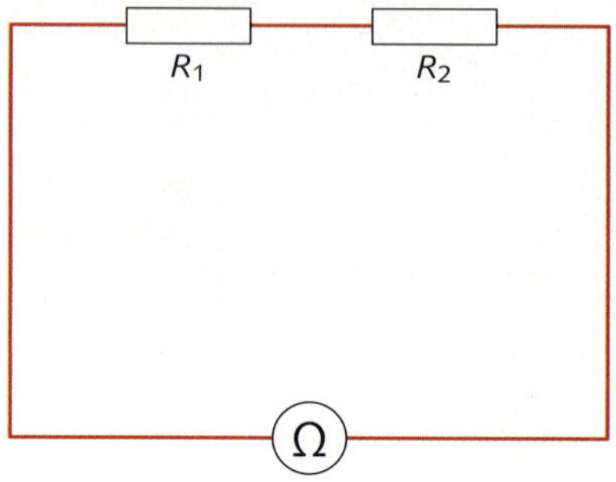

1 Widerstandsmessung in der Reihenschaltung

1. a) Miss mithilfe eines Vielfachmessgerätes die Widerstandswerte von drei Keramikwiderständen. Trage die Werte in eine Tabelle ein.
b) Bestimme die Werte für die Widerstände aus Versuch a) mit dem internationalen Widerstandsfarbcode. Trage sie ebenfalls in die Tabelle ein und vergleiche.

	R_1 in Ω	R_2 in Ω	R_3 in Ω
Wert aus Messung			
Wert nach Farbcode			

2. a) Schalte die Widerstände aus Versuch 1 in Reihe. Miss nacheinander den Widerstandswert über ein, zwei und drei Widerstände. Notiere die Werte.
b) Vergleiche die Messwerte mit den Ergebnissen aus Versuch 1. Was stellst du fest?

3. Drei Widerstände mit den Werten 47 Ω, 220 Ω und 470 Ω sind hintereinander geschaltet. Berechne die Größe des Gesamtwiderstandes.

4. Vier Widerstände mit den Werten 180 Ω, 1,2 kΩ, 560 Ω und 1,7 MΩ sind in Reihe geschaltet. Berechne den Wert des Ersatzwiderstandes.

5. Der Ersatzwiderstand einer Schaltung beträgt 1240 Ω. Dabei hat R_1 einen Wert von 220 Ω, R_3 einen Wert von 470 Ω. Wie groß ist R_2?

Bestimmung des Widerstandes
Werden in einem Stromkreis Widerstände in Reihe geschaltet, fließen die Elektronen nacheinander durch alle Widerstände. Die Widerstände zusammen bestimmen die elektrische Stromstärke. Der Wert der Stromstärke verringert sich, wenn bei konstanter Spannung weitere Widerstände hintereinander in den Stromkreis geschaltet werden. Der Widerstand kann aus den Messungen von Spannung und Stromstärke errechnet werden.

Gesamtwiderstand berechnen
Ein einzelner Widerstand kann die gleiche Wirkung erzielen wie zwei andere. Das ist dann der Fall, wenn die Summe ihrer Widerstandswerte mit dem Wert des einzelnen Widerstandes übereinstimmt. Auch drei Widerstände können durch einen einzelnen Widerstand ersetzt werden, wenn sein Wert der Summe der Werte der drei einzelnen Widerstände entspricht. Die Summe der Werte der Einzelwiderstände ergibt den Wert des **Gesamtwiderstandes R_{ges}**. Der Gesamtwiderstand in einer Reihenschaltung mit drei Einzelwiderständen wird berechnet mit der Formel:

$$R_{ges} = R_1 + R_2 + R_3$$

Ersatzwiderstand messen
Anstelle von mehreren, hintereinander geschalteten Widerständen kannst du auch einen einzelnen Widerstand mit dem Wert des Gesamtwiderstandes verwenden. Er wird **Ersatzwiderstand** genannt. Anstelle einer Messung von Spannung und Stromstärke kann der Wert des Ersatzwiderstandes auch direkt bestimmt werden. Für die Messung müssen Anfang und Ende der Widerstände in Reihenschaltung mit dem Messgerät verbunden werden.

■ In der Reihenschaltung addieren sich die Werte der Einzelwiderstände zu einem Gesamtwiderstand.

Widerstände in der Parallelschaltung

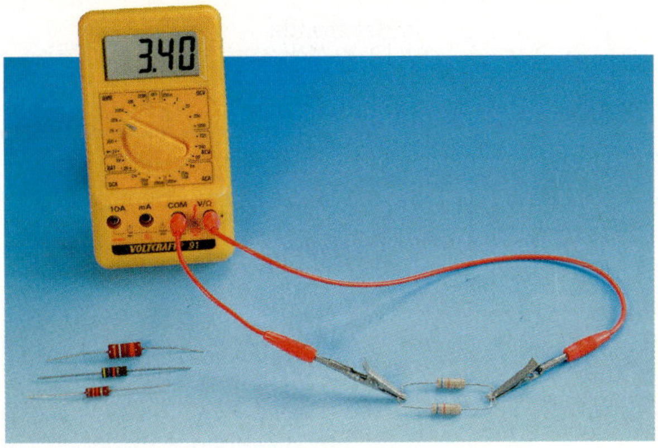

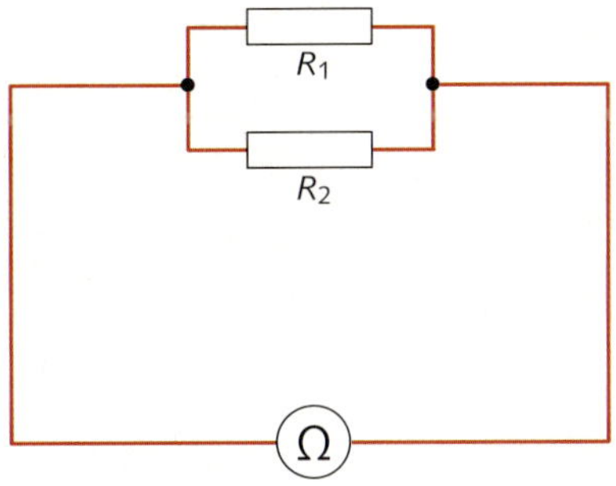

1 Widerstandsmessung in der Parallelschaltung

1. Bestimme die Widerstandswerte für zwei gleiche Keramikwiderstände mit dem Widerstandsfarbcode und notiere sie.

2. Schalte die Widerstände parallel. Bestimme mit einem Messgerät den Widerstandswert. Notiere den Wert in der Tabelle und vergleiche mit den Einzelwerten.

R_1 in Ω	R_2 in Ω	$R_1 \parallel R_2$ in Ω

3. Wiederhole Aufgabe 1 und Versuch 2 für zwei ungleiche Widerstände. Was stellst du fest?

4. a) Miss die Werte von drei ungleichen Widerständen.
b) Schalte die drei Widerstände parallel, miss ihren Gesamtwiderstand.
c) Vergleiche den Gesamtwiderstand mit den Werten der Einzelwiderstände. Was stellst du fest?

5. a) Drei Widerstände $R_1 = 20\ \Omega$, $R_2 = 30\ \Omega$ und $R_3 = 60\ \Omega$ sind parallel geschaltet. Schätze ab, welchen Wert der Widerstand haben muss, der sie ersetzen kann.
b) Berechne den Ersatzwiderstand. Beachte, dass du vor der Angabe des Gesamtwiderstandes nochmals den Kehrwert bilden musst.

Gesamtwiderstand berechnen

Bei einer Parallelschaltung von Widerständen im Stromkreis werden den fließenden Elektronen jeweils mehrere Stromwege angeboten. Bei gleicher Spannung können dann in der selben Zeit mehr Elektronen im Stromkreis fließen. Der Gesamtwiderstand verringert sich demnach mit jedem zusätzlich parallel geschalteten Einzelwiderstand.
Bei zwei gleich großen, parallel geschalteten Widerständen ergibt sich ein Gesamtwiderstand mit dem halben Wert der Einzelwiderstände. Sind die Widerstände ungleich groß, ist ihr Gesamtwiderstand kleiner als der kleinste der Einzelwiderstände. Dies gilt auch, wenn weitere Widerstände hinzugeschaltet werden. Der Gesamtwiderstand in einer Parallelschaltung mit drei Einzelwiderständen wird berechnet mit der Formel:

$$\frac{1}{R_{ges}} = \frac{1}{R_1} + \frac{1}{R_2} + \frac{1}{R_3}$$

Um den Wert für den Gesamtwiderstand R_{ges} zu erhalten, musst du die Kehrwerte addieren und nach der Addition den Kehrwert bilden.

Ersatzwiderstand messen

Neben der Berechnung des Ersatzwiderstandes und der Messung von Spannung und Stromstärke ist es ebenfalls möglich, den Gesamtwiderstand bei der Parallelschaltung mit einem Vielfachmessgerät direkt zu messen.

■ In einer Parallelschaltung verringert sich der Gesamtwiderstand mit jedem zugeschalteten Einzelwiderstand.

Berechnung von Widerständen

Widerstände in Reihenschaltungen

1. Zwei Widerstände mit 12 Ω und 18 Ω sind in Reihe geschaltet. Wie groß ist der Gesamtwiderstand?

$R_{ges} = R_1 + R_2$

$R_{ges} = 12\ \Omega + 18\ \Omega$

$\underline{\underline{R_{ges} = 30\ \Omega}}$

2. Zwei Widerstände mit 10 Ω und 40 Ω sind in Reihe an eine Stromquelle mit einer Spannung von 10 V angeschlossen. Wie groß ist die Stromstärke im Stromkreis?

1. Schritt: Berechnung des Gesamtwiderstandes R_{ges}

$R_{ges} = R_1 + R_2$

$R_{ges} = 10\ \Omega + 40\ \Omega$

$\underline{\underline{R_{ges} = 50\ \Omega}}$

2. Schritt: Berechnung der Stromstärke I

$I = \frac{U}{R} \qquad I = \frac{10\ \text{V}}{50\ \Omega}$

$\underline{\underline{I = 0{,}2\ \text{A}}}$

3. Zwei Widerstände mit 40 Ω und 60 Ω liegen in Reihe an 12 V. Wie groß sind die Teilspannungen?

1. Schritt: Berechnung des Gesamtwiderstandes R_{ges}

$R_{ges} = R_1 + R_2$

$R_{ges} = 40\ \Omega + 60\ \Omega$

$\underline{\underline{R_{ges} = 100\ \Omega}}$

2. Schritt: Berechnung der Stromstärke I

$I = \frac{U}{R} \qquad I = \frac{12\ \text{V}}{100\ \Omega}$

$\underline{\underline{I = 0{,}12\ \text{A}}}$

3. Schritt: Berechnung der Teilspannungen U_1 und U_2

$U_1 = I \cdot R_1 \qquad U_1 = 0{,}12\ \text{A} \cdot 40\ \Omega$

$\underline{\underline{U_1 = 4{,}8\ \text{V}}}$

$U_2 = I \cdot R_2 \qquad U_2 = 0{,}12\ \text{A} \cdot 60\ \Omega$

$\underline{\underline{U_2 = 7{,}2\ \text{V}}}$

Formeln für die Reihen- und Parallelschaltung

Reihenschaltung: Die Widerstandswerte ergeben durch Addition den Wert des Gesamtwiderstandes.

$$R_{ges} = R_1 + R_2 + R_3$$

Der Ersatzwiderstand ist so groß wie die Summe der Einzelwiderstandswerte.

In einer Reihenschaltung ist die Stromstärke überall konstant. Die Spannung wird im Verhältnis der Größe der Widerstände aufgeteilt. Die Werte der Teilspannungen addieren sich zum Wert der Gesamtspannung.

$$I_{ges} = I_1 = I_2 = I_3$$
$$U_{ges} = U_1 + U_2 + U_3$$

Parallelschaltung: Die Summe der Kehrwerte der Einzelwiderstandswerte ergibt den Kehrwert des Gesamtwiderstandes.

$$\frac{1}{R_{ges}} = \frac{1}{R_1} + \frac{1}{R_2} + \frac{1}{R_3}$$

Bei der Parallelschaltung ist die Spannung an allen Widerständen gleich. Die Gesamtstromstärke in einer Parallelschaltung teilt sich auf die einzelnen Widerstände auf. Durch den kleineren Widerstand fließt die größere Elektronenmenge. Der Wert der Gesamtstromstärke ist gleich der Summe der Werte der Einzelstromstärken.

$$U_{ges} = U_1 = U_2 = U_3$$
$$I_{ges} = I_1 + I_2 + I_3$$

Widerstände in Parallelschaltungen

1. Zwei Widerstände mit 12 Ω und 18 Ω sind parallel geschaltet. Wie groß ist der Gesamtwiderstand?

1. Schritt: Einsetzen

$\frac{1}{R_{ges}} = \frac{1}{R_1} + \frac{1}{R_2}$

$\frac{1}{R_{ges}} = \frac{1}{12\ \Omega} + \frac{1}{18\ \Omega}$

2. Schritt: Hauptnenner bilden

$\frac{1}{R_{ges}} = \frac{3}{36\ \Omega} + \frac{2}{36\ \Omega}$

$\frac{1}{R_{ges}} = \frac{5}{36\ \Omega}$

3. Schritt: Kehrwert bilden

$R_{ges} = \frac{36\ \Omega}{5}$

$\underline{\underline{R_{ges} = 7{,}2\ \Omega}}$

2. Zwei Widerstände mit 12 Ω und 18 Ω sind bei einer Spannung von 4,5 V parallel geschaltet. Wie groß sind die Teilstromstärken und die Gesamtstromstärke?

1. Schritt: Berechnung der Teilstromstärken I_1 und I_2

$I_1 = \frac{U}{R_1} \qquad I_1 = \frac{4{,}5\ \text{V}}{12\ \Omega}$

$\underline{I_1 = 0{,}375\ \text{A}}$

$I_2 = \frac{U}{R_2} \qquad I_2 = \frac{4{,}5\ \text{V}}{18\ \Omega}$

$I_2 = 0{,}25\ \text{A}$

2. Schritt: Berechnung der Gesamtstromstärke I_{ges}

$I_{ges} = I_1 + I_2$

$I_{ges} = 0{,}375\ \text{A} + 0{,}25\ \text{A}$

$\underline{\underline{I_{ges} = 0{,}625\ \text{A}}}$

Zusatz:
Dieser Wert ergibt sich auch, wenn die Spannung durch den Wert des Ersatzwiderstandes geteilt wird.

$I_{ges} = \frac{U}{R_{ges}}$

$I_{ges} = \frac{4{,}5\ \text{V}}{7{,}2\ \Omega}$

$\underline{\underline{I_{ges} = 0{,}625\ \text{A}}}$

2000 Jahre Geschichte der Elektrizität

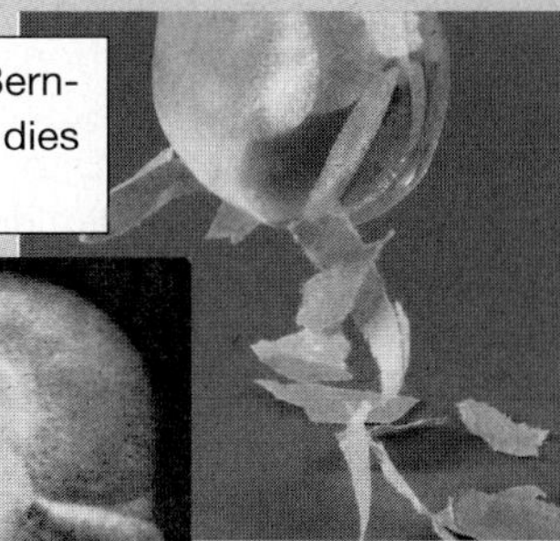

Elektron (griechisch) = Bernstein. Wird Bernstein gerieben, lädt er sich elektrisch auf; dies ist seit über 2000 Jahren bekannt.

Galvani, Luigi; Italiener, entdeckte etwa 1790, dass Froschschenkel zucken, wenn sie mit zwei verschiedenen Metallen in Berührung kommen; er nahm an, in den Muskeln sei „tierische Elektrizität“.

1737 – 1798

Batterie; Gerät, in dem auf chemischem Wege Elektrizität erzeugt wird; von Volta erstmals aus Kupfer- und Zinkplatten und Salzlösung hergestellt.

Volta, Alessandro; Italiener, Gegner Galvanis; konnte nachweisen, dass die Elektrizität nicht in den Muskeln von Fröschen ist, sondern erst entsteht, wenn verschiedene Metalle die Muskeln berühren; baute daraufhin 1800 die erste Batterie; führte Napoleon mit seiner Batterie elektrische Versuche vor.
Nach ihm ist die Einheit der elektrischen Spannung Volt (V) benannt.

1745 – 1827

Oersted, Christian; Däne; entdeckte um 1820 zufällig, dass ein elektrischer Gleichstrom eine Kompassnadel ablenkt.

1777 – 1851

Ampère, André Marie; Franzose; ging der Entdeckung Oersteds weiter nach; fand heraus, dass die Kompassnadel bei stärkerem Strom mehr ausschlägt, dass die Änderung der Stromrichtung auch den Ausschlag der Magnetnadel ändert und dass eine Leiterspule im Gleichstromkreis wie ein Stabmagnet wirkt.
Nach ihm ist die Einheit der elektrischen Stromstärke Ampere (A) benannt.

1775 – 1836

Ohm, Georg Simon; Deutscher; entdeckte um 1825 den Zusammenhang zwischen Spannung und Stromstärke und nannte ihn Widerstand; er untersuchte auch die Abhängigkeit des Widerstandes von der Beschaffenheit des Leiters (Material, Länge, Durchmesser).
Nach ihm ist die Einheit des elektrischen Widerstandes Ohm (Ω) benannt.

1787 – 1854

Wie entstehen Blitz und Donner?

1. a) Demonstrationsversuch: Mit der Influenzmaschine werden Blitze erzeugt. Dabei wird ein Stück Papier zwischen die Kugeln gehalten.
b) Schau dir das Papier gegen das Licht genau an. Was stellst du fest?

2. Zähle Möglichkeiten auf, wo es im Alltag zu kleinen Entladungen oder Blitzen kommen kann.

1 Gewitterwolke mit Erdblitz

Große und kleine Blitze

Es blitzt und kracht. Ein Gewitter ist aufgezogen. Im Kleinen kannst du dies beobachten, wenn du mit den Fingern über den Schirm eines Bildröhren-Fernsehers streichst. Es knistert und im Dunkeln kannst du kleine Blitze sehen. Die Oberfläche der Bildröhre hat sich während des Betriebes elektrisch aufgeladen. Es haben sich geladene Teilchen an der Oberfläche angesammelt. Kommst du mit deinen Fingern dicht an die Bildröhre, können Ladungen überspringen. Es kommt zum Ladungsausgleich.

Ladungstrennung beim Gewitter

Vor einem Gewitter erhitzt die Sonne die Erde und die Luft darüber. Wenn aufsteigende warme Luft viel Wasserdampf enthält, kondensiert dieser in großen Höhen zu Wasser. Es entsteht eine Wolke, die immer höher wächst. Manchmal wird daraus eine Gewitterwolke. Im Innern dieser Wolke gibt es kräftige Aufwinde. Sie bewirken, dass Regentropfen so hoch nach oben geschleudert werden, dass sie zu Eis werden. Stoßen aufsteigende und hinabfallende Teilchen aus Wasser oder Eis aneinander, werden Ladungen getrennt (Bild 2A).

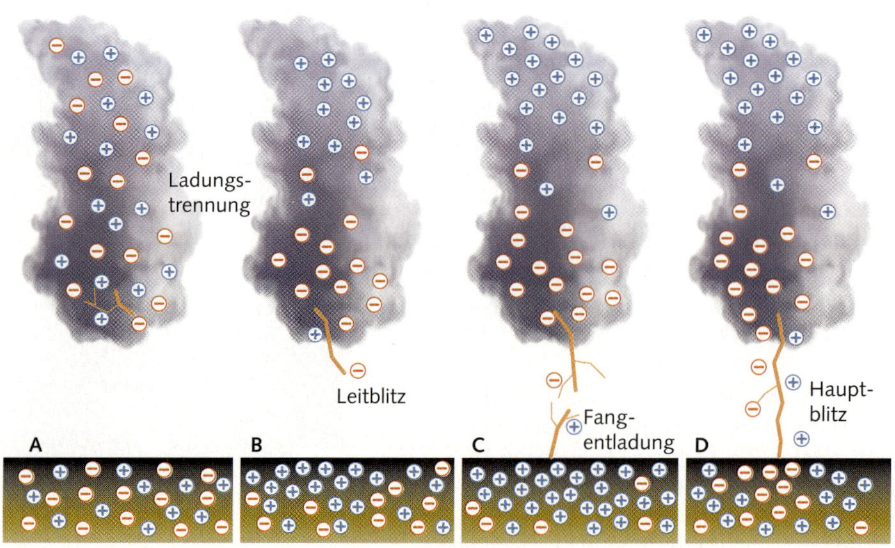

2 Die Vorgänge bei der Entstehung von Erdblitzen

Blitzentladungen

Zwischen den Bereichen mit unterschiedlicher elektrischer Ladung herrschen Spannungen von vielen Millionen Volt. Neun von zehn Blitzen finden innerhalb der Wolken statt. Es kommt aber auch zu Blitzen zwischen Wolke und Erde. An der Erdoberfläche sammeln sich Ladungen, die zur Ladung der Wolke entgegengesetzt sind. Ist die Spannung hoch genug, macht zunächst ein Leitblitz die Luft leitfähig (Bild 2B). Ihm wachsen vom Boden aus Fangentladungen entgegen (Bild 2C). Treffen sich beide, kommt es zur Hauptentladung, dem Hauptblitz (Bild 2D). Die auftretenden Stromstärken erreichen vermutlich weit über 100 000 A.
Der Blitz hat nur einen Durchmesser von etwa 12 mm, das grelle Licht lässt ihn breiter erscheinen. Seine Länge kann mehrere Kilometer betragen.

Erfindung des Blitzableiters

Franklin erforscht Gewitter

Benjamin Franklin (1706–1790), ein amerikanischer Forscher und Politiker, vermutete eine Verbindung zwischen Gewitterblitzen und elektrischer Entladung. Franklin bespannte einen Drachen mit seidenem Tuch und befestigte an dessen oberem Ende einen spitzen Draht, der 30 cm über das Drachenkreuz hinausragte. Dieser Draht sollte das „elektrische Feuer" aus der Gewitterwolke ziehen und einen Eisenschlüssel „elektrifizieren". An diesem befand sich ein Büschel Seidenfäden. Er vermutete, dass sich die Seidenfäden durch die Aufladung voneinander abspreizen müssten.
1752 ließ Franklin bei einem Gewitter den Drachen steigen. Ein Blitz traf den Drachen und die Seidenfäden standen tatsächlich durch die elektrische Ladung nach allen Seiten gleichmäßig ab.
Mit diesem gefährlichen Experiment, bei dem Franklin nur durch einen glücklichen Zufall nicht ums Leben kam, hatte er den Beweis für die elektrischen Eigenschaften eines Blitzes erbracht.

1 Franklins Experiment im Juni 1752

Der erste Blitzableiter

Um Gebäude vor Blitzeinschlag zu schützen, montierte Franklin eine Eisenstange auf dem Dach eines Hauses. Sie überragte den Schornstein deutlich. Diese Fangstange wurde entlang der Hauswand durch einen Draht mit dem Erdreich verbunden. Franklin beschrieb, warum dieser Aufbau vor Blitzeinschlag schützt. Er nimmt die Blitze auf und führt sie in das feuchte Erdreich ab. Die Gebäude bleiben unversehrt. Der **Blitzableiter** war erfunden. Heute haben viele Gebäude Blitzableiter und zum Teil sehr aufwändige Blitzschutzeinrichtungen. Öffentliche Gebäude und gefährdete Industrieanlagen müssen nach dem Gesetz einen Blitzschutz haben.

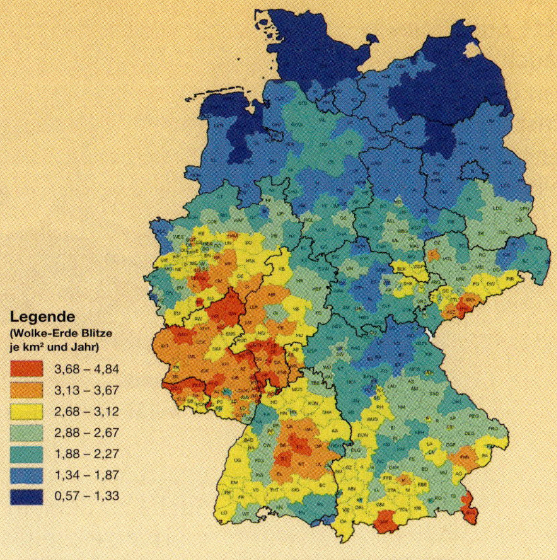

2 Blitzhäufigkeit in Deutschland

Energiegewinnung aus Blitzen?

Die Erde wird in jeder Sekunde von durchschnittlich 100 Blitzen getroffen. Über Deutschland werden jährlich ungefähr 1,5 Millionen Blitze registriert. Doch ihre elektrische Energie verschwindet ungenutzt. Die aus dieser Energie errechnete elektrische Leistung beträgt mehrere Milliarden Kilowatt. Alle Kraftwerke weltweit haben zusammen nur eine Leistung von 120 Millionen kW. Doch die Blitze dauern nur einige Millionstel Sekunden und es gibt noch keine Möglichkeit, diese gewaltige, kurzzeitig auftretende Energiemenge zu speichern. Deshalb können Blitze bis heute nicht zur elektrischen Energiegewinnung genutzt werden.

3 Blitzableiter auf einem Reetdach

Methode

Informationen suchen

Für Hausarbeiten, Referate und Projekte oder auch für Aktivitäten in deiner Freizeit brauchst du immer wieder Informationen. Du solltest in der Lage sein, diese selbstständig zu finden und auszuwerten.

1 **Wissen heißt nicht nur wissen, wo es steht.**

Dabei geht es nicht nur darum, Fakten zu sammeln. Erst durch die Aufbereitung werden Informationen für dich nutzbar. Es ist jedoch oft schwierig, Wesentliches und Unwesentliches voneinander zu trennen.

2 **Bücher geben erste Informationen.**

Suche zu deinem Thema im Stichwortverzeichnis oder Register am Ende des Lehrbuches passende **Stichworte.** Seitenangaben bringen dich direkt auf die entsprechenden Seiten. Lies diese Seiten und verschaffe dir Grundkenntnisse.
Weitere Kenntnisse über das Thema kannst du dir mithilfe eines **Lexikons** verschaffen. Oft findest du hier auch Querverweise zu neuen Stichwörtern und kannst dein Wissen zum Thema schrittweise erweitern.

3 **Millionen „vernetzter" Informationen**

Verzeichnis der Quellen

Wenn du Informationen aus Büchern, Zeitschriften oder dem Internet nutzt, musst du das **Urheberrecht** beachten. Erstelle eine Übersicht über die genutzten Bücher, Zeitschriften und Internetseiten. Notiere bei Websites den Tag des Zugriffes, da diese häufig geändert werden.

1. Erstelle zum Thema Gewitter eine Stichwortliste. Suche Informationen im Lehrbuch.

2. Ergänze deine Liste durch weitere verwandte Begriffe wie Blitzableiter. Ergänze dein Wissen aus Sachbüchern.

3. Suche im Internet mithilfe von Suchmaschinen nach weiterführenden Informationen zu Begriffen wie Naturgewalten oder BENJAMIN FRANKLIN.

Zu vielen Themen gibt es **Sachbücher** in einer Bibliothek. Auch deine Lehrerin oder dein Lehrer kann dir Bücher empfehlen. Verschaffe dir zunächst mit dem Inhaltsverzeichnis oder dem Register einen Überblick.
Mit dem **Internet** steht dir ein sich ständig erneuerndes Nachschlagewerk zur Verfügung. Mit **Suchmaschinen** bekommst du eine Liste von Webseiten, die deinen eingegebenen Begriff enthalten. Das können sehr viele Seiten sein. Benutze deshalb mehrere **Suchwörter** und kombiniere diese. In einer Liste werden die betreffenden Seiten kurz beschrieben. Entscheide mit dieser Beschreibung, ob für dich brauchbare Informationen enthalten sein könnten. Nutze nur die Informationen, die für dein spezielles Thema von Bedeutung sind.
Ordne die erhaltenen Informationen und stelle Querverbindungen her. Ersetze Fremdwörter oder liefere eine Erklärung für sie. Fasse die wesentlichen Inhalte in Form von Merksätzen zusammen.

Erstellen einer Sachmappe

1 So könnte eine Sachmappe aussehen.

Eine Sachmappe ist eine Materialsammlung zu einem bestimmten Sachgebiet. In ihr werden Informationen zusammengefügt, die aus verschiedenen Quellen stammen. Mit einer Sachmappe erstellst du ein persönliches Nachschlagewerk. Als Sachmappe eignet sich ein Ordner, dessen Inhalt immer wieder ergänzt werden kann.

Inhalt der Sachmappe

In eine Sachmappe zum Thema „Blitz und Donner" gehören persönliche Aufzeichnungen, Prospekte, Bilder, Diagramme, Zeitungsausschnitte und Ausdrucke von Texten, die von dir am Computer erstellt oder bearbeitet wurden. Auch Informationen, die nicht unmittelbar das Unterrichtsthema betreffen, können verwendet werden. So könnte erkundet werden, welche Vorstellungen die Menschen in früheren Zeiten von Blitzen hatten. Zur Veranschaulichung kann die Mappe mit selbst gezeichneten Bildern ergänzt werden.

Vorgehensweise beim Erstellen einer Sachmappe

- Sammle Materialien zum Thema „Blitz und Donner" und lege sie in Transparenthüllen. Wende dich an Einrichtungen, die mit Gewittern zu tun haben wie Wetterstationen oder Firmen, die Blitzableiter installieren.
- Sortiere die Materialien in zusammengehörende Bereiche wie Entstehung von Gewittern, Vorgänge beim Blitz, Verhaltensregeln bei Gewitter, Erlebnisberichte.
- Wähle die geeigneten Materialien aus.
- Wähle eine Form und ein Format für deine Sachmappe, zum Beispiel einen DIN A4-Ordner.
- Klebe kleinere Zeitungsausschnitte, Fotos und Blätter auf und schreibe Anmerkungen dazu.
- Gestalte die einzelnen Seiten übersichtlich und informativ. Verwende aussagekräftige Bilder. Achte darauf, nicht zu viele Informationen auf einmal zu präsentieren. Gib jeder Seite eine Überschrift.
- Gestalte ein Deckblatt und erstelle ein Inhaltsverzeichnis. Dazu musst du die Seiten nummerieren, wenn du deine Sammelmappe abgeschlossen hast.
- Erstelle eine Übersicht mit den Quellen, aus denen die Informationen stammen. Wenn du Internetseiten verwendet hast, gib auch das Zugriffsdatum an.

2 So entsteht eine Sachmappe.

Gefahren durch Blitzschlag

1. Recherchiere im Internet oder in der Tageszeitung über Unglücksfälle durch Blitzschlag. Was haben alle Unfälle gemeinsam?

2. Informiere dich darüber, wo du bei Gewitter besonders gefährdet bist. Überlege und notiere, wie du diese Gefahren vermeiden kannst.

3. Wie kommt es zu der zerstörerischen Wirkung von Blitzen, die in Bäume einschlagen?

4. Was haben eine lange Eisenstange, wie BENJAMIN FRANKLIN sie als Blitzableiter benutzte, und ein Regenschirm gemeinsam?

Gefahren
Ein Gewitter bedeutet für dich vor allem dann Gefahr, wenn du dich im Freien aufhältst. Erdblitze schlagen bevorzugt in erhöhte Objekte ein. Das kann ein Baum, ein Mast oder du selbst kannst es sein, vor allem wenn du auf einem Hügel stehst. Dabei kann dich der Blitz direkt treffen. Eine andere Möglichkeit ist, dass der Blitz in ein Objekt einschlägt und dann auf dich überspringt. Trifft dich der Blitz, rufen die hohen Temperaturen Verbrennungen hervor. Die hohen Stromstärken sind lebensgefährlich.

Schrittspannung
Ein Blitz kann auch gefährlich sein, wenn er in deiner Nähe einschlägt. Die Spannung breitet sich im Boden kreisförmig um den Einschlagspunkt aus und nimmt dabei ab. Stehst du in diesem Bereich, baut sich zwischen deinen Füßen eine **Schrittspannung** auf. Ist sie über 60 V hoch, entsteht in deinem Körper eine gefährliche Stromstärke. Sie kann zum Herzstillstand führen. Gehst du mit geschlossenen Füßen in die Hocke, kannst du eine hohe Schrittspannung vermeiden.

1 Schrittspannung bei einem Naheinschlag

Verhalten bei Gewitter
Informiere dich vor Wanderungen über mögliche Wetteränderungen. Überrascht dich dennoch ein Gewitter im Freien, solltest du zu deinem eigenen Schutz Folgendes beachten:

- Meide die direkte Nähe von einzelnen Bäumen und Masten, von denen der Blitz auf dich überschlagen kann.
- Verlasse ungeschützte Plätze wie Fußballfelder.
- Benutze keinen Regenschirm.
- Verlasse so schnell wie möglich das Wasser, wenn du schwimmst oder Boot fährst.
- Bist du mit dem Fahrrad unterwegs, stelle es ab und entferne dich mindestens 3 m von ihm.
- Suche eine Mulde und gehe mit geschlossenen Füßen in die Hocke.

Erste Hilfe bei Blitzschlag
Ist ein Mensch durch einen Blitzeinschlag verletzt worden, musst du ärztliche Hilfe über den **Notruf 112** anfordern. Gleichzeitig müssen folgende Maßnahmen der Ersten Hilfe durchgeführt werden:

- Überprüfe Bewusstsein, Atmung und Kreislauf. Führe gegebenenfalls wiederbelebende Maßnahmen durch.
- Um den Kreislauf zu stabilisieren, lege dem Unfallopfer die Beine hoch. Bei Bewusstlosigkeit ist die stabile Seitenlage wichtig.
- Beruhige den Verletzten und lass ihn nicht allein.
- Decke das Opfer zum Schutz vor Auskühlung mit einer Decke oder Rettungsfolie zu.
- Decke Verbrennungen mit sterilem Verbandsmaterial ab.

Schäden durch Blitzschlag

Viel häufiger als Menschen trifft der Blitz Gebäude und elektrische Anlagen. Ein direkter Blitzeinschlag kann die Balken eines Dachstuhls entzünden und dadurch einen Brand auslösen. Ein Einschlag in Freileitungen verursacht hohe Spannungen im Stromversorgungsnetz. Sie können Sicherungen, Leitungen oder Maschinen zerstören.
In der Wohnung können die Kabel in den Wänden verschmoren und Geräte wie Telefon oder Fernseher beschädigt werden. Ärgerlich kann eine gefährlich hohe Spannung im Computer sein, wenn dadurch wichtige Daten gelöscht werden.

Blitze werden mithilfe von Messgeräten registriert. Bei Versicherungsfällen kann auf diese Weise recht genau nachgewiesen werden, ob es zu einem bestimmten Zeitpunkt an einem Ort ein Gewitter mit Blitzeinschlägen gegeben hat.

Schutz für elektrische Anlagen

Der auf dem Dach angebrachte Blitzableiter kann die elektrische Ladung ableiten. Gegen zu hohe Spannungen, die durch das Leitungsnetz ins Haus kommen, ist er jedoch machtlos. Zum Schutz von Computer, Fernseher oder Stereoanlage helfen spezielle Einrichtungen wie **Überspannungsschutzstecker.**

2 **Ein Blitzschlag hat die Hausinstallation zerstört.**

■ Die gefährlichsten Aufenthaltsorte bei Gewittern sind erhöhte Stellen auf einer Ebene. Die Verhaltensregeln bei Gewitter müssen befolgt werden.

3 **Eine spezielle Steckerleiste schützt die Geräte.**

Die Entfernung eines Gewitters

Streifzug

Der Donner ist ein Knall

Die Luft wird im Blitzkanal auf 30000 °C aufgeheizt. Bei dieser Temperatur leuchtet die Luft nicht nur grell, sie dehnt sich auch schlagartig aus. Dies hörst du als lauten Knall, wenn der Blitz in der Nähe einschlägt. Je weiter entfernt es blitzt, desto mehr wird der Schall durch Reflexionen zum rollenden Donner verändert.

Die Entfernung des Gewitters

Der Donner hilft dir, die Entfernung eines Gewitters zu bestimmen. Das Licht des Blitzes bewegt sich mit knapp 300000 $\frac{km}{s}$. Der Schall erreicht nur eine Geschwindigkeit von 340 $\frac{m}{s}$ = 0,34 $\frac{km}{s}$. Er kommt also sehr viel später bei dir an als das Licht. Zählst du die Sekunden zwischen dem Blitz und dem Donner, kannst du die Entfernung leicht ausrechnen. In 3 s legt der Schall etwa einen Kilometer zurück.

4 **Wolkenblitze in einer Gewitterwolke**

5. a) Wie weit ist der Blitz entfernt gewesen, wenn zwischen Blitz und Donner 15 s vergangen sind?
b) Was bedeutet es, wenn du einen Blitz nur noch schwach siehst, aber keinen darauf folgenden Donner hörst?

6. Welche Auswirkungen hätte es für deine Wahrnehmung eines Gewitters, wenn sich der Schall genau so schnell ausbreiten würde wie das Licht?

Kurzschluss und Überlastung im Stromkreis

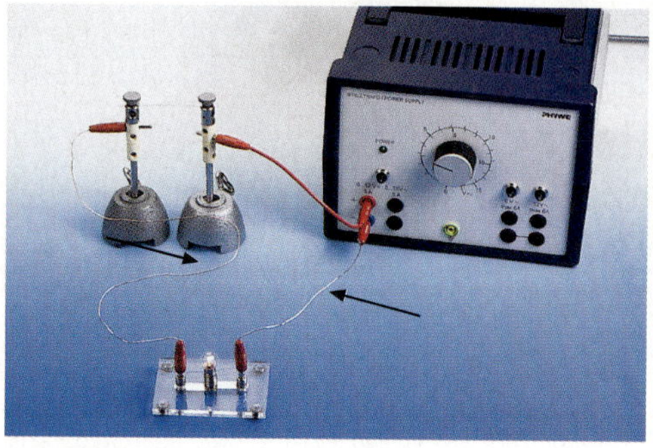

1 Kurzschluss

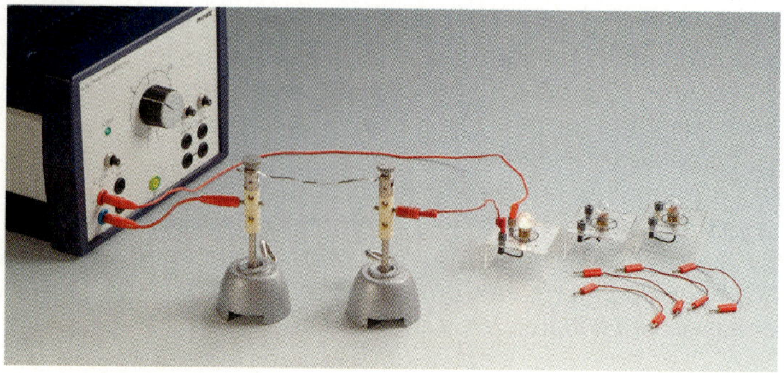

2 Ist der Stromkreis gesichert?

1. a) Schließe eine Glühlampe (3,5 V|0,2 A) an ein Stromversorgungsgerät an. Verwende als Zuleitungen blanke Kupferdrähte mit einer Länge von 0,5 m. Stelle eine Spannung von 4 V bis 5 V ein. Schiebe die blanken Drähte zusammen, sodass sie sich berühren. Wie verhält sich die Lampe?
b) Zeichne den Schaltplan zu dem Versuchsaufbau. Markiere darin den geschlossenen Stromkreis.
c) Baue in eine der Zuleitungen ein 4 cm langes Stück Eisendraht mit einem Durchmesser von 0,2 mm ein. Wiederhole Versuch a) und beobachte die Lampe und den Eisendraht.

2. a) Berechne zu Versuch 1 a) die Widerstände der Glühlampe und der Kupferleitungen. Vergleiche die Werte.
b) Warum fließen die Elektronen in erster Linie durch den Teil des Stromkreises ohne Glühlampe?

3. Baue einen Stromkreis mit einer Glühlampe (3,5 V|0,2 A) auf. Schneide einen etwa 2 mm breiten und 100 mm langen Streifen von Aluminiumfolie aus einer Schokoladenpackung. Befestige ihn zwischen zwei Isolatoren im Stromkreis. Schalte nun nacheinander weitere Glühlampen parallel zur ersten Lampe in den Stromkreis. Beobachte dabei jeweils den Aluminiumstreifen.

4. Welche Aufgabe kann in Versuch 3 der Aluminiumstreifen in dem Stromkreis übernehmen?

Kurzschluss

Wenn sich in einem Stromkreis die Zuleitungsdrähte leitend berühren, fließen die Elektronen direkt von der Hinleitung in die Rückleitung. Der Stromkreis besteht dann nur noch aus den Leitungen und der Stromquelle. Diese Schaltung wird als **Kurzschluss** bezeichnet.
Ein Kurzschluss kann zu einer starken Erwärmung oder sogar zum Glühen oder Schmelzen der Leitungen führen. Dies hat in einer Hausinstallation oder in einem Auto gefährliche Folgen. Die Leitungen verschmoren und es kann ein Brand ausgelöst werden.

Überlastung

Eine ähnliche Situation kann eintreten, wenn zu viele elektrische Geräte parallel in einen Stromkreis geschaltet werden. Es kommt zu einer **Überlastung** der elektrischen Leitungen. Für jedes Gerät ergibt sich eine einzelne Stromstärke. Diese Stromstärken addieren sich für die Hin- und Rückleitung. Mit der Erhöhung der Stromstärke steigt die Temperatur im elektrischen Leiter an. Dabei darf die Stromstärke einen zulässigen Wert nicht übersteigen.

Sicherung

Um die Gefahren bei Kurzschluss und Überlastung abzuwenden, muss der Stromkreis sofort geöffnet werden. Dies kann durch ein kurzes Leiterstück geschehen, das bei einer bestimmten Stromstärke schmilzt. Dieses Bauteil ist eine **Sicherung.** Eine solche Schmelzsicherung ist ein Leiterstück, das in einem Keramik- oder Glasröhrchen eingeschlossen ist. So wird ein Schaden durch das Schmelzen verhindert.

■ Wenn sich die Zuleitungsdrähte in einem Stromkreis berühren, entsteht ein Kurzschluss. Dabei werden die Leitungen stark erwärmt. Auch eine überhöhte Stromstärke durch zu viele angeschlossene Geräte überlastet die Leitungen. In beiden Fällen unterbricht eine eingebaute Sicherung den Stromkreis.

Kurzschluss und Sicherungen

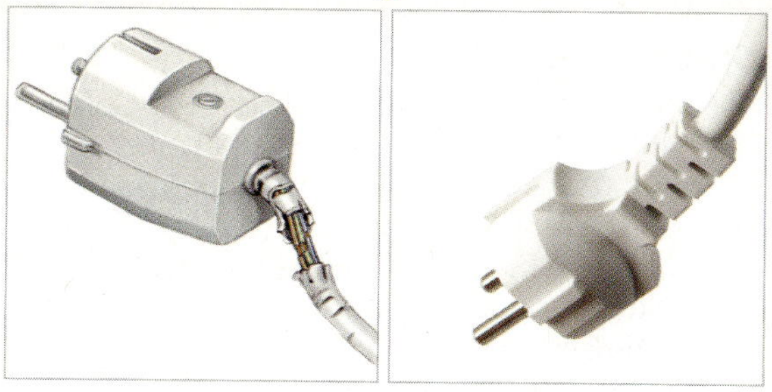

Bewegliche Anschlusskabel oder Verlängerungskabel sind aus flexiblem Material hergestellt. Sie werden jedoch im Bereich des Anschlusses am Stecker häufig geknickt. Dadurch wird die Isolierung brüchig, die blanken Leiter berühren sich und es kommt zu einem Kurzschluss. Ein **Knickschutz** verhindert dies.

Beim Bohren eines Loches kann es leicht passieren, dass eine elektrische Leitung getroffen wird. Wenn der Bohrer dabei die Hin- und Rückleitung trifft, kommt es zu einem Kurzschluss. Deshalb sollte die Wandfläche vor dem Bohren immer mit einem **Kabelsuchgerät** nach verborgenen Leitungen abgesucht werden.

Das gesamte Leitungsnetz eines Hauses wird in dem **Hausanschlusskasten** abgesichert. Die Sicherungen sind ausgelegt für Stromstärken von 25 A und höher.

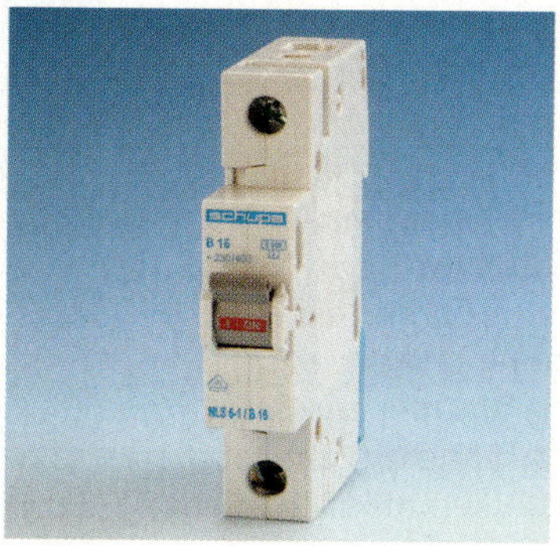

Die einzelnen Räume des Hauses werden durch 10 A- oder 16 A-**Sicherungsautomaten** geschützt.

Elektrische Geräte wie Radio oder Fernseher werden durch **Feinsicherungen** vor Überlastung geschützt. Diese sind auf die maximal zulässige Stromstärke des Gerätes abgestimmt.

An Stelle von Schraubsicherungen findest du in den meisten **Sicherungskästen** heute Sicherungsautomaten. Wenn ein Automat wegen Überlastung oder Kurzschluss den Stromkreis unterbrochen hat, klappt der Schalthebel nach unten.
Ist die Ursache für das Auslösen beseitigt, kann der Schalthebel wieder nach oben gedrückt werden und der Stromkreis ist wieder geschlossen.

Für die Herstellung und das Betreiben von Elektrogeräten gibt es Sicherheitsvorschriften. Geräte, die diesen Vorschriften entsprechen, tragen das **VDE-Zeichen** (**V**erband **D**eutscher **E**lektrotechniker).

Schutzmaßnahmen im elektrischen Stromkreis

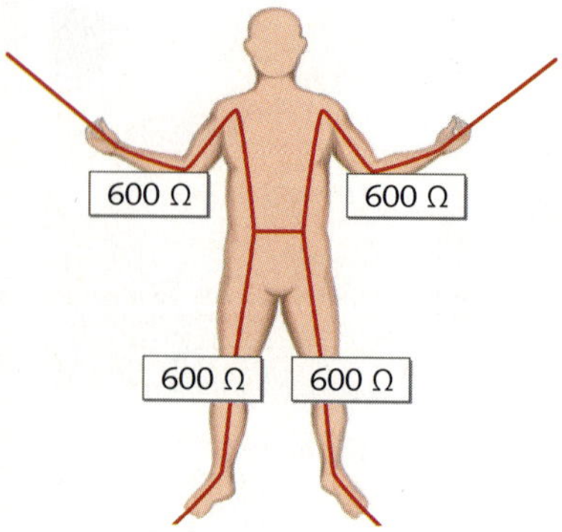

1 Körperwiderstand

Ist der elektrische Strom gefährlich?

Immer wieder geschehen Unfälle mit elektrischem Strom. Die Gefahr tritt dann auf, wenn der menschliche Körper Kontakt zu blanken, Strom führenden Teilen bekommt, denn der menschliche Körper leitet den elektrischen Strom.

Die Leitfähigkeit des Menschen ergibt sich dadurch, dass alle Körperflüssigkeiten leitende Flüssigkeiten sind. Der Widerstand des Körpers beträgt ungefähr 1,2 kΩ, gemessen zwischen den Händen oder zwischen Hand und Fuß (Bild 1). Die Werte schwanken und sind abhängig davon, ob die Haut trocken oder feucht durch Schweiß ist. Schon eine Stromstärke von 10 mA kann gefährlich sein. Bei höheren Stromstärken kann es zur Beeinflussung des Herzschlages oder sogar zum Herzstillstand kommen.

Gelb-grüner Schutzleiter

Für den Betrieb von Elektrogeräten genügt ein Kabel mit zwei Leitungen. Sie sind braun und blau gekennzeichnet und enden in einem Flach- oder Kragenstecker. Dieser Anschluss wird für Geräte mit einem schutzisolierten Gehäuse gewählt.

Für Geräte, die ein Metallgehäuse haben, hat das Anschlusskabel eine dritte Leitung. Sie ist gelb-grün gekennzeichnet und ist der **Schutzleiter.** Er wird vom Gerät über den Anschlussstecker durch die gesamte Installation zu einer Erdungsstange im Erdreich geführt. Berührt aufgrund eines Defektes im Inneren des Gerätes die braune Leitung das Metallgehäuse, so werden die Elektronen darüber zur Erde abgeleitet. Je nach Größe der Stromstärke spricht dann auch eine Sicherung an. Dennoch sind Stromstärken möglich, die bei Kontakt für den Menschen gefährlich sein können.

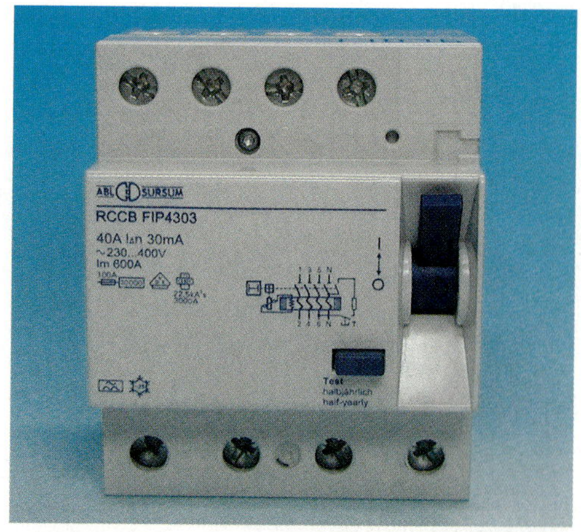

2 Fehlerstrom-Schutzschalter

FI-Schalter

Ein wesentlich besserer Schutz ist nur in Verbindung mit einem **Fehlerstrom-Schutzschalter,** auch **FI-Schalter** genannt, gegeben. Dieses Gerät vergleicht ständig die Stromstärken in der braunen und blauen Leitung. Fließt ein Teil der Elektronen durch den Schutzleiter, ist die Stromstärke in der blauen Leitung geringer als in der braunen. Jetzt unterbricht der Schutzschalter sofort den Stromkreis.

Das gleiche geschieht, wenn ein Mensch ein schadhaftes Gerät anfasst. Dann fließen Elektronen über den Körper zur Erde ab und der Schutzschalter löst ebenfalls aus. FI-Schalter in der Hausinstallation reagieren ab einer Auslösestromstärke von 30 mA.

■ Gelb-grüner Schutzleiter, Fehlerstrom-Schutzschalter und Sicherungen schützen vor Gefahren, die vom elektrischen Strom ausgehen können.

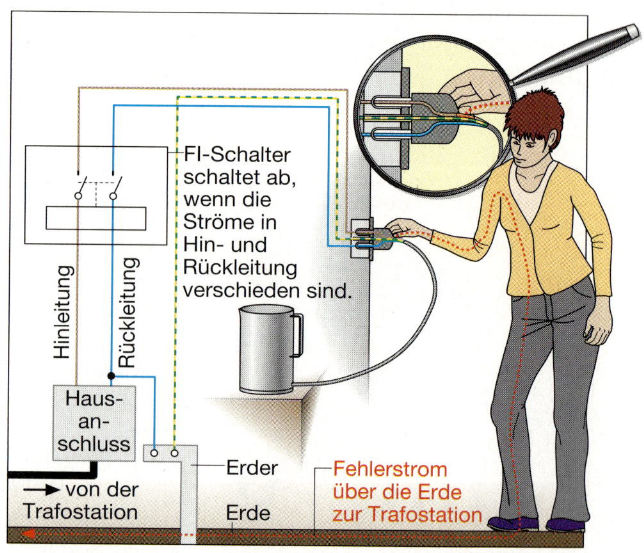

3 Ströme werden verglichen.

Welche Schutzmaßnahme wirkt?

In dem Bereich oberhalb von Steckdosen und Lichtschaltern sind elektrische Leitungen unter dem Putz verlegt. Wird dies beim Einschlagen eines Nagels nicht beachtet, kann es zu einem Kontakt des Nagels mit der Strom führenden Leitung und damit zu einem elektrischen Schlag kommen.

1. a) Wie hoch ist die elektrische Stromstärke, die für den Menschen gefährlich ist?
b) Welche Schutzmaßnahme kann einen andauernden Kontakt verhindern?
c) Durch welches Vorgehen kann eine Beschädigung der Leitungen verhindert werden?

Die Heizwendel in einem Toaster ist nur durch einige Gitterstäbe abgeschirmt. Durch falsches Handeln ist ein elektrischer Kontakt möglich.

2. a) Was musst du beachten, wenn du eine eingeklemmte Brotscheibe aus dem Toaster entfernen musst?
b) Welche Schutzmaßnahme verhindert einen elektrischen Unfall?

Auf dem Schulfest sollen Waffeln gebacken werden. Dazu sind mehrere Waffeleisen an Dreifachsteckdosen angeschlossen.

3. a) Erkläre, warum die Anzahl der angeschlossenen elektrischen Geräte an der Kabeltrommel begrenzt sein muss.
b) Welche Schutzmaßnahme verhindert eine Überlastung des Anschlusskabels?

Bei schutzisolierten Geräten sind alle elektrisch leitenden Teile durch ein Gehäuse aus Kunststoff abgekapselt. Deshalb führt das Anschlusskabel keinen Schutzleiter. Bei der Arbeit mit einer Heckenschere ist das Kabel besonders gefährdet.

4. a) Durch welche Maßnahmen können Beschädigungen des Anschlusskabels einer Heckenschere verhindert werden?
b) Welcher elektrische Fehler tritt auf, wenn dennoch ein Kabel versehentlich durchtrennt wird?
c) Welche Schutzmaßnahme wird hier wirksam?

Elektrizität

Elektrische Energie und ihre Wandlung
Elektronen transportieren in einem geschlossenen Stromkreis die **elektrische Energie.**

Elektrische Geräte wandeln elektrische Energie in Licht, Wärme, Bewegungsenergie oder Schall um.

Entwertete Energie ist Energie, die nach dem Durchlaufen eines Wandlers nicht mehr nutzbar ist.

Elektromagnet
Eine Strom führende Kupferdrahtspule wird als **Elektromagnet** bezeichnet.

Die magnetische Wirkung eines Elektromagneten kann durch einen Eisenkern verstärkt werden.

Elektrische Ladung
Ein Körper ist nach außen hin **elektrisch neutral,** wenn er genauso viele positive wie negative Ladungen enthält.

Ein Körper ist elektrisch geladen, wenn auf seiner Oberfläche Elektronenüberschuss oder Elektronenmangel herrscht.

Bei **Elektronenüberschuss** ist der Körper elektrisch negativ, bei **Elektronenmangel** positiv geladen.

Körper mit gleicher elektrischer Ladung stoßen sich ab. Körper mit unterschiedlicher elektrischer Ladung ziehen sich an.

Elektrische Spannung
Die Höhe der elektrischen Spannung *U* ist ein Maß für die Stärke, mit der die Elektronen im Stromkreis angetrieben werden. Sie wird in Volt (V) gemessen.

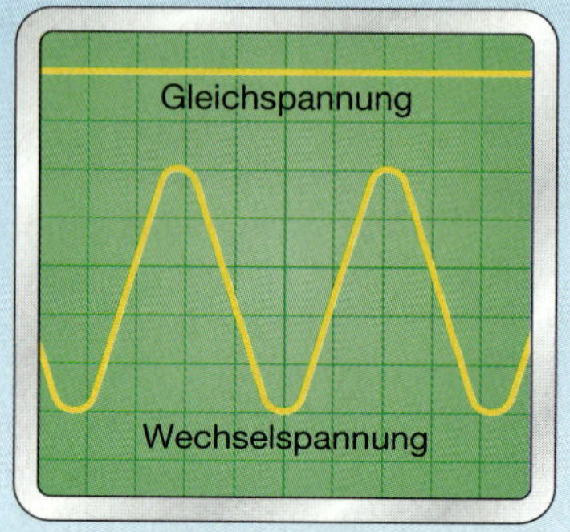

Spannungs- und Stromarten
Batterien stellen **Gleichspannung** zur Verfügung. Im angeschlossenen Stromkreis entsteht **Gleichstrom.** Die Fahrradlichtmaschine liefert **Wechselspannung,** die im Stromkreis einen **Wechselstrom** verursacht.

Elektrische Stromstärke
Die Stromstärke *I* ist ein Maß für die Anzahl der Elektronen, die pro Sekunde durch den Querschnitt eines Leiters fließen. Sie wird in Ampere (A) gemessen.

Elektrischer Widerstand
Den Zusammenhang zwischen Spannung und Stromstärke beschreibt das **ohmsche Gesetz.** Es gilt: $U \sim I$. Der Quotient aus der Spannung und der Stromstärke ist konstant.

Die Formel für den elektrischen Widerstand lautet: $R = \frac{U}{I}$. Die Maßeinheit ist $\frac{1V}{1A} = 1\ \Omega$.

Der Widerstand eines Leiters ist abhängig von Länge, Querschnitt, Material und seiner Temperatur.

Mit Schiebewiderständen und **Potentiometern** können Spannung und Stromstärke in einem Stromkreis stufenlos eingestellt werden.

	Reihenschaltung	Parallelschaltung
Stromstärke	$I_{ges} = I_1 = I_2 = I_3$	$I_{ges} = I_1 + I_2 + I_3$
Spannung	$U_{ges} = U_1 + U_2 + U_3$	$U_{ges} = U_1 = U_2 = U_3$
Widerstand	$R_{ges} = R_1 + R_2 + R_3$	$\frac{1}{R_{ges}} = \frac{1}{R_1} + \frac{1}{R_2} + \frac{1}{R_3}$

Blitz und Donner
In Gewitterwolken werden Ladungen getrennt. Ist die Spannung hoch genug, kommt es zum **Ladungsausgleich.** Es blitzt innerhalb der Wolke oder zwischen Wolke und Erde.

Da sich beim Blitz die Luft schlagartig ausdehnt, entsteht ein Knall, der als Donner zu hören ist.

Kurzschluss und Sicherungen
Wenn sich in einem Stromkreis die Leiter der Hin- und Rückleitung direkt berühren, verursachen sie einen **Kurzschluss.**

Zur Verhinderung von elektrischen Unfällen werden Leitungen durch **Sicherungen** geschützt.

Die wirkungsvollste Schutzmaßnahme für elektrische Stromkreise ist der **FI-Schutzschalter.**

1. Gib zu jeder Wirkung des elektrischen Stromes ein Beispiel an.

2. Energie wird in einem Stromkreis nur in einer Richtung übertragen. Wieso werden dazu zwei Leitungen gebraucht?

3. a) Nenne Energieformen und Energiewandler bei der Fahrradbeleuchtung.
b) Zeichne das zugehörige Energieflussdiagramm.

4. Zähle auf, welche Teile zu einem Elektromagneten gehören.

5. Beschreibe einen Versuch, mit dem du nachweisen kannst, dass eine Spule in einem geschlossenen Stromkreis zu einem Magneten wird.

6. Wie kannst du nachweisen, dass ein Körper elektrisch geladen ist?

7. Welche Art Ladung bedeutet Elektronenüberschuss, welche Elektronenmangel?

8. Begründe die Aussage: Ladungsausgleich ist Elektronenstrom.

9. Welche Einstellung musst du an einem Vielfachmessgerät vornehmen, wenn du die Spannung an einer Flachbatterie messen willst?

10. Welche Schaltung musst du jeweils wählen,
a) wenn du in einem Stromkreis die Stromstärke messen willst?
b) wenn du die Spannung messen willst?
c) Zeichne zu den Aufgaben a) und b) jeweils den Schaltplan.

11. a) Zeichne den folgenden Schaltplan in dein Heft. Kennzeichne die eingebauten Messgeräte.
b) Gib an, welche physikalischen Größen mit den Messgeräten gemessen werden.

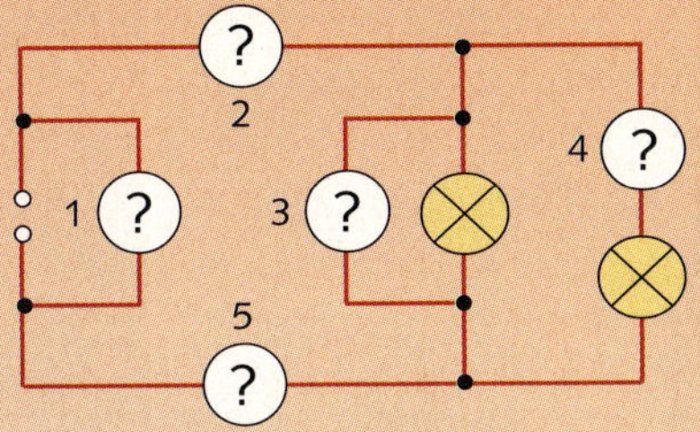

12. a) Zeichne den folgenden Schaltplan in dein Heft. Ergänze ein Strommessgerät, das die Gesamtstromstärke misst.
b) Ergänze die Spannungsmessgeräte, die die Spannungen an den Geräten messen.
c) Zeichne an die Leitungen Pfeile, die angeben, in welche Richtung die Elektronen fließen.

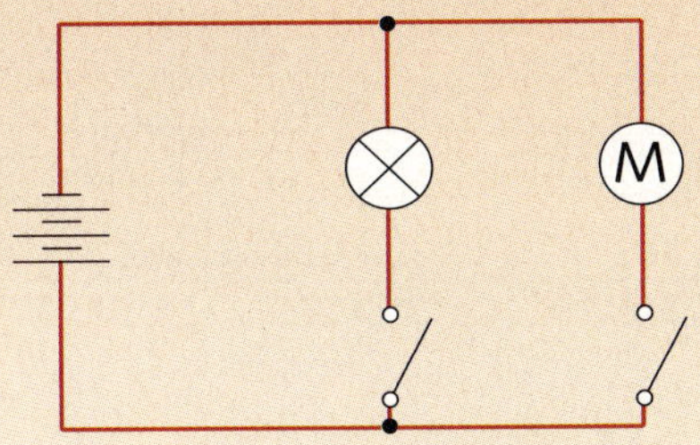

13. Stromstärkemessungen ergaben folgende Werte: 14,7 μA; 0,093 mA; 123 μA; 7 mA. Rechne diese Angaben jeweils in die nächst größere Einheit um.

14. In einem Stromkreis sind drei Lampen mit 1,6 V; 2,4 V und 4,8 V in Reihe geschaltet. Welche Spannung muss an der Stromquelle eingestellt werden, damit jede Lampe die richtige Spannung erhält?

15. Welche Form hat die Kurve einer Wechselspannung auf dem Oszilloskop?

16. Vergleiche die Leitfähigkeit von 2 Leitern mit gleicher Länge und gleichem Querschnitt aus Kupfer und Konstantan. Welcher von beiden ist der bessere Leiter?

17. Welche Angabe macht der spezifische Widerstand eines Leiters?

18. Beschreibe 3 Möglichkeiten, wie du den Widerstandswert eines Keramikwiderstandes bestimmen kannst.

19. Zwei Widerstände mit 10 Ω und 10 kΩ werden mit zwei weiteren Widerständen in Reihe geschaltet. Diese sollen gleich groß sein. Der Gesamtwiderstand beträgt 100 kΩ. Wie groß sind die beiden Einzelwiderstände?

20. a) Zieh eine Fleece-Jacke über ein Sweatshirt aus Kunstfaser an. Bewege dich eine Weile im Raum umher und zieh die Jacke langsam aus. Was kannst du beobachten?
b) Informiere dich, wie Fleece hergestellt wird.

21. Schaue dich in deinem Wohnort um. Auf welchen Gebäuden kannst du Blitzableiter erkennen?

22. Welche Schutzmaßnahme schützt einen Stromkreis bei Kurzschluss oder Überlastung?

23. Welche Aufgabe hat in einer Hausinstallation der FI-Schutzschalter?

Wärme

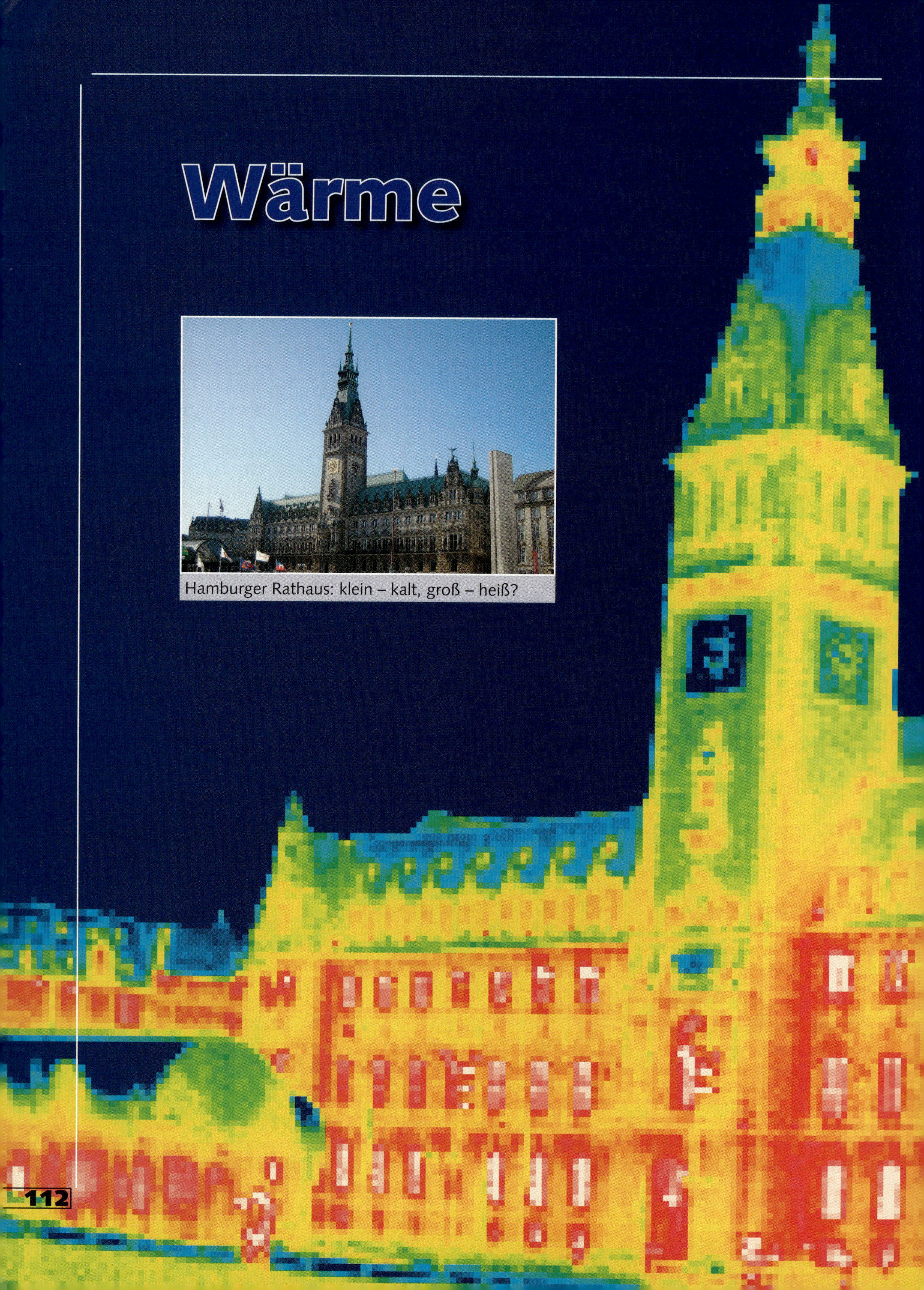

Hamburger Rathaus: klein – kalt, groß – heiß?

Glühende Lava – woher kommt die Wärme, wohin geht sie?

Ballonglühen – wozu dient die Wärme?

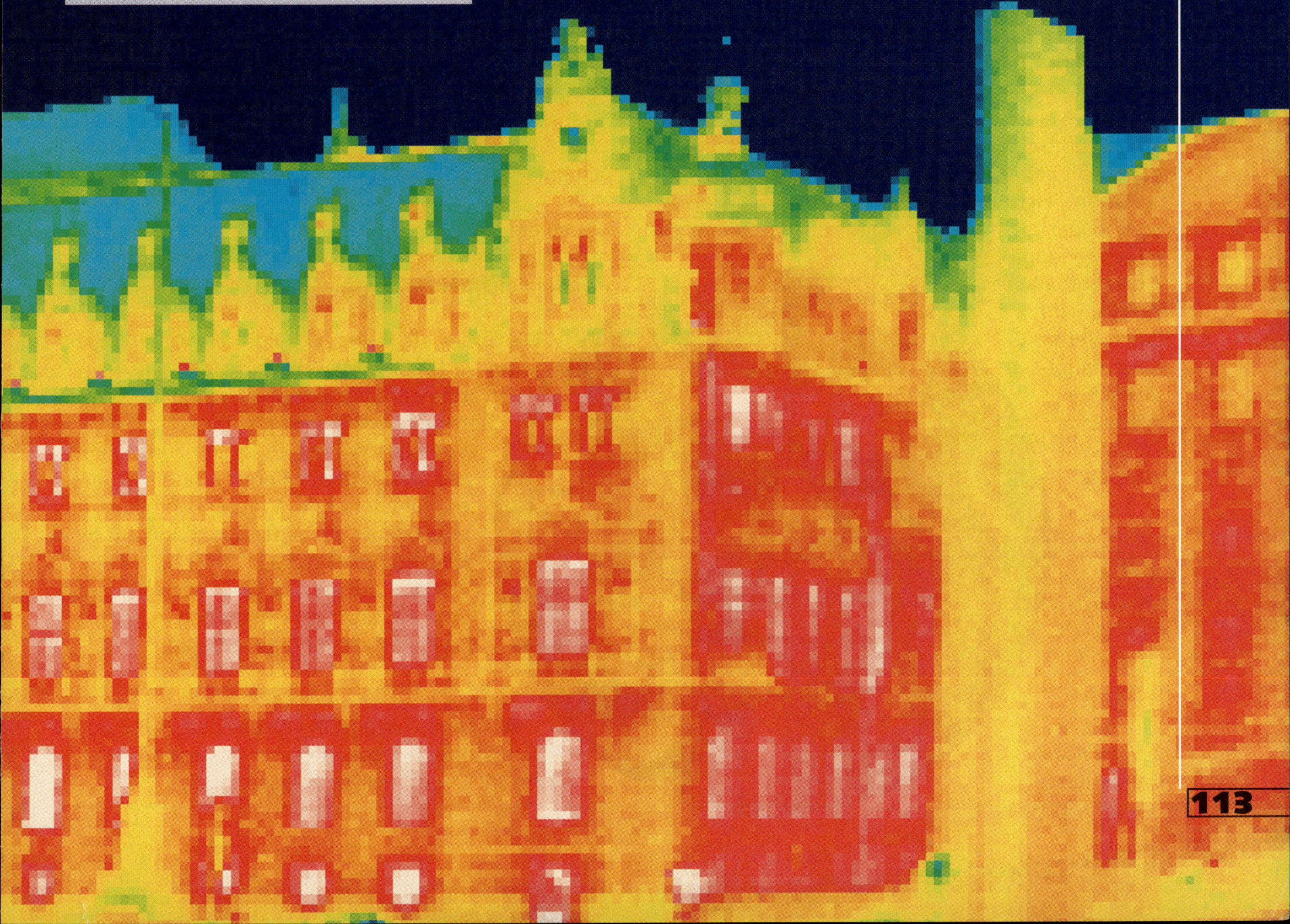

Die verschiedenen Formen der Energie

1 Die Feuerstellen ändern sich.

1. Erkläre mithilfe der Bilder 1 A–D, wie sich das Heizen von Räumen im Laufe der Zeit verändert hat.

2. Nenne verschiedene Möglichkeiten zu heizen und gib jeweils Vorteile und Nachteile an.

3. Erstelle eine Übersicht über verschiedene Energieträger und ihre gespeicherte Energie.

Energieträger

Bei der Entwicklung vom Feuer in der Höhle bis zur Zentralheizung in unseren Wohnungen haben sich viele Veränderungen ergeben. Eines aber ist geblieben: Die Menschen brauchen zum Heizen einen Brennstoff, mit dem sie die gewünschte Wärme gewinnen können. Früher wurde Holz oder Kohle verbrannt. Heute wird zum Heizen Erdgas, Heizöl oder Biogas genutzt. Solche Stoffe werden **Energieträger** genannt. Die in ihnen enthaltene Energie wird durch Verbrennung hauptsächlich in Wärme umgewandelt.

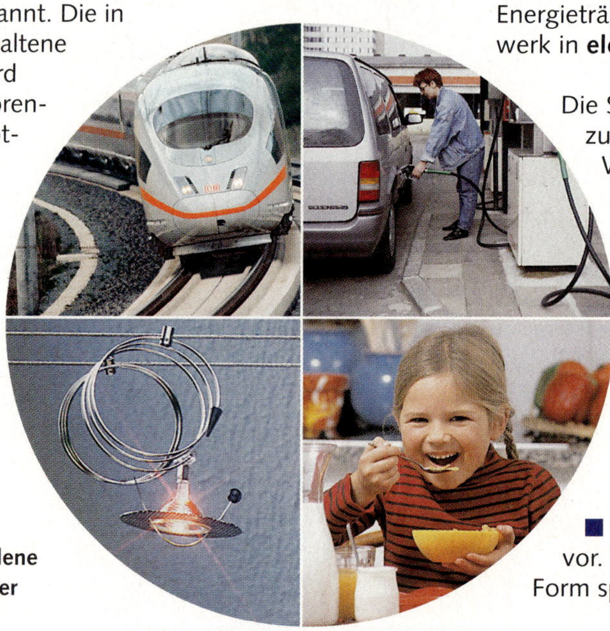

2 Verschiedene Energienutzer

Energieformen

Ein Auto wird durch seinen Motor in Bewegung gesetzt. Das wird durch den Kraftstoff als Energieträger möglich. Dadurch kann das Auto Lasten transportieren und Höhenunterschiede überwinden. Die Energie, die im Kraftstoff gespeichert ist, heißt **chemische Energie.**

Auch ein ICE nutzt chemische Energie verschiedener Energieträger. Doch sie muss erst in einem Kraftwerk in **elektrische Energie** umgewandelt werden.

Die Sonne stellt uns zwei Formen von Energie zur Verfügung, **Wärme** und **Licht.** Die Wärme der Sonne lässt einen Teil des Wassers auf der Erde verdunsten.
Wenn das Wasser als Regen zurückkehrt und sich in einem Bergsee sammelt, hat es **Höhenenergie.** Wasser kann in einem Fluss zu Tal fließen, dann hat es **Bewegungsenergie.**
Mit der Energie des fließenden Wassers kann ein Kraftwerk betrieben werden, das elektrische Energie erzeugt.

■ Energie kommt in verschiedenen Formen vor. Stoffe, die Energie einer bestimmten Form speichern, heißen Energieträger.

Energien lassen sich umwandeln

1. Wo bleibt die Höhenenergie eines Tischtennisballs, der auf eine Platte gefallen ist?

2. Warum musst du beim Schaukeln immer wieder neu Schwung holen?

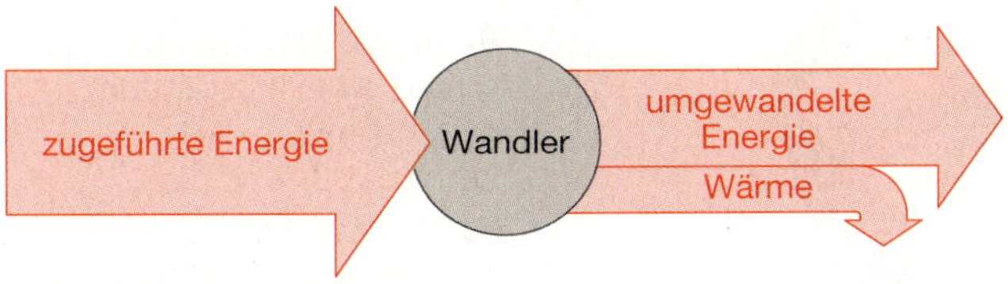

Energieflussdiagramm

Der Vorgang der Umwandlung lässt sich in einem **Energieflussdiagramm** darstellen. Darin stellt der von links kommende Pfeil die zugeführte Energie dar. Der Kreis symbolisiert den Wandler. Nach rechts verläuft die umgewandelte Energie. Bei jeder Umwandlung tritt neben der erwünschten Energie auch Wärme auf. Die zugeführte Energie kann nie vollständig in Energie der gewünschten Form umgewandelt werden. Die entstehende Wärme kann oft nicht genutzt werden und wird an die Umwelt abgegeben.

Energieumwandlung

Technische Geräte und Maschinen benötigen unterschiedliche Formen der Energie. Dabei wird Energie von einer Form in eine andere Form umgeformt. Dieser Vorgang heißt **Energieumwandlung.** Die Maschine, in der dies erfolgt, ist der **Energiewandler.** Für die chemische Energie, die ein Auto antreibt, ist der Motor der Wandler. Chemische Energie im Heizöl lässt sich in Wärme umwandeln. Hier ist der Heizkessel der Zentralheizung der Energiewandler.

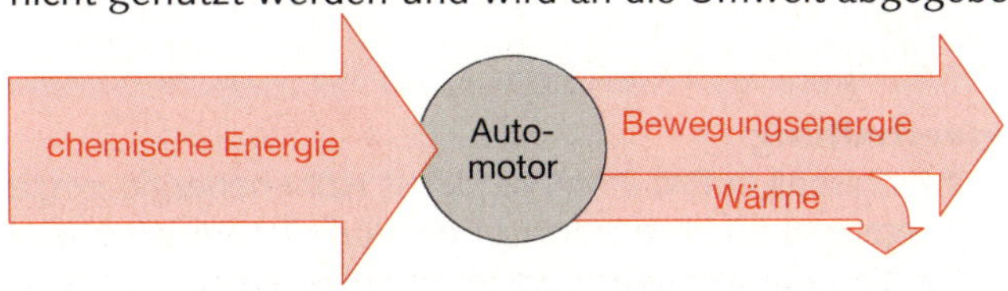

■ Ein Wandler kann Energie einer Form in Energie einer anderen Form umwandeln. Dabei entsteht immer Wärme.

Energieumwandlungen

Pinnwand

Bevor der Pfeil des Bogenschützen ins Ziel trifft, laufen verschiedene Energieumwandlungen ab. Der Schütze wandelt die chemische Energie der Nahrungsmittel über seine Muskeln im Arm in Bewegungsenergie um und spannt den Bogen. Dieser hat nun Spannenergie. Sie wird wieder zu Bewegungsenergie des Pfeils, wenn dieser abgeschossen wird.

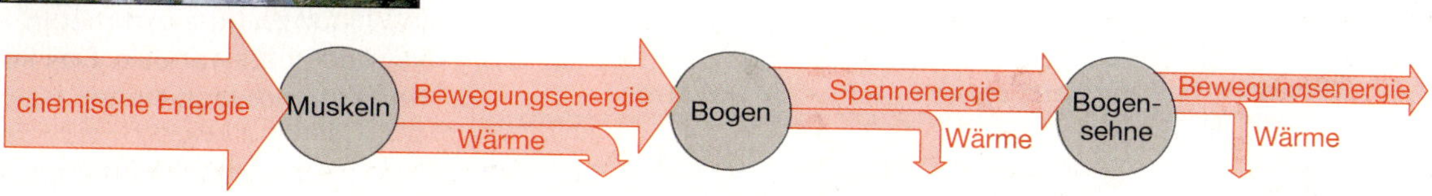

3. Warum tritt an manchen Stellen in den Umwandlungsketten Wärme auf?

DEC 54 klar zum Start. Eike hat durch Bewegungsenergie seiner Hand den Gummimotor gespannt. Dieser hat nun Spannenergie. Beim Start wird diese über die Luftschraube in Bewegungsenergie umgewandelt und das Flugzeug fliegt.

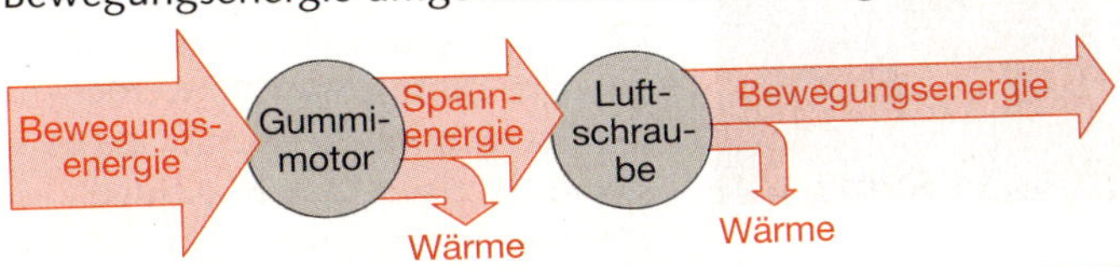

Energieerhaltung

1. Beschreibe die Energieumwandlung am Beispiel einer Achterbahn. Was passiert mit der elektrischen Energie, die am Anfang zugeführt wurde?

2. Was müssen Trampolinspringer tun, damit sie immer wieder ihre Ausgangshöhe erreichen?

1 Perpetuum mobile von LEONARDO DA VINCI

3. Beschreibe, wie die in Bild 1 dargestellte Konstruktion funktionieren soll.

4. Informiere dich über den Unterschied eines Perpetuum mobile 1. Art und 2. Art.

5. a) Lass einen Tischtennisball aus etwa 1 m Höhe fallen. Beschreibe deine Beobachtungen und deute sie.
b) Verwende statt des Tischtennisballs einen weichen Ball. Begründe den Unterschied.

Energieerhaltung

Der Tischtennisball in Bild 2 hat zunächst Höhenenergie gespeichert. Wird er losgelassen, fällt er nach unten. Auf diesem Weg wird die Höhenenergie in Bewegungsenergie umgewandelt. Beim Auftreffen auf einem harten Untergrund verformt sich der Tischtennisball etwas. Dabei wird Bewegungsenergie in Spannenergie umgewandelt. Die Verformung ist elastisch, also wird die Spannenergie wieder zu Bewegungsenergie. Der Tischtennisball springt nach oben und erhält erneut Höhenenergie.
Den Ausgangspunkt seiner Bewegung kann er jedoch nicht wieder erreichen. Dieser Verlust an Höhe ist mit der Reibung zu erklären, die mit der Luft und dem Untergrund auftritt. Dabei wird Energie in Wärme umgewandelt.

Vergleichst du die gesamte Energie bei den Energieumwandlungen mit den Mengen der auftretenden einzelnen Energien einschließlich der unerwünscht entstehenden Energie, stellst du fest, dass keine Energie verloren geht. Das wird als **Energieerhaltung** bezeichnet.
Der Energieerhaltungssatz besagt auch, dass während der Energieumwandlungen keine Energie hinzukommt.

Energieerhaltungssatz: $E_{ges} = E_1 + E_2 + E_3 + \text{Wärme}$

■ Bei Energieumwandlungen von einer Form in eine andere bleibt der Gesamtbetrag der Energie erhalten. Dabei ist die Wärme zu berücksichtigen.

2 Springender Tischtennisball

Perpetuum mobile

Eine Maschine, der nur einmal Energie zugeführt wird und die sich danach ständig bewegt – an diesem Traum arbeiten Erfinder und Wissenschaftler seit Jahrhunderten. Dauernd in Bewegung heißt auf lateinisch perpetuum mobile und so werden auch diese Konstruktionen genannt.

Das **Perpetuum mobile** in Bild 1 wurde von LEONARDO DA VINCI (1452–1519) entwickelt. Wie alle Maschinen dieser Art funktionierte es nicht. DA VINCI zeigte damit den Einfluss der Reibung auf die Bewegung des Gerätes. Infolge der Reibung wird die Bewegungsenergie immer in Wärme umgewandelt. Das Rad muss irgendwann stehen bleiben.

Nur wenn die Energiemenge, die in Wärme umgewandelt wurde, durch ständige Zufuhr von Energie ausgeglichen wird, ist eine dauernde Bewegung möglich.

Noch heute reichen Erfinder beim deutschen Patentamt in München Entwürfe für ein Perpetuum mobile ein. Diese Entwürfe werden jedoch nicht mehr geprüft, da es sicher ist, dass diese Maschinen nicht funktionieren.

Zwei Männer mit derselben Idee

Julius Robert von Mayer

Julius Robert Mayer (1814–1878) wurde in Heilbronn geboren und studierte von 1832 bis 1837 in Tübingen Medizin. Nach seiner Promotion heuerte er auf einem Handelsschiff in Rotterdam als Schiffsarzt an.

Während einer Reise im Jahre 1840 nach Ostindien entnahm Mayer einem Matrosen Venenblut. Zu seiner Verwunderung sah es nicht wie gewöhnlich bläulich wie sauerstoffarmes Blut aus, sondern war rötlich wie das arterielle, sauerstoffreiche Blut.
Er vermutete, dass als Ursache für die Färbung das tropische Klima in Frage käme. Das Blut in einer warmen Umgebung behält mehr Sauerstoff, weil der Körper in den Tropen weniger Energie zur Erhaltung der Körpertemperatur produzieren muss. Untersuchungen des menschlichen Wärmehaushaltes ließen ihn 1842 zu dem Schluss kommen, dass Wärme und Bewegung unterschiedliche Formen von Energie sind, die ineinander umgewandelt werden können. Er erkannte, dass Energie nicht verbraucht werden und nicht verloren gehen kann.

Unabhängig von Mayer veröffentlichte der englische Physiker James Prescott Joule den gleichen Zusammenhang und galt fortan als Entdecker des Energieerhaltungssatzes. Mayer machte seine Ansprüche geltend, genau diesen Zusammenhang schon eher entdeckt zu haben, fand aber kein Gehör. Erst 1862 wurde das anerkannt. Er wurde in den Adelsstand erhoben und erhielt viele Ehrungen und Auszeichnungen. Als berühmter Mann starb er 1878 in Heilbronn.

Dass die Einheit der Wärme in „Joule" angegeben wird und nicht in „Mayer", hat er aber nicht mehr ändern können.

James Prescott Joule

James Prescott Joule (1818–1889) wurde in der Nähe von Manchester als Sohn eines Brauereibesitzers geboren. 1834 begann er bei John Dalton (1766–1844) mit dem Studium der Mathematik und der Naturwissenschaften. Da der Vater über das Interesse des Sohnes sehr erfreut war, richtete er ihm ein Laboratorium ein. Joule arbeitete unermüdlich daran, die Wärmeentwicklung bei mechanischen Vorgängen zu messen. In unzähligen Experimenten fand er heraus, dass sich die Umwandlung von Wärme in mechanische Energie, die er – wie lange Zeit üblich – Arbeit nannte, immer im selben Verhältnis vollzieht.
Die Ergebnisse seiner Forschungen trug er 1847 vor. Doch mit Ausnahme eines jungen Mannes begriff keiner seiner Zuhörer, welche Bedeutung die von Joule vorgetragenen Erkenntnisse hatten. Nur der damals erst 23-jährige William Thomson (1824–1907), der spätere Lord Kelvin, erkannte, dass Joule mit dem Nachweis des Zusammenhanges zwischen Wärme und Arbeit ein neues Kapitel der theoretischen Physik aufgeschlagen hatte.

Auch in den folgenden Jahren hatte es Joule schwer, sich im Kreis der Wissenschaftler durchzusetzen. Seine Vorträge galten als trocken und einschläfernd, er selbst als ausgesprochen schüchtern. Nur selten wurde er für seine wissenschaftliche Arbeit öffentlich geehrt. Den Höhepunkt seiner wissenschaftlichen Karriere erreichte er 1850, als er zum Mitglied der Londoner Royal Society gewählt wurde. Wirtschaftliche und gesundheitliche Schwierigkeiten führten dazu, dass er seine letzten Lebensjahre völlig zurückgezogen in seinem Haus in Sale bei London verbrachte.

Seit dem 1. Januar 1975 trägt die Einheit der Energie, Arbeit und Wärme seinen Namen. Doch genau wie ihr Namensgeber ist die Einheit zwar bekannt, aber nicht populär. Nur schwer kann sie sich im Alltag gegen ihre Vorgängerin als Einheit für Energie und Wärme, die Kalorie, durchsetzen.

1. Finde heraus, wie die alte Einheit Kalorie (cal) in Joule (J) umgerechnet wird.

Körper und ihre innere Energie

1. Was geschieht beim Abbremsen eines Fahrzeuges mit den Bremsscheiben und Bremsbelägen?

1 A *Ein Fahrzeug wird abgebremst;*
B *Bremsscheibe im Test*

2. Wickle eine Schnur wie in Bild 2 um einen eingespannten Schraubendreher. Halte die Schur straff und ziehe sie einige Male hin und her. Berühre anschließend den Schraubendreher an dieser Stelle. Was stellst du fest?

2 Ein Schraubendreher wird erwärmt.

3. Erhitze 150 ml Wasser in einem Becherglas und miss die Temperatur. Fülle das Wasser in einen Becher aus Steingut um und miss erneut die Temperatur. Vergleiche die beiden Messwerte.

4. Halte mit deinem Daumen das Ventil einer Fahrradluftpumpe zu. Presse die Luft in der Pumpe mit dem Kolben mehrfach zusammen. Öffne nun das Ventil etwas und lass die Luft an deinem Daumen vorbeiströmen. Beschreibe, was du feststellst.

3 Luft wird zusammengepresst.

5. Fülle ein kleines Becherglas mit heißem Wasser und ein anderes mit kaltem Wasser. Gib in beide Gläser gleichzeitig ein Stück Würfelzucker. Welchen Unterschied kannst du beobachten?

6. a) Fülle in eine kleine Thermoskanne 100 ml Wasser. Miss die Temperatur des Wassers.
b) Verschließe das Gefäß und schüttle es etwa eine Minute heftig. Miss die Wassertemperatur erneut und vergleiche mit dem Ausgangswert.
c) Wie würde sich die Temperatur des Wassers ändern, wenn du es länger oder noch heftiger schüttelst?
d) Überprüfe deine Vermutung aus c).

7. Erkläre für alle Experimente deine Beobachtungen. Benutze dabei die Begriffe innere Energie und Temperatur.

Was ist innere Energie?

Beim Schleifen werden Oberflächen von Gegenständen mit einem Schleifmittel wie Schleifpapier bearbeitet. Die Reibung zwischen Schleifpapier und Oberfläche bewirkt, dass kleine Teile der Oberfläche abgetrennt werden. Das Schleifpapier und die Oberfläche des Gegenstandes werden dabei stark erwärmt.

Sowohl das Schleifpapier als auch der Gegenstand besitzen bei jeder Temperatur eine bestimmte Menge Energie in Form von Wärme. Sie wird **innere Energie** genannt.
Die zum Schleifen notwendige Bewegungsenergie des Schleifpapiers wird in Wärme umgewandelt. Dadurch wird beiden Körpern zusätzlich Energie zugeführt. Sie enthalten jetzt mehr innere Energie als vorher. Das führt auch im Inneren der Körper zu Veränderungen.

Alle Körper bestehen aus Teilchen, die sich in ständiger Bewegung befinden. Die beim Schleifen zugeführte Energie wird von den Teilchen aufgenommen und ihre Bewegung wird heftiger. Das bedeutet, dass die Temperaturen beider Körper steigen.

■ Alle Körper enthalten bei jeder Temperatur eine bestimmte Menge Energie in Form von Wärme. Sie wird innere Energie genannt. Eine Änderung der inneren Energie eines Körpers kann als Temperaturänderung gemessen werden.

4 Durch Reibung steigt die innere Energie.

Innere Energie und Temperatur

Manche Körper verändern bei steigender innerer Energie ihre Eigenschaften. Squashbälle bestehen aus einem Kunststoff, der bei Zimmertemperatur nur eine geringe innere Energie und auch nur eine geringe Elastizität hat. Damit der Ball elastischer wird, muss er warm gespielt werden. Dabei wird mechanische Energie in Wärme umgewandelt. Die innere Energie des Balls steigt, seine Teilchen bewegen sich stärker und die Temperatur des Balls wird höher.

5 Mehr Elastizität durch höhere innere Energie

Die innere Energie eines Körpers und damit seine Temperatur können auf verschiedene Weise erhöht werden. Eine Büroklammer, die durch schnelle Knickbewegungen durchgebrochen wurde, ist an der Knickstelle heiß. Durch die Bewegung hat sich die innere Energie der Büroklammer erhöht. Dies ist als Temperaturerhöhung deutlich spürbar.

Wird heißer Kaffee in eine Tasse gegossen, kühlt er ab. Er gibt Energie in Form von Wärme an die kühlere Tasse ab. Dadurch wird die innere Energie des Kaffees geringer und seine Temperatur sinkt. Der Temperaturunterschied kann mit einem Thermometer gemessen werden. Nach dem Eingießen ändern sich nicht nur innere Energie und Temperatur des Kaffees, sondern auch die der Tasse. Sie nimmt Wärme auf. Dadurch wird ihre innere Energie größer und ihre Temperatur steigt.

■ Erhöht sich die innere Energie eines Körpers, bewegen sich die Teilchen schneller und seine Temperatur steigt. Nimmt die innere Energie ab, werden die Teilchen langsamer und die Temperatur des Körpers sinkt.

Arten des Wärmetransportes

1. a) Durch welche Meeresströmung wird das Klima in Europa am stärksten beeinflusst?
b) Welche klimatischen Besonderheiten treten dadurch auf?

2. Wodurch können Meeresströmungen entstehen?

3. Beschreibe mithilfe von Bild 2 den Wärmetransport beim Kochen.

4. Nenne für die drei Arten des Wärmetransportes weitere Beispiele.

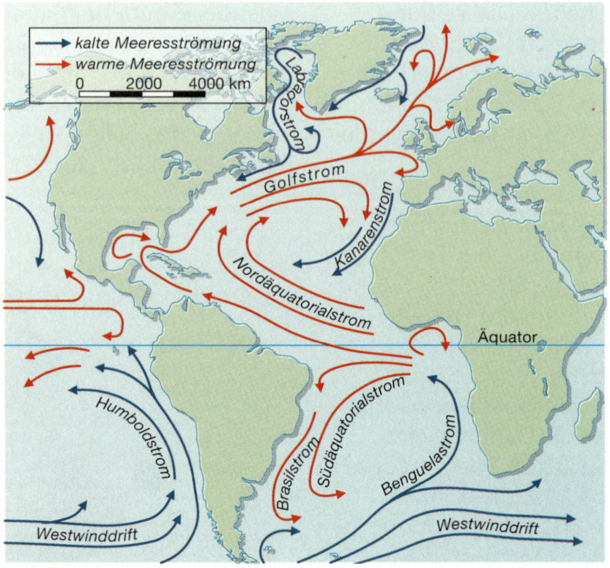

1 Meeresströmungen

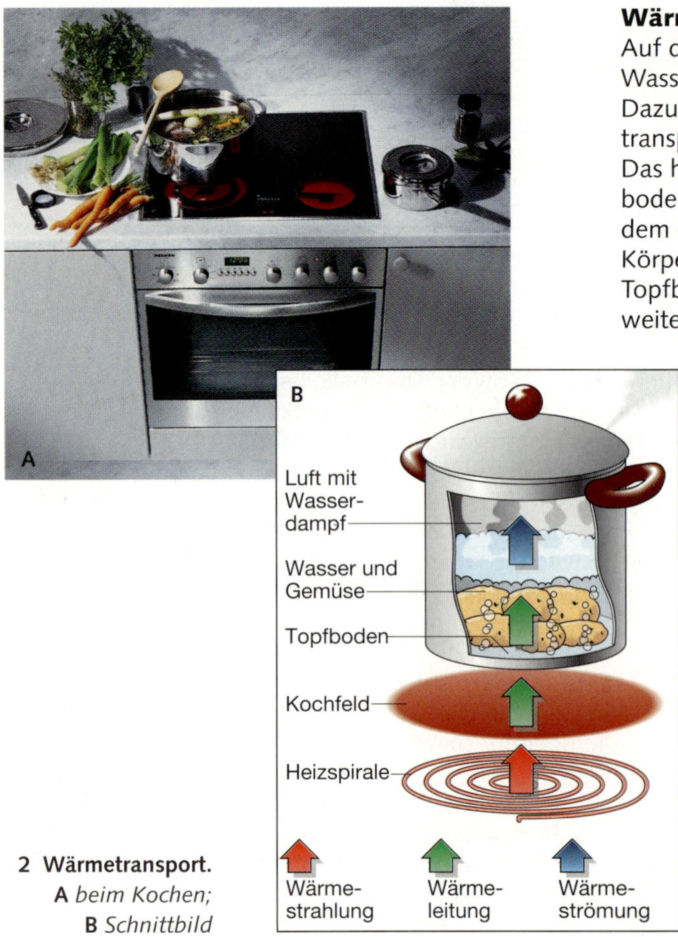

2 Wärmetransport. **A** *beim Kochen;* **B** *Schnittbild*

Wärmeübertragung
Auf dem Kochfeld eines Herdes steht ein Topf mit Wasser und Gemüse, das erwärmt werden soll. Dazu muss die Wärme der Kochstelle zum Wasser transportiert werden.
Das heiße Kochfeld gibt die Wärme an den Topfboden weiter. Von dort gelangt sie zum Wasser mit dem Gemüse im Kochtopf. Berühren sich alle Körper, wird die Energie vom Kochfeld an den Topfboden und vom Topfboden an das Wasser weitergegeben. Dabei wird keiner der Körper bewegt. Diese Form der Wärmeübertragung heißt **Wärmeleitung.**

Auch das Wasser im Topf und die Luft oberhalb des Wassers nehmen Wärme auf und transportieren sie nach oben weiter. Dabei erfolgt der Energietransport durch **Wärmeströmung.**

Bei einem Ceranfeld wie in Bild 2 wird die Wärme von den Heizspiralen erzeugt, die sich unter dem Glaskeramikkochfeld befinden. Die Heizspiralen und das Kochfeld berühren einander nicht. Die Wärme wird von den Heizspiralen durch **Wärmestrahlung** zum Kochfeld transportiert.

■ Wärme kann durch Wärmeleitung, Wärmeströmung und Wärmestrahlung transportiert werden.

Wärmeleitung

1. a) Lege Streichhölzer wie in Bild 1 A auf ein Kreuz aus Eisen, Kupfer und Messing. Erhitze wie im Bild mit einer Gasflamme. Was beobachtest du?
b) Wie gelangt die Wärme von der Gasflamme zu den Streichholzköpfen?

2. Fülle ein Reagenzglas mit Wasser. Gib Eiswürfel hinein und drücke sie mit einem Draht nach unten (Bild 1 B). Erhitze das Wasser am oberen Rand des Glases. Welche Schlussfolgerungen kannst du aus deinen Beobachtungen ziehen?

3 a) Stelle wie im Bild 1 C Körper aus verschiedenen Materialien in ein Glas mit heißem Wasser. Berühre nach einiger Zeit das obere Ende der einzelnen Körper. Was stellst du fest?
b) Sortiere die verwendeten Materialien in einer Tabelle nach guten und schlechten Wärmeleitern.
c) Trage jeweils drei weitere Körper ein.

4. Warum erwärmt sich kalte Milch, wenn sie auf dem Frühstückstisch steht?

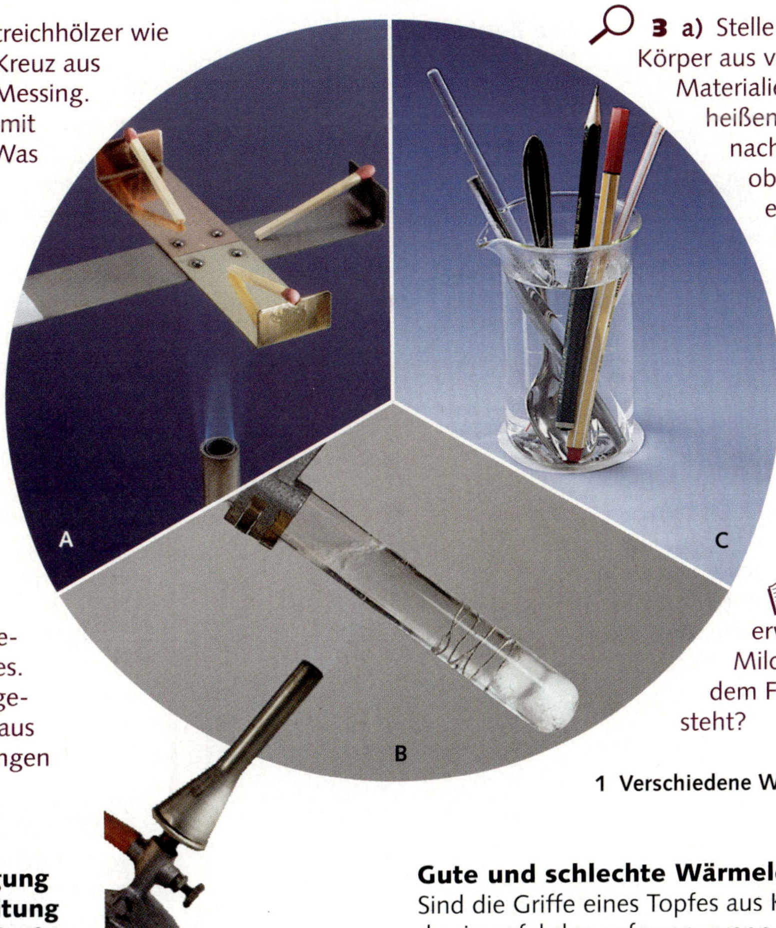

1 Verschiedene Wärmeleiter

Energieübertragung durch Wärmeleitung

Ein Metalllöffel in heißem Tee oder die Suppenkelle im Topf erwärmt sich sehr schnell. Zwischen Körpern, die einander berühren, wird die Wärme durch **Wärmeleitung** übertragen. Dabei wird die innere Energie des einen Körpers kleiner und die des anderen Körpers größer.
Die Energieübertragung erfolgt immer vom wärmeren zum kälteren Körper. Die Temperaturen der Körper gleichen sich durch die Energieübertragung an. Besteht kein Temperaturunterschied mehr, endet die Wärmeleitung.

Wird ein Körper nur an einer Stelle erwärmt, so findet innerhalb des Körpers ein Temperaturausgleich durch Wärmeleitung statt. Die Teilchen der erwärmten Stelle bewegen sich heftiger. Wenn sie mit langsameren Teilchen ihrer Umgebung zusammenstoßen, wird die Energie innerhalb des Körpers weitergeleitet. Dadurch sinkt die Temperatur der erwärmten Stelle. An den Stellen, die vorher nicht erwärmt wurden, steigt die Temperatur.

Gute und schlechte Wärmeleiter

Sind die Griffe eines Topfes aus Kunststoff, kannst du sie gefahrlos anfassen, wenn du den Topf vom Herd nimmst. Bei Metallgriffen musst du einen Topflappen benutzen. Metalle sind gute, Kunststoffe schlechte **Wärmeleiter.** Im Topflappen befinden sich Luftpolster, die die Wärmeleitung behindern. Luft ist ein schlechter Wärmeleiter.
Menschen und Tiere nutzen diese Eigenschaft der Luft aus. Katzen und Hunde bekommen in der kalten Jahreszeit ein dickeres Fell, Vögel plustern bei Kälte ihr Gefieder auf. Genau wie bei einem Skipullover werden dadurch viele Luftpolster eingeschlossen.

Wasser in tiefen Seen erwärmt sich durch die Sonne nur an der Oberfläche. Je tiefer du im Gewässer tauchst, desto kühler wird es. Flüssigkeiten sind ebenfalls schlechte Wärmeleiter.

■ Bei Wärmeleitung wird die Wärme von einer Stelle höherer Temperatur zu einer Stelle niedrigerer Temperatur übertragen. Dabei werden die Körper nicht bewegt. Unterschiedliche Stoffe leiten die Wärme unterschiedlich gut.

Wärmeströmung

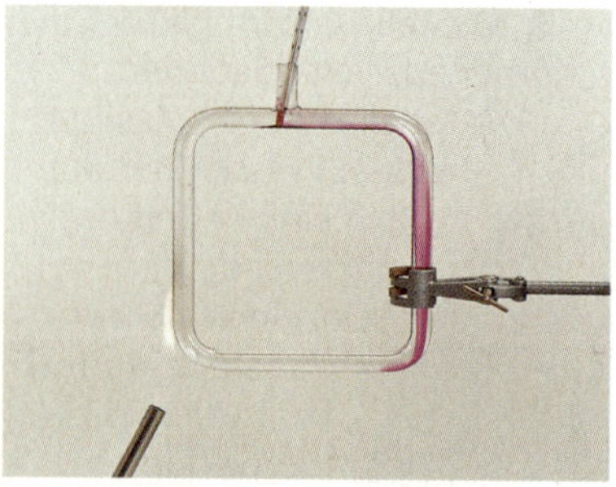

1 Warmes Wasser steigt auf.

1. a) Fülle ein Glasrohr wie in Bild 1 mit Wasser und einem Kristall Kaliumpermanganat. Gib ein Thermometer in die Öffnung. Stelle eine Flamme unter eine Ecke des Glasrohres. Beobachte und lies die Temperatur mehrfach ab.
b) Stelle die Flamme unter die andere Ecke. Beschreibe deine Beobachtung und begründe sie.

2. Beschreibe die Luftströmung anhand von Bild 2.

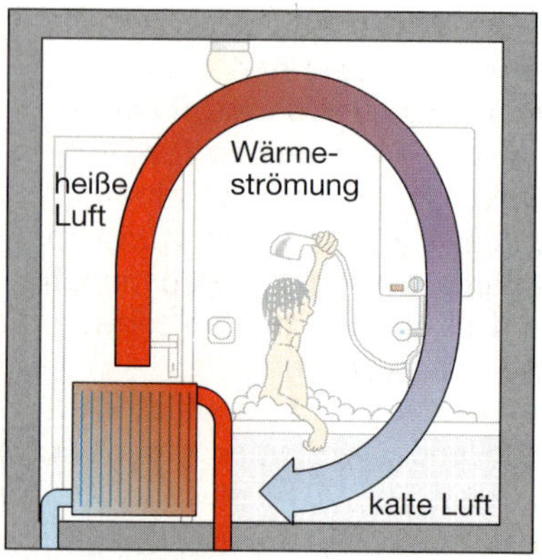

2 Luftströmung

3. a) Aus welchen Teilen besteht die Zentralheizung?
b) Beschreibe den Weg des Wassers. Begründe die Temperaturunterschiede des Wassers.

4. Warum bilden sich an den Wänden oberhalb von Heizkörpern dunkle Stellen?

Die Zentralheizung

In vielen Häusern ist eine Zentralheizung wie in Bild 3 eingebaut. Kessel und Brenner der Heizungsanlage stehen im Keller. Oberhalb des Brenners liegen die spiralförmig angeordneten Rohre für das Heizungssystem. Diese Rohre sind mit Rohrleitungen außerhalb des Kessels verbunden, die von dort zu den mit Wasser gefüllten Heizkörpern in den einzelnen Räumen führen. Im Heizkessel wird meistens Öl oder Gas verbrannt. Dabei wird das Wasser im Kessel erwärmt und mithilfe einer Pumpe durch die Rohrleitungen zu den Heizkörpern transportiert. Die Wärme wird durch das strömende Wasser mitgeführt. Bei der **Wärmeströmung** bewegt sich der Körper, dessen innere Energie verändert wird. Der Heizkörper, der vom warmen Wasser durchströmt wird, erwärmt sich und gibt Wärme an die Luft im Raum weiter. Das Wasser kühlt sich ab, sinkt im Heizkörper nach unten und fließt zum Kessel zurück. Die Hinleitung zum Heizkörper ist deshalb, wie in Bild 3 dargestellt, wärmer als die Rückleitung und jeder Heizkörper ist oben wärmer als unten.

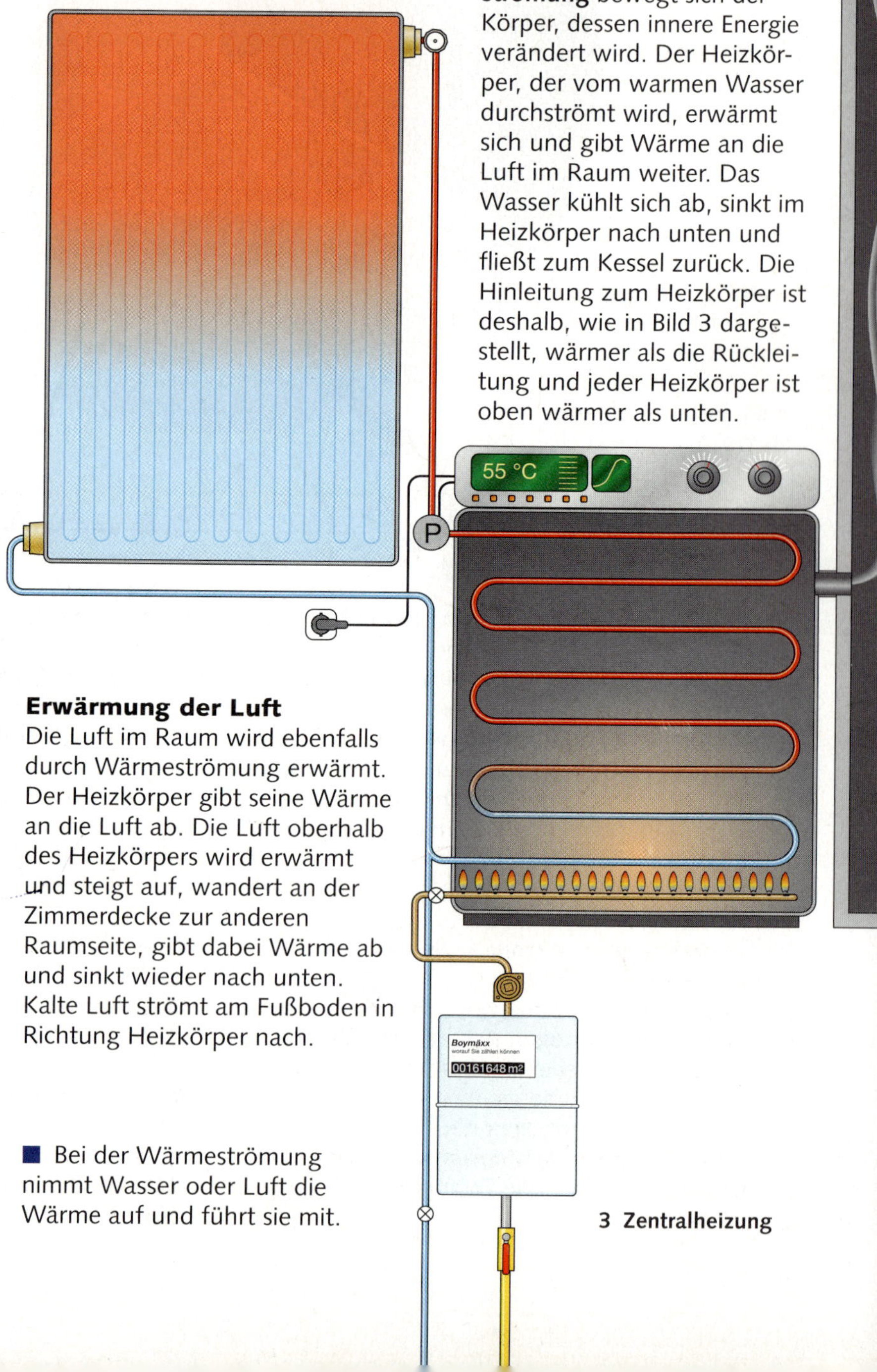

Erwärmung der Luft

Die Luft im Raum wird ebenfalls durch Wärmeströmung erwärmt. Der Heizkörper gibt seine Wärme an die Luft ab. Die Luft oberhalb des Heizkörpers wird erwärmt und steigt auf, wandert an der Zimmerdecke zur anderen Raumseite, gibt dabei Wärme ab und sinkt wieder nach unten. Kalte Luft strömt am Fußboden in Richtung Heizkörper nach.

■ Bei der Wärmeströmung nimmt Wasser oder Luft die Wärme auf und führt sie mit.

3 Zentralheizung

Wärmestrahlung

1. Fülle zwei Reagenzgläser zur Hälfte mit Wasser und stelle sie im Abstand von 10 cm vor eine Reflektorlampe. Stelle wie in Bild 1 vor ein Glas ein Blatt Papier. Miss die Temperatur des Wassers. Schalte die Lampe ein und miss nach 5 min erneut die Temperatur des Wassers. Interpretiere deine Beobachtung.

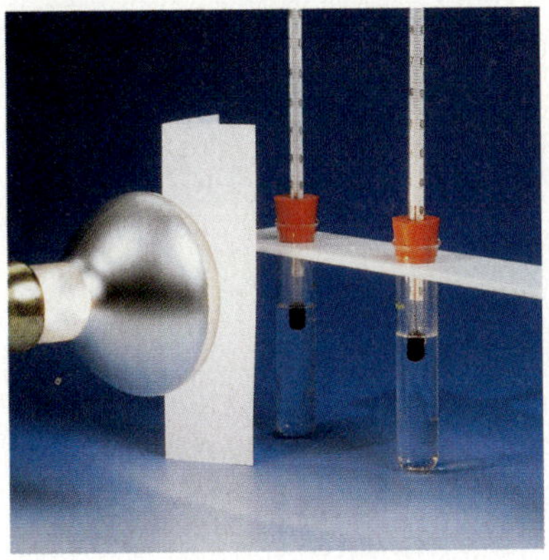

1 **Erwärmung durch Strahlung**

2 **Hell oder dunkel?**

2. Nimm zwei gleichartige Thermometer und umwickle die Thermometergefäße mit Alufolie. Beruße die Folie an einem Thermometer (Bild 2). Stelle beide Thermometer für 5 min im gleichen Abstand vor eine Reflektorlampe. Was beobachtest du?

3. a) Erhitze mit einer Gasflamme eine eingespannte Metallplatte. Halte anschließend deine Hände wie in Bild 3 mit gleichem Abstand über und unter die Platte. Beschreibe deine Beobachtungen.
b) Wie kommt die Wärme vom Metall zu deinen Händen?

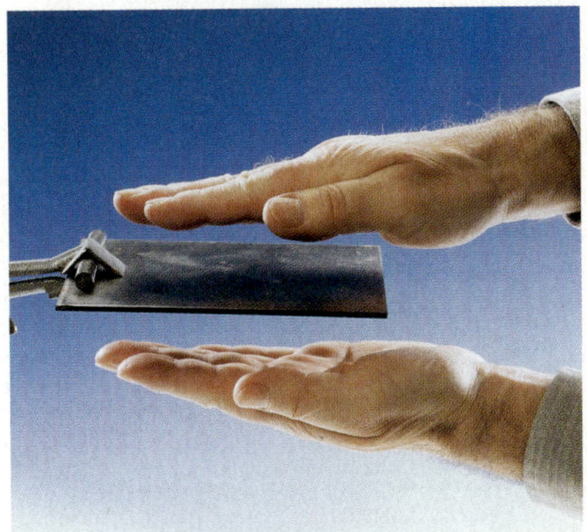

3 **Die Hände werden erwärmt.**

Wie kommt Wärme von der Sonne zur Erde?

Durch ein Kaminfeuer oder ein Lagerfeuer wird die dem Feuer zugewandte Körperseite besonders stark erwärmt. Auch die Wärme, die von anderen Wärmequellen abgegeben wird, kannst du spüren, ohne diese Wärmequellen zu berühren.

Die Sonne versorgt die Erde mit Wärme, obwohl sie 150 Millionen Kilometer entfernt ist. Zwischen Sonne und Erde befindet sich kein Stoff, der die Wärme mitführen oder weiterleiten kann. Die Wärme wird durch **Wärmestrahlung** transportiert.

Die Wärme wird mit dem Licht der Sonne zur Erde übertragen. Dadurch wird die innere Energie aller von der Sonne beschienenen Körper erhöht.
Bei der Wärmestrahlung erfolgt die Übertragung der Wärme von einem wärmeren zu einem weniger warmen Körper ohne Kontakt zwischen den Körpern und ohne Transport durch einen Stoff.

■ Alle Körper geben Wärme durch Strahlung ab. Für die Übertragung der Wärme durch Wärmestrahlung sind weder Stoff noch Kontakt zwischen den Körpern notwendig.

Gleiche Bestrahlung – gleiche Erwärmung?

Durch die Energie der Sonne wird die Temperatur von Körpern auf der Erde erhöht. Lässt du die Sonne an einem heißen Sommertag ungehindert durch die Fenster scheinen, wird es dir schnell zu warm im Zimmer. Metalljalousien außen vor dem Fenster bewirken dagegen, dass es angenehm kühl bleibt. Glasscheiben kann die Wärme durchdringen, von Jalousien wird sie reflektiert.

In den südeuropäischen Ländern sind die meisten Häuser sehr hell angestrichen. Helle und glatte Oberflächen **reflektieren** einen großen Teil der auftreffenden Wärme. Durch den hellen Anstrich soll also ein zu starkes Aufheizen der Häuser verhindert werden. Dunkle und raue Oberflächen nehmen dagegen die auftreffende Wärme auf, sie **absorbieren** sie. Dadurch erwärmen sich Körper mit diesen Oberflächen stark.

■ Verschiedene Stoffe sind für Wärme unterschiedlich gut durchlässig. Die gleiche Bestrahlung führt bei dunklen und rauen Oberflächen zu einer stärkeren Erwärmung des Körpers als bei hellen und glatten Oberflächen.

Wärmedämmung

Eine gute Wärmedämmung soll verhindern, dass ein Körper Wärme abgibt und dadurch abkühlt. Eine gute Wärmedämmung kann aber auch verhindern, dass ein Körper Wärme aufnimmt und dadurch wärmer wird. Wärmedämmung soll also einen unerwünschten Wärmeübergang verzögern. Einige Möglichkeiten der Wärmedämmung werdet ihr in diesem Projekt kennen lernen.

1 **Diese Stoffe stehen als Dämmmaterial zur Auswahl.**

Gruppe 1: Kaltes soll kalt bleiben
Ein Kühlschrank muss gut wärmegedämmt sein. Findet heraus, welche Stoffe sich zur Wärmedämmung beim Kühlschrank eignen.
Stellt 250 ml-Bechergläser in je ein 1000 ml-Becherglas. Füllt den Raum zwischen den Seitenwänden und Böden mit einem Stoff aus dem Angebot von Bild 1 aus. Gebt dann in jedes 250 ml-Glas 3 Eiswürfel und deckt die Gläser mit einem Uhrglas ab. In welchem Becherglas schmelzen die Eiswürfel zuerst, in welchem zuletzt? Schreibt die Reihenfolge auf. Welche Stoffe eignen sich also gut zur Wärmedämmung beim Kühlschrank?

2 **Wärme ist unerwünscht.**

Gruppe 2: Warmes soll warm bleiben
Wenn ein Backofen gut wärmegedämmt ist, muss er nicht so oft nachheizen. Welche Stoffe eignen sich zur Wärmedämmung beim Backofen?
Stellt 250 ml-Bechergläser in je ein 1000 ml-Becherglas. Füllt den Raum zwischen den Seitenwänden und Böden mit einem Stoff aus dem Angebot von Bild1 aus. Gebt dann in jedes 250 ml-Glas 200 ml Wasser von 60 °C und deckt die Gläser mit einem Uhrglas ab. Messt nach je 4 min die Wassertemperaturen in den Gläsern und tragt die Werte in die Tabelle ein. Welche Stoffe würdet ihr für die Wärmedämmung beim Backofen nehmen?

Dämmstoff	Temperatur in °C nach				
	4 min	8 min	12 min	16 min	20 min
1					
2					
3					
4					
5					
6					
7					
8					

3 **Wärme wird unterschiedlich abgegeben.**

Gruppe 3: Schutz vor Wärme und Kälte

Das Schiff der Familie Freitag ist durch einen kräftigen Sturm auf ein Felsenriff getrieben worden und liegt halb versunken vor dem Strand einer unbewohnten Insel. Die Eltern haben sich mit ihren Kindern auf die kleine Insel retten können. Hier finden sie Trinkwasser und Nahrung. Die Tage sind heiß, nachts wird es aber empfindlich kalt. Familie Freitag überlegt, wie sie sich am Tage vor der Hitze und nachts vor der Kälte schützen kann. Die Kinder haben da eine Idee: An Bord des Schiffes …, Hütte …!

Ihr ahnt bestimmt schon, was den Kindern eingefallen ist. Wie würdet ihr auf der Insel eine Hütte bauen? Die Hütte soll tagsüber Wärme abhalten, nachts aber ein Auskühlen verhindern. Was würdet ihr zum Bau einer brauchbaren Hütte vom Schiff holen?

Baut nach euren Ideen Hüttenmodelle aus verschiedenen Stoffen.

4 Robinsons Nachfolger

Als Sonnenersatz könnt ihr eine 60 W-Glühlampe verwenden. Überprüft durch Temperaturmessungen, welche Stoffe sich hier zur Wärmedämmung eignen. Vielleicht findet ihr auch Material, das tagsüber Wärme speichert und nachts wieder abgibt.

Gruppe 4: Wärmedämmung in der Natur

Igel, Drossel und viele andere Tiere müssen im Winter auch bei sehr niedrigen Temperaturen ihre Körpertemperatur auf einem bestimmten Wert halten. Wie gelingt ihnen das?

a) Gebt in ein großes Becherglas Eiswasser. Füllt ein großes Reagenzglas mit Wasser, ein zweites mit der gleichen Menge weichem Kokosfett. Steckt in beide Reagenzgläser ein Thermometer und stellt sie in das Becherglas mit Eiswasser.
Messt nach 8 min die Temperatur des Eiswassers, des Fetts und des Wassers in den Reagenzgläsern. Erklärt die Messergebnisse.

b) Füllt zwei 250 ml-Erlenmeyerkolben mit 40 °C warmem Wasser. Verschließt die Kolben mit je einem Gummistopfen, in dem ein Thermometer steckt. Lasst einen Kolben im Raum stehen. Stellt den zweiten Kolben in eine mit Daunen gefüllte Frischhaltetüte und bindet sie am Kolbenhals zu. Lest nun nach jeweils 5 min die Temperaturen ab und vergleicht. Erklärt die Ergebnisse.

Wie schützt sich also der Igel vor Wärmeverlust?

Welche anderen Tiere schützen sich im Winter ähnlich?

5 Der Igeltrick

6 Der Drosseltrick

Wie schützt sich also die Drossel vor Wärmeverlust?

Schlagt im Biologiebuch nach, wie sich andere Tiere im Winter schützen.

Energie wird verzögert abgegeben

1. Beschreibe den Aufbau einer Isolierkanne nach Bild 1.

2. a) Wie wandert die Wärme vom heißen Tee durch die Isolierkanne? Beschreibe den Weg der Wärme von innen nach außen. Achte dabei auf die Art des Wärmetransportes.
b) Kalter Tee bleibt an einem heißen Tag in einer Isolierkanne lange kalt. Beschreibe auch hierfür den Weg der Wärme.
c) Wie warm kann der Tee schließlich in beiden Fällen werden?

3. Früher wurden heiße Kartoffeln in einer Kiste mit Stroh über längere Zeit warm gehalten. Erkläre diese Anwendung.

4. Neue Vakuumröhrenkollektoren helfen in der kalten Jahreszeit bei der Heizung von Räumen. Die doppelwandigen Glasrohre des Vakuumröhrenkollektors funktionieren nach dem Prinzip einer Isolierkanne. Erkundige dich im Internet über den genauen Aufbau und den Weg der Wärme.

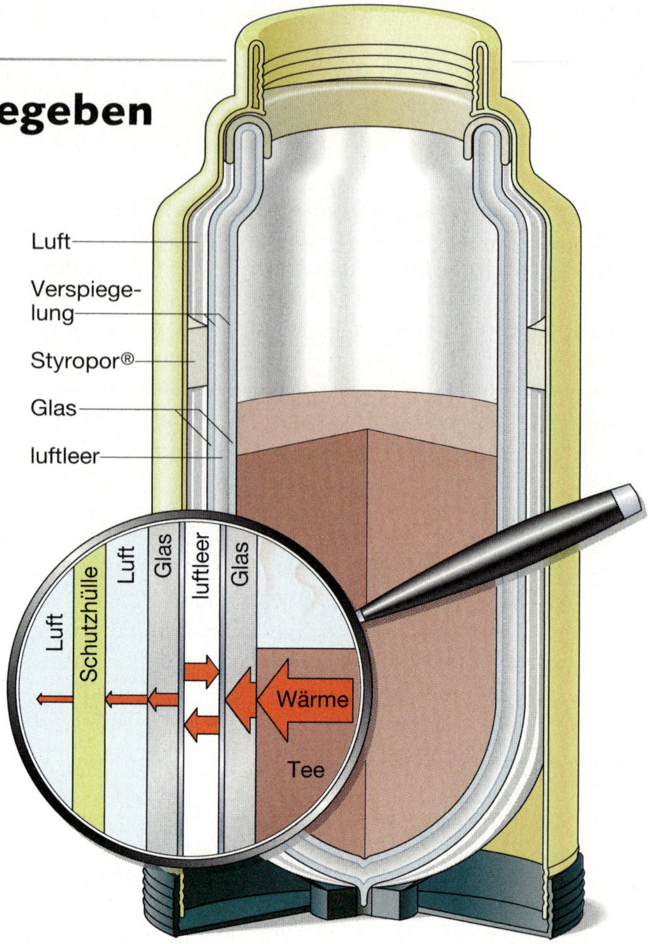

1 Aufbau einer Isolierkanne

Aufgabe der Isolierkanne

In einer Isolierkanne bleibt heißer Tee über viele Stunden warm oder Eistee im Sommer über lange Zeit kühl. Der Aufbau der Isolierkanne ermöglicht, dass Wärme vom Tee nicht schnell abgegeben oder aufgenommen wird.

Wärmeleitung im Inneren

Das innere Glasgefäß wird vom Tee erwärmt. Die Wärme wandert durch Wärmeleitung durch die Glaswand in den Hohlraum des doppelwandigen Gefäßes. Weil Glas aber ein schlechter Wärmeleiter ist, wandert die Wärme nur sehr langsam durch die Glaswand. Im Hohlraum, auf den sie jetzt trifft, ist keine Luft enthalten. Damit ist die Wärmeleitung gestoppt.

Wärmestrahlung dazwischen

Die Wärme wird aber nun durch Wärmestrahlung von der ersten Glaswand zur zweiten weitergegeben. Dazu ist kein Stoff nötig. Jetzt könnte die zweite Glaswand erwärmt werden. Im Hohlraum sind aber die beiden Glaswände verspiegelt. Durch die Verspiegelung wird die Wärme deshalb wie Licht von der einen zur anderen Wand hin und her geworfen. Die zweite Wand wird aber trotzdem erwärmt, weil auch beim Reflektieren ein Teil der Wärme in die Glaswand eindringt. Dieser Teil wandert durch Wärmeleitung nach außen. Hier ist nun Luft zwischen dem Glasgefäß und der Schutzhülle.

Wärmeströmung außen

Luft ist zwar ein schlechter Wärmeleiter, wenn sie aber erwärmt wird, bewegt sie sich. So kann sie Wärme von der zweiten Glaswand an die äußere Hülle durch Wärmeströmung weitergeben. Diese Schutzhülle schließlich leitet die Wärme an die Luft der Umgebung.
Der Verschluss der Kanne oben und der Plastikring unten behindern ebenfalls die Wärmeleitung, weil die Materialien schlechte Wärmeleiter sind.

■ Von einer Isolierkanne wird Wärme durch Wärmeleitung, Wärmeströmung und Wärmestrahlung nur verzögert weitergeleitet.

Streifzug

Energiesparendes Heizen und Lüften

Heizen belastet die Umwelt. Durch regelmäßiges Säubern des Heizkessels wird der Brennstoff besser ausgenutzt und unnötige Abgase werden vermieden. Der Schornsteinfeger prüft jährlich, ob die vom Gesetzgeber vorgeschriebenen Abgaswerte eingehalten werden.

Heizkörper müssen mit Thermostatventilen ausgerüstet sein. Du kannst damit für jeden Raum eine bestimmte Temperatur einstellen. Das Ventil sorgt durch Öffnen und Schließen der Warmwasserzufuhr dafür, dass diese Temperatur auch eingehalten wird.

Wichtig ist das Stoßlüften der Zimmer. Dazu musst du die Fenster etwa 5 min lang weit öffnen. Dadurch erreichst du, dass die Luft in den Zimmern ausgetauscht wird, die Wände aber nicht auskühlen.

empfohlene Raumtemperaturen	
Klassenraum	19 °C
Schlafzimmer	16 °C
Küche	18 °C
Dusche	22 °C
Wohnzimmer	20 °C

1. Wie reagieren Thermostatventile bei gekipptem Fenster?

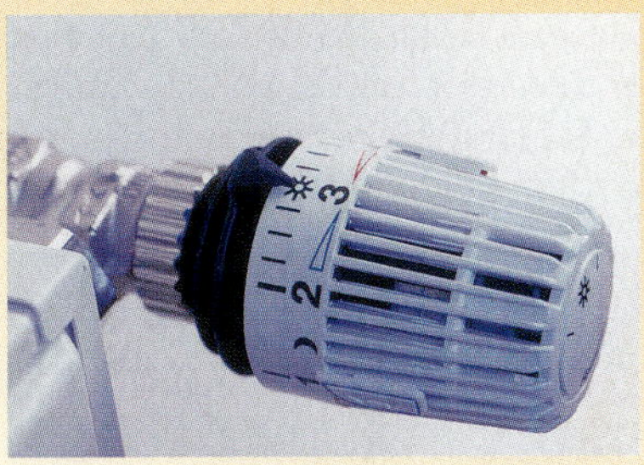

1 Thermostatventil

Streifzug

Inversionswetterlage und Smog

Auto-, Industrie- und Heizungsabgase werden in großen Mengen an die Luft abgegeben. Bei normaler Wetterlage werden die Abgase in der Luft verteilt und ziehen in höhere Luftschichten ab.

Wenn an kalten Tagen bei Windstille anders als üblich über der kalten Bodenluft wärmere Luftschichten liegen, kann die Bodenluft nicht aufsteigen. Es findet kein Luftaustausch statt. Dieser Zustand heißt Inversionswetterlage. Reichert sich die kalte Bodenluft mit Staub und Abgasen an, entsteht Wintersmog.

Reagieren an warmen Tagen die Abgase durch Einwirkung von Sonnenlicht miteinander, so entstehen giftige Verbindungen. Das ist der Sommersmog. Menschen mit Atemwegs- und Kreislauferkrankungen, kleine Kinder und ältere Leute sind bei dieser Wetterlage gesundheitlich besonders gefährdet.

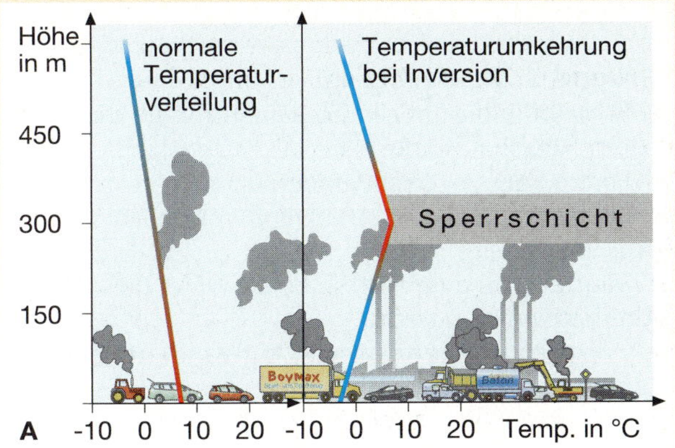

2 Entstehung von A *Inversionswetterlage;* **B** *Smog*

Energiesparen in Haushalt und Schule

Da fossile Brennstoffe zur Neige gehen, ist es notwendig, sie sparsam zu nutzen. Durch Energieeinsparung kann jeder mithelfen, Brennstoffe zu schonen und auch Umweltbelastungen zu verringern. Dabei sollte die Lebensqualität, die wir zurzeit genießen, jedoch möglichst nicht abnehmen. In diesem Projekt sollt ihr untersuchen, wo und wie Energie eingespart werden kann.

Gruppen 1 bis 3: Energie im Haushalt

- Die Mitglieder dieser Gruppen überlegen, welche Geräte zu Hause in der Küche oder im Haushalt benutzt werden. Erstellt eine Tabelle und überlegt, ob es Möglichkeiten gibt, den gleichen Effekt dieser Geräte mit weniger Energieaufwand zu erreichen.
- Bewertet, ob die Lebensqualität durch die gewählten Alternativen beeinträchtigt wird.
- Messt den Energiebedarf mithilfe eines Elektro-Verbrauchsmessgerätes, das ihr bei Verbraucherzentralen ausleihen könnt.

Gerät	Energieform	Energiebedarf hoch/niedrig	Alternativen möglich wenn ja, welche/nein	Bereitschaft zum Wechsel ja/nein

1 Kaffeemaschine mit Wärmeplatte

2 Verschiedene Leuchtmittel

Gruppe 1: Geräte, die Wärme erzeugen

- Schreibt in die Tabelle alle Geräte aus eurem Haushalt, die Wärme erzeugen.
- Findet Energieverschwender und überlegt, welche Geräte sinnvoll sind.
- Klärt die Frage, ob es sinnvolle Alternativen gibt.
- Welche Vorteile für die Umwelt haben die Alternativen?
- Schätzt ab, ob eure Familie bereit wäre, diese Alternativen zu nutzen.
- Recherchiert, wie groß der finanzielle Unterschied zwischen dem Ist-Zustand und der möglichen Alternative ist.

Gruppe 2: Beleuchtung

- Schreibt in die Tabelle alle Leuchtmittel, die ihr in eurem Haushalt findet.
- Findet Energieverschwender.
- Gibt es sinnvolle Alternativen, welche Leuchten sind überflüssig?
- Beurteilt, ob eure Familie bereit wäre, diese Alternativen zu nutzen.
- Wie groß ist der finanzielle Aufwand, um die Lampen oder Leuchten auszutauschen?
- Befragt Fachleute, wann sich die Alternativen bezahlt gemacht haben werden.

3 Gerät, in dem sich etwas bewegt

4 Energienutzung in der Schule

Gruppe 3: Geräte, die Bewegung erzeugen

- Schreibt in die Tabelle alle Geräte eures Haushaltes, die Bewegung erzeugen. Beachtet dabei, dass es Geräte gibt, die Energie in mehreren Formen abgeben.
- Findet Energieverschwender.
- Gibt es sinnvolle Alternativen?
- Findet überflüssige Geräte.
- Wie groß ist die Bereitschaft in der Familie umzudenken?
- Welche Kosten kommen bei einem Wechsel auf die Familie zu?
- Erkundigt euch bei der Verbraucherzentrale, wann sich eine solche Umstellung auszahlt.

Alle Gruppen: Energiesparen in der Schule

- Sucht im Klassenraum, im Schulgebäude, auf dem Pausenhof und im Umfeld der Schule Geräte, die Wärme, Licht oder Bewegung erzeugen.
- Tragt die Geräte in die Tabelle ein.
- Bewertet, wie groß die Notwendigkeit ist, solche Geräte einzusetzen. Welche werden dringend benötigt, welche dienen nur dem Vergnügen?
- Besteht die Möglichkeit, dass ein Gerät gleichzeitig von mehreren Personen genutzt werden kann, sodass Energie gespart wird?
- Findet Energieverschwender.
- Ist die Schule,
sind die Schülerinnen und Schüler,
sind die Lehrerinnen und Lehrer,
sind die Eltern
bereit umzudenken und Alternativen zu nutzen?
- Überlegt, ob ihr an einem öffentlich geförderten Projekt teilnehmen wollt.

Der Energiesparwettbewerb
Wenn ihr die erarbeiteten Vorschläge in die Tat umsetzen wollt, sind neue Ideen gefragt. Ein Wettbewerb kann alle betroffenen Personen zum Umdenken anregen. Plant einen Energiesparwettbewerb.
Ein eindrucksvolles Plakat erweckt Aufmerksamkeit.

Empfinden und Messen von Temperaturen

1 Heiß oder kalt?

1. Tauche eine Hand in kaltes, die andere in heißes Wasser und nach kurzer Zeit wie in Bild 1 beide Hände in lauwarmes Wasser. Beschreibe deine Empfindungen.

2. Beschreibe ein Thermometer. Nenne die Aufgaben der einzelnen Teile.

3. a) Suche in deiner Umgebung möglichst viele unterschiedliche Orte, an denen du Temperaturen messen kannst. Schätze zuerst die Temperaturen, bevor du sie misst. Schreibe sie auf. Notiere danach auch die gemessenen Werte.
b) Vergleiche die Werte miteinander. Erkläre die Unterschiede.

4. In Wetterberichten wird oft die „gefühlte Temperatur" genannt. Sie kann bis zu zehn Grad von den vorausgesagten Temperaturwerten abweichen. Was verstehst du unter der „gefühlten Temperatur"?

Der Temperatursinn lässt sich täuschen
In unserer Haut gibt es winzige Kälte- und Wärmepunkte. Mit ihnen empfinden wir unterschiedliche Temperaturen. Diese Fühlpunkte geben uns an, ob wir gerade kalte, warme oder heiße Gegenstände berühren.
Es ist aber sehr schwer abzuschätzen, wie kalt oder heiß etwas wirklich ist. Wenn du zum Beispiel eine Hand in kaltes, die andere in heißes Wasser hältst und nach kurzer Zeit beide Hände in lauwarmes Wasser tauchst, hast du eine ganz überraschende Wärmeempfindung. Mit der einen Hand empfindest du das Wasser wesentlich kälter als mit der anderen.

Der Temperatursinn wird getäuscht, weil die eine Hand vorher im kalten Wasser und die andere im heißen Wasser war. Die Fühlpunkte der Haut vergleichen Temperaturen. Deswegen empfindet die eine Hand das lauwarme Wasser kälter als die andere und umgekehrt die andere das lauwarme Wasser wärmer. Unser Temperaturempfinden reicht nicht aus. Du musst ein Messgerät einsetzen, mit dem du Temperaturen messen kannst, ein **Thermometer.**

Digitales Thermometer
Außer analogen Thermometern wie Flüssigkeitsthermometer gibt es auch digitale Thermometer. Diese funktionieren mit Elektrizität und benötigen deshalb eine Batterie.

■ Unser Temperatursinn ist unzuverlässig. Zur Messung von Temperaturen brauchst du deshalb ein Thermometer.

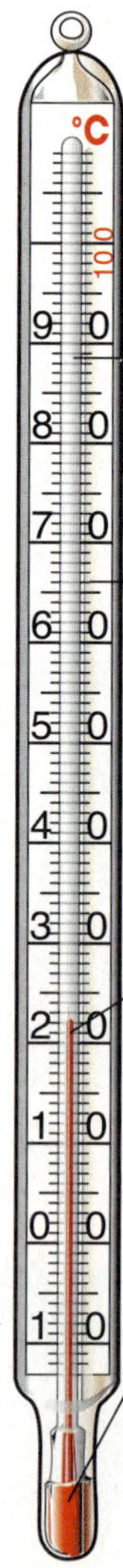

Flüssigkeitsthermometer

Glaskörper: Ein Glasrohr schützt die inneren Bauteile.

Steigrohr: Es ist ein dünnes Glasrohr, in dem sich eine farbige Flüssigkeit auf und ab bewegen kann.

Skala: Sie ermöglicht zusammen mit dem Zeiger das Ablesen der Temperatur. Die Skala besteht aus vielen Teilstrichen. Neben jedem 10. Strich steht eine Zahl.

Thermometerflüssigkeit: Das Ende der Flüssigkeitssäule zeigt die Temperatur an. Es ist der Zeiger des Thermometers.

Vorratsbehälter: Er ist mit einer farbigen Flüssigkeit gefüllt und mit dem Steigrohr verbunden. Er ist zugleich auch der Messfühler des Thermometers.

Die Celsius-Skala

1. a) Fülle ein hohes Becherglas mit 50 ml Wasser. Halte ein Thermometer ohne Skala so in das Becherglas, dass es den Boden des Becherglases nicht berührt. Erhitze das Wasser bis zum Sieden und beobachte dabei die Flüssigkeitssäule des Thermometers.
b) Markiere die höchste Stelle, bis zu der die Flüssigkeitssäule des Thermometers gestiegen ist, mit einem wasserfesten Filzstift.

2. a) Halte das Thermometer aus Versuch 1 in das Auslaufrohr eines Trichters und fülle den Becher des Trichters mit zerstoßenem Eis. Warte, bis die Flüssigkeitssäule im Thermometer ihre Höhe nicht mehr verändert.
b) Markiere die Stelle am Thermometer, bis zu der die Flüssigkeitssäule gesunken ist, mit einem wasserfesten Filzstift.
c) Erläutere deine Beobachtung.

3. Schreibe an die untere Markierung 0 °C und an die obere Markierung 100 °C. Teile den Abstand zwischen den beiden Markierungen in 100 gleiche Teile ein. Hinweis: Am einfachsten ist es, den Abstand zuerst in 10 gleiche Teile zu teilen und jedes dieser 10 Teile erneut in 10 Teile aufzuteilen.

4. Stelle mehrere Bechergläser mit Wasser unterschiedlicher Temperaturen bereit. Miss die Wassertemperatur in jedem dieser Bechergläser
a) mit dem Thermometer mit der selbst hergestellten Skala,
b) mit einem gekauften Thermometer.
c) Vergleiche die Ergebnisse der beiden Messungen miteinander. Interpretiere mögliche Abweichungen.

1 Die Siedetemperatur

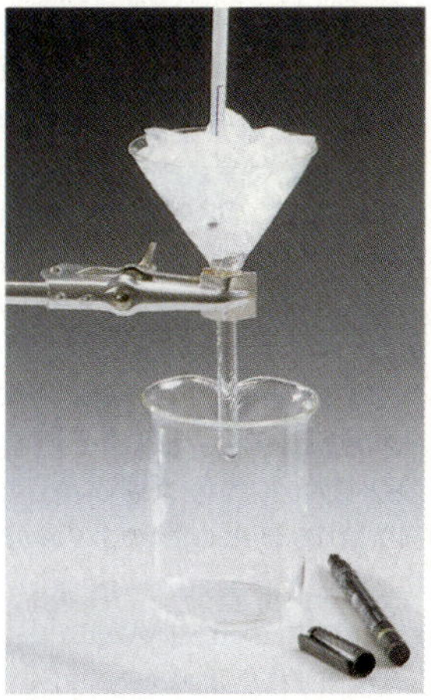
2 Die Schmelztemperatur

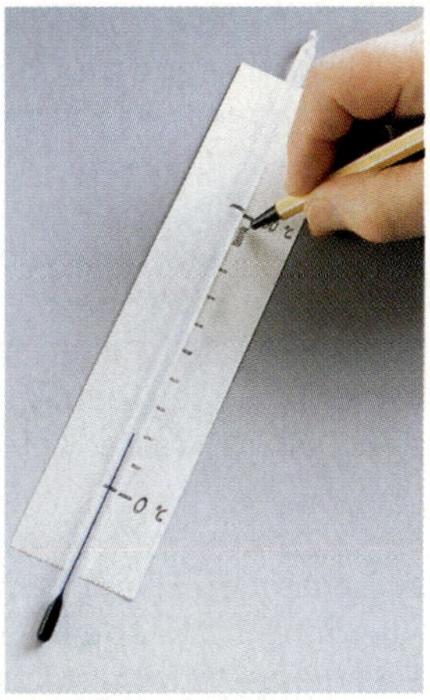
3 Dazwischen 100 Teile

Unterschiedliche Messwerte

Die ersten Thermometer hatten ganz unterschiedliche Skalen. So lange für verschiedene Messungen immer dasselbe Thermometer verwendet wurde, konnten die Messwerte miteinander verglichen werden. Unterschiedliche Thermometer ergaben jedoch unterschiedliche Messwerte.

Einheitliche Messwerte

In Europa werden heute Thermometer mit der **Celsius-Skala** verwendet. Diese Skala wird durch die Schmelztemperatur und die Siedetemperatur von Wasser festgelegt. Dabei ist mit der Schmelztemperatur die Temperatur gemeint, bei der Eis schmilzt.
Bei der Siedetemperatur verdampft das Wasser. Diese Temperatur erhöht sich nicht, auch wenn dem Wasser weiter Wärme zugeführt wird. Bei gleichem Luftdruck sind Schmelz- und Siedetemperatur von Wasser auf der ganzen Erde gleich. Sie werden daher **Fixpunkte** genannt.
Die Schmelztemperatur des Wassers wird mit 0 °C und die Siedetemperatur mit 100 °C bezeichnet. Das Zeichen °C bedeutet Grad Celsius. Der Abstand zwischen diesen Temperaturen ist auf der Celsius-Skala in 100 gleiche Teile eingeteilt.

Damit auch Temperaturen über 100 °C und unter 0 °C gemessen werden können, wird die Celsius-Skala nach oben und unten mit gleicher Einteilung fortgesetzt. Temperaturen unter 0 °C werden mit einem Minuszeichen angegeben, zum Beispiel –5 °C.

■ Schmelztemperatur und Siedetemperatur des Wassers sind die Fixpunkte der Celsius-Skala. Der Abstand auf der Skala zwischen diesen beiden Temperaturen ist in 100 gleiche Teile eingeteilt.

Thermometer und ihre Skalen

Florentiner Thermometer

Die ersten Thermometer wurden in Italien gebaut und als **Florentiner Thermometer** auch nach Nordeuropa verkauft.
Die Thermometer (Bild 1) bestanden aus einem kugelförmigen Ausdehnungsgefäß, das mit farblosem Weingeist gefüllt war. Das aufgesetzte 11 cm lange Glasröhrchen war geschlossen. Die Thermometer-Skala am Glasröhrchen bestand aus angeschmolzenen Emailletröpfchen.

Zum Ablesen der Temperatur wurden einfach aufwärts die Tröpfchen von 1 bis 50 gezählt. Der Bereich zwischen Anfang und Ende der Skala war in unterschiedliche Abstände eingeteilt. Jedes Thermometer zeigte daher bei derselben Temperatur ganz unterschiedliche Gradzahlen an. Die Werte verschiedener Thermometer waren nicht vergleichbar. Es gab keine Fixpunkte. Deshalb begannen die Thermometer-Skalen mit der niedrigsten und endeten mit der höchsten Jahrestemperatur. Diese Temperaturen waren natürlich nicht in jedem Jahr und nicht überall gleich.

1 Florentiner Thermometer

Fahrenheit- und Celsius-Skala

Der Erste, der mehrere Thermometer mit genau gleicher Skala bauen konnte, war Daniel Fahrenheit (1686–1736) aus Danzig. Er lernte die Florentiner Thermometer in Amsterdam während seiner Ausbildung zum Kaufmann und zum Glasbläser kennen. Fahrenheit gelang es, gleichmäßig dicke Glasrohre herzustellen. Als unteren Fixpunkt (0 °F) wählte er die tiefste Temperatur, die er mit einer Mischung aus Schnee und Salmiak künstlich herstellen konnte (–17,8 °C). Als zweiter Fixpunkt ergab sich der Schmelzpunkt des Eises (0 °C) mit 32 °F. Die Körpertemperatur des Menschen (96 °F) diente als Kontrollpunkt. Als dritten Fixpunkt wählte er den Siedepunkt von Wasser (212 °F). Den Bereich zwischen Schmelzpunkt und Siedepunkt teilte er in 180 gleiche Teile ein.
Die Fahrenheit-Skala wird heute noch in den USA verwendet. Die Temperaturen werden in Grad Fahrenheit (°F) angegeben. Die Skala ist aber ein wenig angepasst worden. Auf der Fahrenheit-Skala beträgt die Körpertemperatur des Menschen 98 °F, Wasser gefriert bei 32 °F und siedet bei 212 °F.

Der Schwede Anders Celsius (1701–1744) teilte den Abstand zwischen den Fixpunkten des Wassers in 100 gleiche Teile. Allerdings hatte er den Gefrierpunkt mit 100 Grad und die Siedetemperatur mit 0 Grad bezeichnet. Seit etwa 1780 wird die Celsius-Skala in ihrer heutigen Form verwendet.

Herstellung heute

Noch heute gibt es den Beruf Thermometermacher. Der Thermometermacher verarbeitet die in der Glashütte hergestellten dünnen Röhrchen und Glasscheiben aus Milchglas und stellt damit Flüssigkeitsglasthermometer her.
Angewendet werden die von ihm hergestellten Thermometer im Haushalt, in der Industrie, für meteorologische Messungen, in Forschungseinrichtungen, Laboratorien und in der Medizin.

Ein Thermometer für die ganze Welt

Die Thermometer werden in alle Welt verkauft. Durch die festgelegten Fixpunkte kann das Thermometer an jedem Ort der Erde genau geeicht werden.

Umrechnungen von Temperatureinheiten

Temperatur in °F: $T_F = \frac{9}{5} \cdot T_C + 32$

Temperatur in °C: $T_C = \frac{5}{9} \cdot (T_F - 32)$

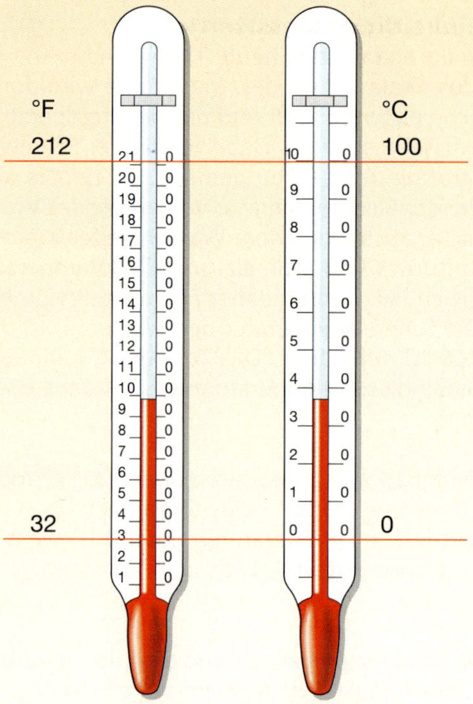

2 Fahrenheit-Skala und Celsius-Skala

Die Kelvin-Skala

1. a) Lies aus Bild 1 die Kelvin-Werte für –100 °C, –50 °C, 50 °C und 77 °C ab.
b) Lies auch die Celsius-Werte für 100 K, 150 K und 250 K ab.

2. Begründe, warum es unsinnig wäre, ein Thermometer mit einer Celsius-Skala bis –300 °C zu bauen.

Absoluter Nullpunkt

FAHRENHEIT und CELSIUS hatten Thermometerskalen für den Alltagsgebrauch entwickelt. Diese Skalen sind für die Arbeit von Wissenschaftlern allerdings nicht sehr geeignet. Minus-Temperaturen machen die Rechnungen unnötig kompliziert. So schlug der englische Physiker WILLIAM THOMSON, der spätere LORD KELVIN, eine Skala ohne Minus-Grade vor.
Durch Berechnungen hatte THOMSON herausgefunden, dass es eine Temperatur gibt, die nicht unterschritten werden kann.

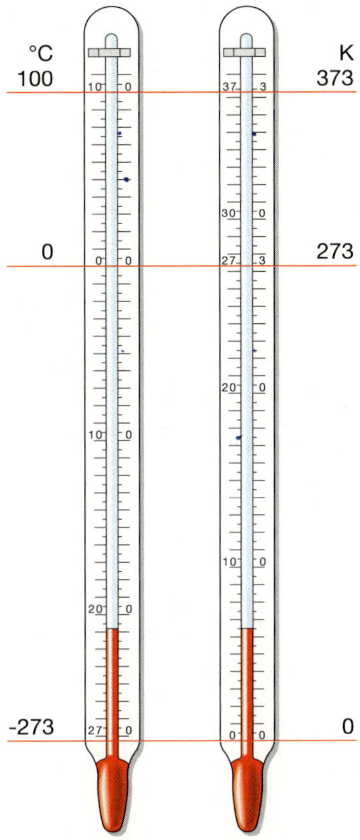

1 Thermometer mit Celsius- und Kelvin-Skala

Auf der Celsius-Skala liegt diese Temperatur bei -273,15 °C. Sie wird als **absoluter Temperatur-Nullpunkt** bezeichnet.
THOMSON hat ihr auf seiner Skala den Wert 0 zugeordnet. Die Abstände für 1 Grad hat er aber ebenso gewählt wie CELSIUS.

Die Thermometerskala von THOMSON hat sich in der Wissenschaft durchgesetzt. Sie wird zu Ehren ihres Erfinders nach seinem späteren Titel **Kelvin-Skala** genannt. Der absolute Temperatur-Nullpunkt wird mit 0 K (0 Kelvin) bezeichnet.

In diesem Buch werden Temperaturunterschiede und Temperaturänderungen immer in Kelvin angegeben.

■ Die niedrigste Temperatur, die möglich ist, beträgt –273,15 °C. Diese Temperatur heißt absoluter Temperatur-Nullpunkt. Die Kelvin-Skala beginnt beim absoluten Temperatur-Nullpunkt mit 0 K.

Streifzug

LORD KELVIN OF LARGS

WILLIAM THOMSON (1824–1907), later LORD KELVIN, was born in Belfast in Ireland. WILLIAM'S mother died when he was six years old and from that time on he has been brought up by his father. WILLIAM had never visited a school in his life. His father, a professor of mathematics in Glasgow, taught him. WILLIAM studied in Cambridge and Paris, before he became himself professor at Glasgow University. At this time he was 22 years old. The studies of WILLIAM THOMSON led him to propose an absolute scale of temperature in 1848.
WILLIAM THOMSON designed many new devices, including the mirror-galvanometer. That was very important for the telegraph transmissions in transatlantic submarine cable. THOMSON'S participation in the telegraph cable project was the reason that he was knighted in 1866. He created himself the title LORD KELVIN OF LARGS. The Kelvin is the river which runs through the grounds of Glasgow University and Largs is the town on the Scottish coast where THOMSON spent his last years.

to bring up – erziehen; to study – studieren; to visit – besuchen; to propose – vorschlagen; scale – Gradeinteilung; device – Gerät; to design – entwickeln; including – einschließlich; transmission – Übertragung; submarine cable – Unterwasserkabel; the knight – der Ritter; participation – Mitwirkung; reason – Grund; to spend – verbringen

Ausgleichsgeraden

Zeit in s	0	20	40	60	80	100
Temperatur in °C	22	34	38	65	60	75

1 Tabelle: Messwerte

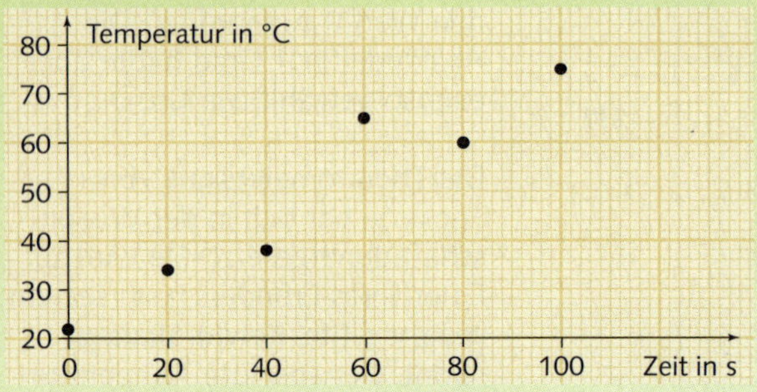

2 Diagramm: Eintragen der Messwerte

1. a) Erhitze 100 ml Wasser 2 min im Becherglas und miss die Temperaturerhöhung im Abstand von 20 s. Notiere die Werte in einer Tabelle.
b) Trage die Messwerte in ein Zeit-Temperatur-Diagramm ein und verbinde die Punkte. Beschreibe den Grafen, der dabei entsteht.
c) Trage die gleichen Messwerten erneut in ein Diagramm ein. Zeichne aus den Messpunkten eine Ausgleichgerade. Beschreibe deine Vorgehensweise.
d) Lies an der Ausgleichsgeraden für die in der Messung verwendeten Zeiten die Temperaturwerte ab. Trage die abgelesenen Werte in eine Tabelle ein. Vergleiche die Werte mit den gemessenen Werten aus dem Versuch a). Was stellst du fest?
e) Diskutiere, warum das Zeichnen der Ausgleichsgeraden sinnvoll ist.

Messfehler werden sichtbar

Bei Versuchen in der Mechanik und Elektrizitätslehre hast du Messwerte ermittelt und in Tabellen festgehalten. Du hast vermutet, dass die im Diagramm eingetragenen Messwerte auf einer Geraden liegen. Für die Abweichungen waren Ablesefehler oder ungenaue Messgeräte verantwortlich.

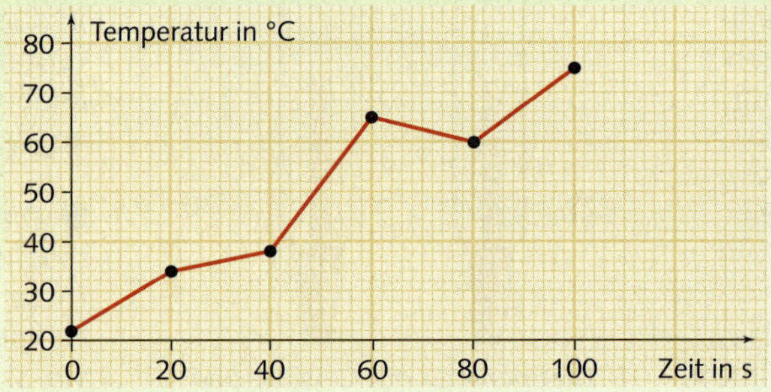

3 Diagramm: Verbinden der Messwerte

Verbinden der Messwerte

Die Messwerte aus Tabelle 1 sind im Diagramm 2 als Punkte dargestellt. Wenn diese Punkte verbunden werden, entsteht ein Graf, der schon sehr viel anschaulicher ist als die einzelnen Punkte sind (Bild 3). Werte zwischen den gemessenen Werten, die du dem Grafen entnimmst, sind bei dieser Methode jedoch häufig nicht korrekt. Du darfst sie in deine Versuchsauswertung nicht einbeziehen. Immerhin sind aber grobe Messfehler gut erkennbar.

Die Gerade dazwischen

- Versuche annähernd genau zwischen den Messpunkten eine Gerade zu zeichnen.
- Achte darauf, dass die Punkte, die nicht auf dieser **Ausgleichsgeraden** liegen, möglichst nahe am Verlauf des Grafen liegen.

Die Summe der Abstände aller Punkte oberhalb der Geraden sollte dabei genauso groß sein wie die Summe der Abstände unterhalb der Geraden. Die Punkte auf der Geraden stellen ideale Messwerte dar (Bild 4).

Jetzt kannst du aus dem Verlauf der Ausgleichgeraden die Messwerte in eine neue Tabelle (Bild 5) eintragen und die Genauigkeit deiner Messwerte mit den idealen Werten vergleichen.

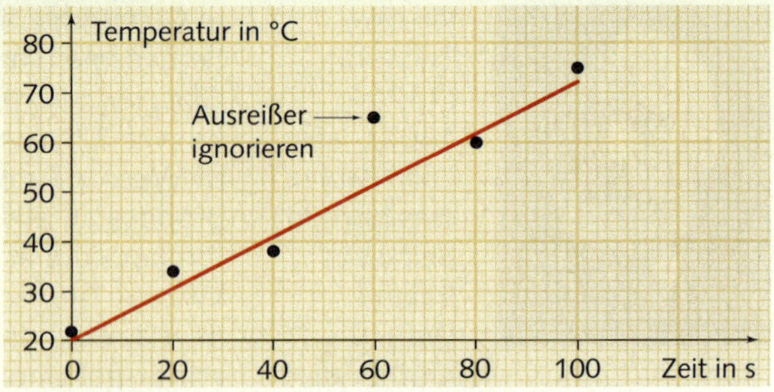

4 Diagramm: Einzeichnen der Ausgleichsgeraden

Zeit in s	0	20	40	60	80	100
Temperatur in °C	20	30	42	52	62	72

5 Tabelle: Ideale Werte

Messen von Minimal- und Maximal-Temperaturen

Temperaturaufzeichnung

Die für Wetterbeobachtungen wichtigen Werte der Minimal- und Maximaltemperatur werden mit einem besonderen U-förmigen Thermometer, dem Minimum-Maximum-Thermometer gemessen.

1. Auf Quecksilber schwimmt ein Stahlstift in Alkohol. Bei Temperaturzunahme dehnt sich links der rot gefärbte Alkohol aus und schiebt das Quecksilber und den rechten Stahlstift nach oben. Der Stahlstift zeigt so die maximale Temperatur an. Wie verhält sich das Thermometer bei Abkühlung?

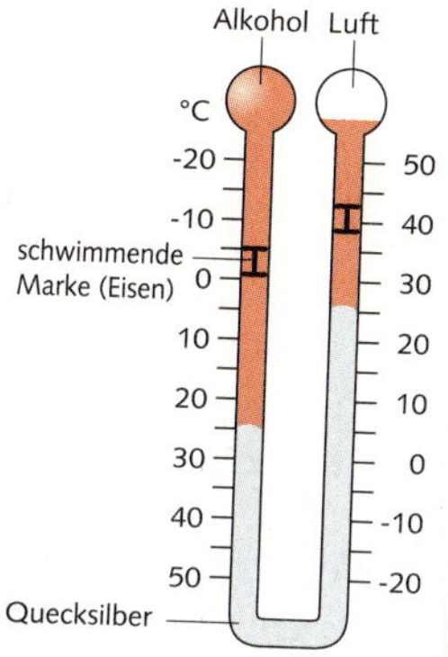

2. a) Erkläre, warum Maximum- und Minimumtemperaturen am unteren Ende der Marken abgelesen werden.
b) Lies die Maximum- und Minimumtemperaturen aus der Zeichnung ab.
c) Die Stahlstifte haften an der Glaswand, sie rutschen nicht von selber zurück. Wie werden sie nach einer Messung für eine neue Messung zurückgestellt?

Der Thermograph

Einen Überblick über die gesamten Temperaturwerte eines längeren Zeitraumes liefert ein Thermograph. Ein Thermograph steht beispielsweise in Bildergalerien oder Museen. Er überträgt mit einem Zeiger, an dem eine Schreibvorrichtung angebracht ist, die Temperaturwerte auf eine sich drehende Walze. Bei einer Drehung der Walze entsteht ein Zeit-Temperatur-Diagramm eines ganzen Tages mit den Maximal- und Minimaltemperaturen.

Wetterstation

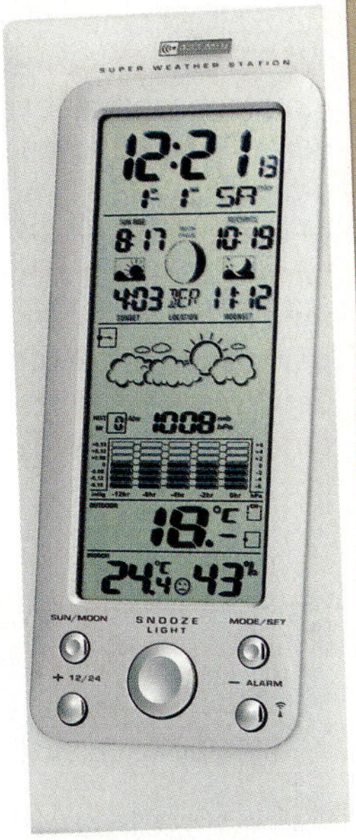

Auf einen Blick zeigt das große Display neben der Uhrzeit, Tag, Monat, Außentemperatur und Luftfeuchtigkeit auch die Raumtemperatur an. Für die Temperaturen und Luftfeuchtigkeit speichert die Station die jeweils gemessenen Minimal- und Maximalwerte. So kann ganz einfach kontrolliert werden, ob die Heizung richtig eingestellt ist oder die Räume nachts zu stark abkühlen. Sensoren, die sich außerhalb des Hauses im Freien befinden, übertragen Messwerte zur Station.
Aus diesen Werten ermittelt die Station eine Wettervorhersage für die nächsten 24 Stunden. Diese Wetterprognose wird auf dem Display mit einem von vier großen Wettersymbolen dargestellt: sonnig, heiter, bewölkt oder regnerisch.

Spezielle Maximum-Thermometer

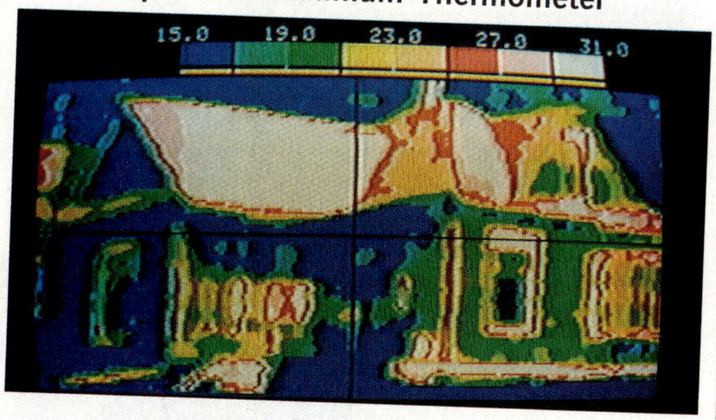

Bei der Infrarot-Thermografie wird die Temperatur mit einer Thermografie-Kamera gemessen und optisch auf einem einzelnen Farbbild festgehalten.
Die Thermografie spielt eine große Rolle bei der Kontrolle von Isolierungen. Mithilfe einer Temperatur-Farbskala lassen sich die Temperaturen ablesen.

3. Bestimme mithilfe der Farbskala die Temperaturen an verschiedenen Stellen des Bildes. Interpretiere sie.

Ausdehnung durch Wärme

1. a) Fülle einen Stehkolben randvoll mit Wasser und erwärme ihn. Beobachte dabei den Wasserstand und notiere.
b) Stelle den Stehkolben nach dem Erwärmen in ein Gefäß mit Eiswasser. Beobachte den Wasserstand erneut. Erkläre deine Beobachtungen.

2. a) Baue den Versuch nach Bild 3 auf. Achte darauf, dass zu Beginn alle Flüssigkeiten im Steigrohr gleich hoch stehen und die gleiche Temperatur haben.
b) Stelle die drei Stehkolben gleichzeitig in warmes Wasser. Beobachte und notiere die Veränderungen.
c) Warum ist es wichtig, dass alle drei Kolben in demselben Wasserbad erwärmt werden?

3. Wie müsste die Skala eines selbst gebauten Thermometers geändert werden, wenn du als Flüssigkeit statt Wasser Alkohol verwenden würdest?

4. Welche der Flüssigkeiten aus Versuch 2 wäre als Füllung in einem Thermometer geeignet, um kleine Temperaturunterschiede anzuzeigen?

5. Warum sind Getränkeflaschen nie vollständig gefüllt?

1 Wasser wird erwärmt.

Flüssigkeiten dehnen sich aus

Werden wie in Bild 3 die jeweiligen Höhen in den Steigrohren untersucht, dann zeigt sich, dass sich Flüssigkeiten bei Erwärmung ausdehnen. Die gleiche Menge Flüssigkeit braucht mehr Platz, das Volumen vergrößert sich.

Verschiedene Flüssigkeiten dehnen sich beim Erwärmen unterschiedlich stark aus. Bei gleicher Erwärmung dehnt sich Alkohol fast fünfmal mehr aus als Wasser.
Umgekehrt ziehen sich die Flüssigkeiten wieder zusammen, wenn sie abgekühlt werden.

2 Wasser kühlt sich ab.

3 Ausdehnung verschiedener Flüssigkeiten.
A *Wasser;* **B** *Glycol;* **C** *Spiritus*

■ Flüssigkeiten dehnen sich beim Erwärmen aus und ziehen sich beim Abkühlen zusammen. Verschiedene Flüssigkeiten dehnen sich bei gleicher Erwärmung unterschiedlich stark aus.

Die Ausdehnung von Wasser

1 Temperaturen in Eiswasser

1. a) Fülle einen hohen Standzylinder zur Hälfte mit kaltem Wasser und gib Eis hinzu. Beschreibe den Versuchsaufbau.
b) Miss ohne inzwischen umzurühren nach etwa 20 min die Temperaturen in verschiedenen Tiefen. Notiere die Messwerte und erkläre sie.

2. Bringe Kerzenwachs in einer Teelichthülle zum Schmelzen. Gib dann ein kleines Stück festes Wachs hinein. Notiere die Beobachtungen und gehe auf die Unterschiede zu Versuch 1 a) ein.

3. Fülle eine leere Teelichthülle mit Wasser und eine zweite gleich hoch mit flüssigem Kerzenwachs. Stelle beide ins Gefrierfach. Nimm sie nach einiger Zeit heraus und beschreibe das Aussehen der beiden Oberflächen. Deute deine Beobachtungen.

2 Festes und flüssiges Wachs

Wasser verhält sich anders
Eis schwimmt immer oben auf dem Wasser. Das ist schon etwas Besonderes, denn bei allen anderen Stoffen ist es genau umgekehrt. Hier sinkt der feste Körper in der Flüssigkeit auf den Boden. Gibst du beim Zinngießen festes Zinn in das schon flüssige Metall, so sinkt der feste Körper sofort nach unten. Das Gleiche geschieht mit festem Fett, wenn du es zu bereits geschmolzenem Fett in einer Fritteuse gibst.

Die Anomalie des Wassers
Wasser dehnt sich beim Erstarren aus. Das unterscheidet diesen Stoff von allen anderen Stoffen. Aus 1 l Wasser werden 1,1 l Eis.
In der Umgebung von Eiswürfeln hat Wasser eine Temperatur von etwa 0 °C (Bild 1). Am Boden des Standzylinders hat das Wasser dagegen eine Temperatur von 4 °C. Bei allen anderen Flüssigkeiten würdest du auf dem Boden die tiefste Temperatur messen. Wasser bildet auch hier wieder eine Ausnahme: Wasser von 4 °C ist schwerer als die gleiche Menge Wasser von 0 °C und sinkt deshalb nach unten.
Diese Abweichungen des Wassers zum Verhalten anderer Stoffe heißen **Anomalie des Wassers.**

In der Natur ist die Anomalie des Wasser von großer Bedeutung. Stehende Gewässer und ruhig fließende Flüsse gefrieren bei Frost immer von oben zu und können nicht bis auf den Grund zufrieren.

■ Wasser nimmt bei 4 °C den geringsten Raum ein. Es dehnt sich beim Erstarren aus. Diese Besonderheiten gegenüber allen anderen Stoffen werden als Anomalie des Wassers bezeichnet.

Dichte

Bei allen Stoffen sind das Volumen und die Masse proportional zueinander. Der Proportionalitätsfaktor ist die Dichte ρ (griech. Buchstabe, gelesen rho).

$$m = \rho \cdot V \Leftrightarrow \rho = \frac{m}{V}$$

Bei 4 °C hat Wasser sein geringstes Volumen und somit seine größte Dichte. 1 cm^3 Wasser hat dann die Masse 1 g. Die Dichte von Wasser beträgt somit $\rho = 1\ \frac{g}{cm^3}$.
Ist die Dichte eines Stoffes $\rho > 1\ \frac{g}{cm^3}$, dann ist er schwerer als Wasser. Ist die Dichte $\rho < 1\ \frac{g}{cm^3}$, ist der Stoff leichter als Wasser.

	Dichte ρ
feste Stoffe (bei 20 °C)	in $\frac{g}{cm^3}$
Holz (Eiche)	0,5...1,3
Grafit	1,9...2,3
Papier	0,7...1,2
Silber	10,5
Flüssigkeiten (bei 20 °C)	in $\frac{g}{cm^3}$
Benzin	0,68...0,72
Glycerin	1,26
Meerwasser	1,02
Spiritus	0,83
Gase (bei 0 °C)	in $\frac{g}{l}$
Chlor	3,214
Luft	1,29
Kohlenstoffdioxid	1,977
Wasserstoff	0,0899

Auswirkungen der Anomalie

Wasser von 4 °C ist am schwersten und sinkt nach unten.

1. Wie wirkt sich die Anomalie des Wassers in einem See im Winter aus?

Feld im Herbst

Dasselbe Feld im Frühjahr

2. Beschreibe anhand der Fotos, wie die Folgen der Anomalie des Wassers in der Landwirtschaft ausgenutzt werden.

Frostaufbrüche: Wasser dringt in alle Ritzen im Asphalt ein und gefriert dort. Da Eis mehr Raum benötigt als Wasser, wird der Straßenbelag aufgesprengt.

3. Was würde mit den Fischen passieren, wenn Seen von unten nach oben zufrieren würden?

4. Warum wird der Scheibenwaschanlage im Auto während des Winters ein Frostschutzmittel zugefügt?

5. Warum darfst du eine volle Mineralwasserflasche nicht zum Kühlen in das Gefrierfach eines Kühlschrankes legen?

Wenn im Winter Rohre frei liegen und das Wasser daraus nicht abgelassen wurde, kann es zu einem Rohrbruch kommen.

6. Erkläre die Entstehung eines Rohrbruches.

Volumenänderung bei Gasen

1. a) Baue den Versuch nach Bild 1 auf. Notiere deine Beobachtungen.
b) Nimm die Kerze weg. Notiere die Veränderungen.
c) Kühle den Erlenmeyerkolben mit kaltem Wasser ab. Beobachte und erkläre die Veränderungen.

2. a) Entferne das Glasrohr aus Versuch 1 aus dem Stopfen und gib einen kleinen Tropfen gefärbtes Wasser so in das Glasrohr hinein, dass er in die Nähe des Knicks gelangt. Stecke das Glasrohr wieder in den Stopfen und erwärme den Kolben mit deinen Händen. Beschreibe, was passiert.
b) Kühle den Erlenmeyerkolben ab und beobachte den Tropfen. Erkläre deine Beobachtungen.

3. a) Stelle den Erlenmeyerkolben aus Versuch 1 zusammen mit einem Thermometer in kaltes Wasser. Markiere die Position des Tropfens und notiere die Temperatur.
b) Erwärme das Wasser und markiere die Position des Tropfens bei einer Erwärmung von jeweils 5 K. Fahre damit fort, bis der Tropfen kurz vor dem Ende des Rohres steht.
c) Stelle den Erlenmeyerkolben und das Thermometer wieder in kaltes Wasser und vergleiche die Position des Tropfens und die Thermometeranzeige. Berichte über deine Beobachtungen.

4. a) Warum musst du in Versuch 1 Wasser zu Hilfe nehmen, um die Ausdehnung der Luft zu zeigen?
b) In Versuch 3 hast du ein Gasthermometer gebaut. Beschreibe die Funktionsweise.

5. a) Demonstrationsversuch: Drei gleiche Kolbenprober werden jeweils mit der gleichen Menge Luft, Erdgas und Kohlenstoffdioxid gefüllt. Dann werden sie in Eiswasser gestellt (Bild 2).
b) Die Kolbenprober werden aus dem kalten Wasser herausgenommen und in warmes Wasser gestellt. Beschreibe deine Beobachtungen.
c) Was folgt aus deinen Beobachtungen für die Ausdehnung verschiedener Gase?

6. Wie bekommst du Wasser in ein Reagenzglas, das mit einem durchbohrten Stopfen verschlossen ist? Probiere aus.

1 Erwärmung von Luft

Erwärmung unterschiedlicher Gase

Gase dehnen sich beim Erwärmen aus. Das kannst du an dem Gasgemisch Luft untersuchen. Doch weil Luft unsichtbar ist, sind Versuche damit nicht ganz einfach. Du siehst nicht, was beim Erwärmen geschieht. Hältst du jedoch das Glasrohr des erwärmten Kolbens ins Wasser, siehst du Blasen aufsteigen. Das kann nur die erwärmte Luft aus dem Kolben gewesen sein. Luft dehnt sich demnach bei Erwärmung aus. Im Vergleich zu Wasser dehnt sich die Luft sogar zehnmal so stark aus.
Untersuchst du die Ausdehnung beim Erwärmen verschiedener Gase, zeigt sich, dass sich alle Gase bei gleicher Erwärmung gleich stark ausdehnen (Bild 2). Beim Abkühlen ziehen sich alle Gase wieder zusammen.

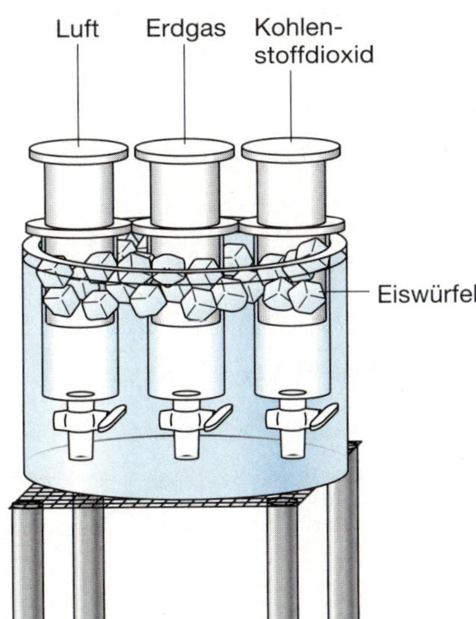

2 Erwärmung von Gasen

■ Alle Gase dehnen sich beim Erwärmen gleich stark aus. Die Ausdehnung von Gasen ist etwa zehnmal so groß wie die Ausdehnung von Wasser. Beim Abkühlen ziehen sich die Gase wieder zusammen.

Bau eines Heißluftballons

Materialliste
- Schere
- Bohrer
- Plastiksack aus möglichst dünner Folie
- 4 Trinkhalme
- Klebestreifen
- Teelicht
- dünner Kupferdraht
- Zwirn (ca. 10 m)
- Wattebausch
- flüssiger Grillanzünder

Warnhinweise
- Lasst den Ballon durch die Lehrerin oder den Lehrer kontrollieren und führt den Versuch nur unter Aufsicht durch.
- Beachtet die Hinweise zum Arbeits- und Brandschutz.
- Führt den Versuch im Freien bei Windstille oder an einem windgeschützten Ort durch.
- Achtet darauf, dass sich in der Nähe des Startortes keine Hochspannungsleitungen befinden.
- Achtet auf eine senkrechte Stellung des Ballons.
- Sichert den Ballon durch die Leine.

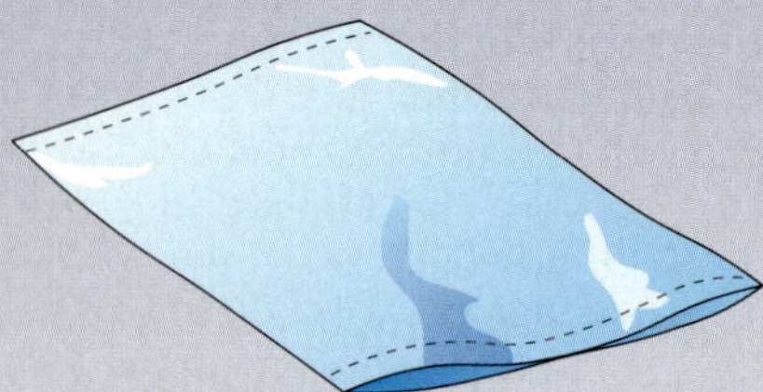

leichter, großer Müllsack

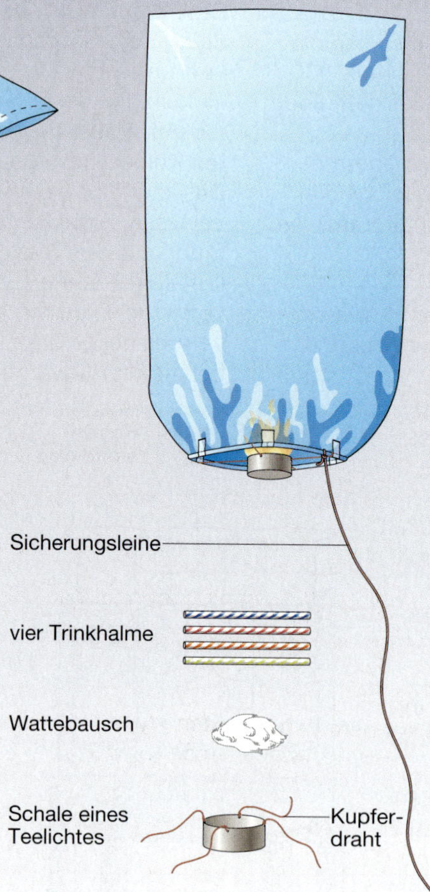

Bauanleitung
1. Klebt die vier Trinkhalme mit Klebestreifen in das offene Ende des Foliensacks ein, damit die Öffnung des Sackes stabilisiert wird.
2. Bohrt in die Schale des Teelichts kleine Löcher und befestigt in ihnen den Kupferdraht.
3. Befestigt das andere Ende des Kupferdrahtes an den Trinkhalmen oder an der Folie. Achtet dabei darauf, dass die Teelichtschale sich etwa in der Mitte der Öffnung des Plastiksacks und auf Höhe der Trinkhalme befindet.
4. Befestigt den Zwirn als Sicherungsleine am Ballon.

Ballonstart
1. Ein Partner hält den Ballon senkrecht, ein weiterer hält die Sicherungsleine.
2. Lege den Wattebausch in die Teelichtschale und tränke ihn mit dem Grillanzünder.
3. Entzünde den Grillanzünder.
4. Lass den Ballon bei genügendem Auftrieb los.

Ausdehnung von Wasser und Luft

Die Volumenausdehnung bei der Erwärmung von Flüssigkeiten kann zur Zerstörung geschlossener Gefäße führen. Deshalb sind geschlossene Wasserkreisläufe mit **Ausdehnungsgefäßen** versehen, welche die sich ausdehnenden Flüssigkeiten aufnehmen.

1. a) Welches Wasser führende System im Auto muss mit Frostschutzmittel aufgefüllt werden?
b) Finde weitere Systeme, die mit Frostschutzmitteln vor dem Einfrieren geschützt werden müssen.

Rohrleitungen, die bei Ausdehnung während des Erstarrens des Wassers und der Eisbildung platzen können, müssen durch **Isolierungen** geschützt werden.

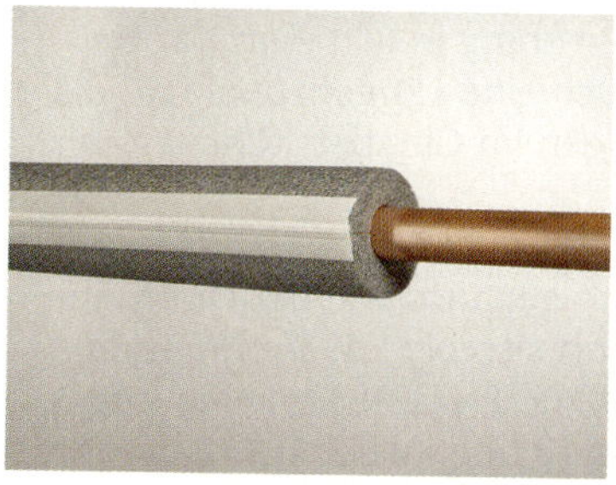

2. Recherchiere, was unternommen wird, um Wasserrohre während einer Frostperiode vor dem Einfrieren zu schützen.

3. Erkläre, warum es nicht zu jeder Jahreszeit sinnvoll ist, Getränkekisten im Freien aufzubewahren, um die Wasserflaschen kühl zu lagern.

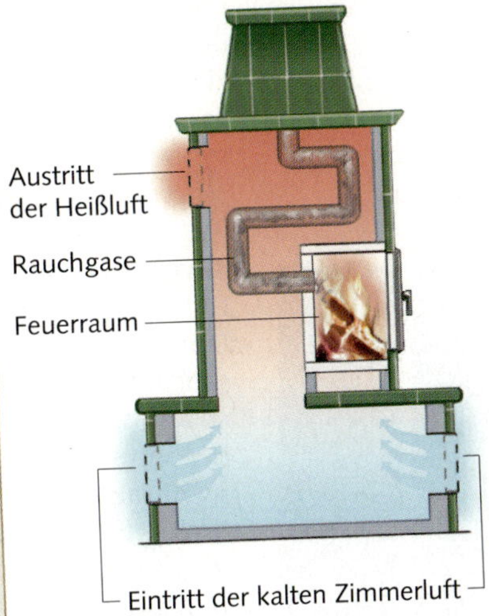

Bei Öfen wird die erwärmte und sich ausdehnende Luft oben abgeführt. Bei **Kachelöfen** sind dafür Luftaustrittsöffnungen vorgesehen. Im Ofen sind die Luft führenden Kanäle so angelegt, dass die Luft aus dem Raum an den erwärmten Kacheln vorbeiströmen kann. Dabei erwärmt sie sich.

Die Ausdehnung der Luft bei Erwärmung findest du auch bei der Ballonfahrt.
Die Hülle des **Heißluftballons** ist aus einem nicht dehnbaren Stoff hergestellt. Wird die darin befindliche Luft erwärmt, kann die überschüssige Luft durch die untere Öffnung entweichen.

4. Was passiert mit der Luft im Heißluftballon, wenn Gasbrenner gezündet werden?

Erwärmung fester Gegenstände

1 Passt die Münze hindurch?

2 Ein heißer Sommer

1. a) Schlage zwei Nägel wie in Bild 1 so in ein Holzbrett, dass eine Münze gerade noch hindurchpasst.
b) Erwärme die Münze und versuche, ob sie zwischen den Nägeln durchrutscht.
c) Kühle die Münze ab und wiederhole den Versuch. Berichte über deine Beobachtungen und erkläre.

2. a) Spanne einen Eisendraht wie in Bild 3 straff zwischen zwei Halterungen ein. Erwärme den Draht auf der ganzen Länge vorsichtig mit einem Bunsenbrenner und beobachte.
b) Kühle den Draht ab. Beschreibe jeweils deine Beobachtung.

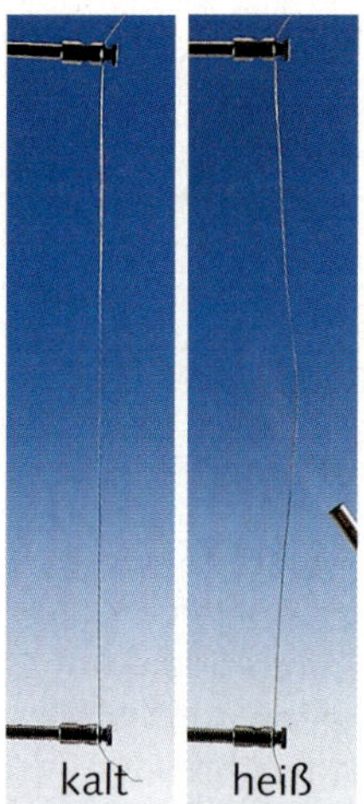

3 Ein Draht wird erhitzt.

3. a) Halte eine Metallkugel wie in Bild 4 in eine Brennerflamme und lege sie dann auf den Ring.
b) Kühle die heiße Kugel mit Eiswasser ab. Lege sie dann erneut auf den Ring.
c) Beschreibe jeweils deine Beobachtungen.

Längenausdehnung

Erwärmst du einen straff gespannten Draht, kannst du eine Längenzunahme beobachten. Umgekehrt zieht sich dieser Draht beim Abkühlen wieder zusammen. Der Schienenstrang in Bild 2 erfährt bei großer Erwärmung auch eine Längenzunahme, die zu großen Verwerfungen im Gleisbett führen kann.

Ausdehnung nach allen Seiten

Die Münze verhält sich genauso wie der Draht. Ihr Durchmesser vergrößert sich bei Erwärmung und schrumpft bei Abkühlung. Erwärmst du eine Kugel, so kannst du die Ausdehnung in alle Richtungen besonders gut beobachten. Die heiße Kugel passt nicht mehr durch den Ring, wie immer du sie auch drehst. Bei genauer Messung könntest du feststellen, dass auch der erwärmte Draht und die erwärmte Münze sich nach allen Seiten hin ausdehnen. Umgekehrt ziehen sich alle Gegenstände bei Abkühlung wieder zusammen.

■ Feste Gegenstände dehnen sich beim Erwärmen nach allen Seiten hin aus und ziehen sich beim Abkühlen wieder zusammen.

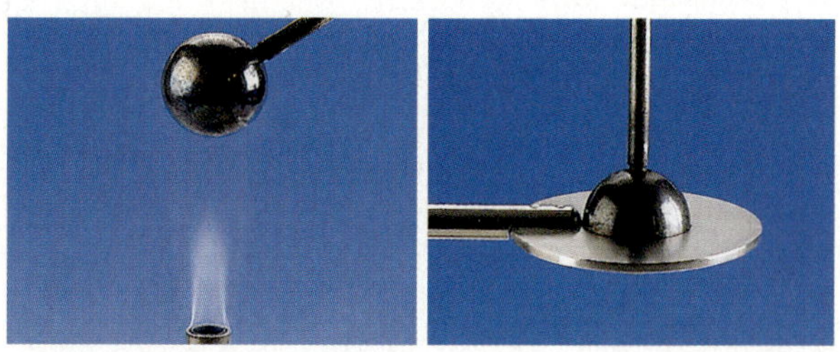

4 Eine Kugel wird erwärmt.

Messen der Ausdehnung

1. a) Baue den Versuch nach Bild 1 auf. Ein Trinkhalm, der auf der Nähnadel steckt, dient als Zeiger.
b) Stelle den Zeiger senkrecht. Erwärme die Stricknadel gleichmäßig und beobachte.
c) Wie bewegt sich der Zeiger, wenn du die Stricknadel rasch abkühlst?

2. a) Baue den Versuch nach Bild 2 auf und stelle den Zeiger auf 0. Verwende ein Messingrohr.
b) Gieße 1 l Wasser von 60 °C in den Trichter. Beobachte den Zeiger und notiere den Zeigerausschlag.
c) Wiederhole den Versuch mit Rohren aus Eisen, Aluminium und Kupfer.
d) Vergleiche jeweils die abgelesenen Skalenwerte mit den Werten aus der Tabelle.

3. a) Warum müssen die Messrohre in Versuch 2 an einem Ende fest eingespannt werden?
b) Wie müsstest du den Versuch abändern, um den Vorgang bei Abkühlung messen zu können?

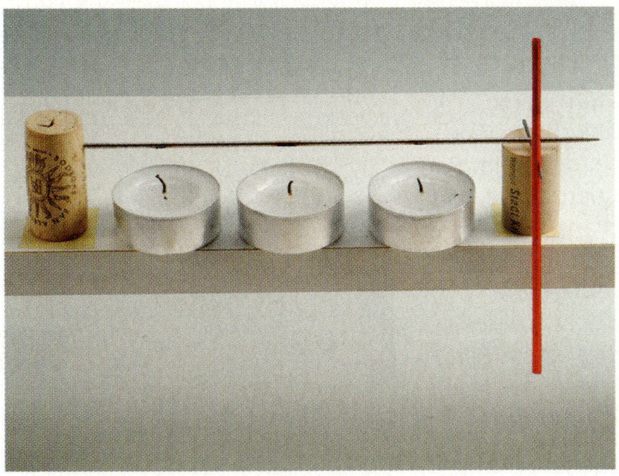

1 Ausdehnung einer Stricknadel

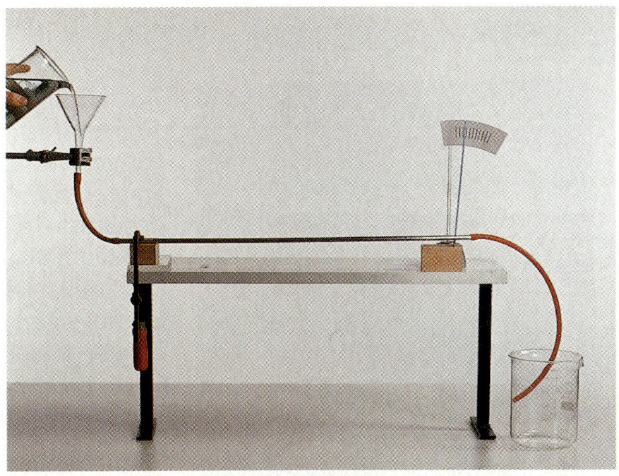

2 Dilatometer als Messeinrichtung

Messeinrichtung

Wenn eine Brücke aus Stahl und Beton gebaut wird, muss schon bei der Planung die Wärmeausdehnung der Baustoffe berücksichtigt werden. Ebenso wichtig ist es, für die Winterzeit die entsprechende Verkürzung einzuplanen. Die Längenveränderung der Brücke lässt sich berechnen. Dazu werden Werte benutzt, wie sie sich zum Beispiel aus Versuch 2 ergeben.

Bild 1 stellt einen vereinfachten Aufbau zur Beobachtung der Längenausdehnung dar. Die Ausdehnung der Stricknadel bewirkt eine Drehung der Nähnadel. Dabei wird der Zeiger bewegt.
Für Messungen ist das Gerät in Bild 2 geeignet. Hier wird ein Zeiger vor einer Skala gedreht, wenn sich die Länge des Versuchsrohres durch den Einfluss von Wärme verändert. Diese Messeinrichtung heißt **Dilatometer.**

Die Ausdehnung bei verschiedenen Stoffen

In der folgenden Tabelle sind Ausdehnungswerte zusammengestellt. Verglichen werden jeweils 100 cm lange Rohre, die um 100 K erwärmt wurden. Du siehst die Materialabhängigkeit der Ausdehnung. Das Aluminiumrohr dehnt sich doppelt so stark aus wie das Eisenrohr.

Bei Erwärmung um 100 K wird ein 1 m-Stück

aus	länger um
Aluminium	2,4 mm
Kupfer	1,7 mm
Eisen	1,2 mm
Beton	1,2 mm
Jenaer Glas	0,8 mm
Porzellan	0,3 mm
Papier	0,1 mm

■ Metalle dehnen sich aus, wenn sie erwärmt werden, und ziehen sich zusammen, wenn sie abgekühlt werden. Bei festen Körpern ist die Längenausdehnung abhängig von dem Stoff, aus dem sie bestehen.

Längenausdehnung in der Technik

Rohrleitungen in Industrieanlagen müssen oft hohe Temperaturunterschiede aushalten. Deshalb werden sie entweder in Abständen zu Schleifen gezogen (Bild links) oder mit zieharmonika-ähnlichen Zwischenstücken versehen (Bild rechts). Dadurch können sich Rohre beim Erwärmen oder Abkühlen ausdehnen oder zusammenziehen, ohne dass sie dabei zerstört werden.

Auch Brücken ändern durch Temperaturschwankungen ihre Länge. Deshalb werden beim Bau Spalten zwischen der Straße und der Brücke eingeplant. Diese Spalten heißen **Dehnungsfugen.** Die Stoßstellen werden mit Eisenblechen überdeckt, die mit Zähnen ineinander greifen (Bild links). So können die Autos leicht über die Fugen hinwegrollen.

Damit bei der Längenänderung keine Schäden an den Auflagestellen der Brücke entstehen, wird sie zusätzlich auf Gleitlagern beweglich gelagert.

Wenn Brücken sehr lang sind, benötigen sie Stützpfeiler. Auf diesen ist die Brücke mit Rollen beweglich gelagert.

1. a) Demonstrationsversuch: Die Mittelstange des Bolzensprengapparates wird an der Vorderseite mit einem Querbolzen aus sprödem Gusseisen befestigt. An der Rückseite wird sie mit einem Keil eingespannt. Dann wird die Mittelstange mit der Brennerflamme gleichmäßig erhitzt. Dabei muss der Keil noch weiter eingetrieben werden. Dann bleibt der Apparat zum Abkühlen stehen.

b) Beschreibe deine Beobachtung. Wie kommt es zur Zerstörung des Querbolzens?

2. Überlege, warum der Keil am hinteren Ende der Mittelstange beim Erwärmen weiter eingeschlagen werden muss.

Eisenbahnräder für Güterwagen bestehen aus einer Stahlscheibe, dem Radkörper, und dem Radkranz. Auf dem Bild in der Mitte wird der Radkranz auf den Radkörper aufgeschrumpft. Dazu wird der Kranz gleichmäßig erhitzt. Beim Abkühlen zieht er sich zusammen und sitzt dann fest auf dem Radkörper. Auf dem rechten Bild erkennst du die einzelnen Ringe des Rades an einem Güterwagen.

Überlandleitungen unserer Stromversorgung hängen immer in einem Bogen zwischen den Gittermasten. Die Drähte werden am besten bei niedriger Lufttemperatur gespannt. Im Sommer können sie sich dann ausdehnen.

Auspuffrohre am Auto werden ineinandergesteckt. Wenn sie ausgewechselt werden müssen, sitzen sie meistens fest. Deshalb wird das äußere Rohr erwärmt. Es dehnt sich aus. Jetzt kann es leichter vom inneren Rohr abgezogen werden.

3. Wie werden sich die Rohrschleifen im Bild auf der linken Seite verändern, wenn die Rohre warm werden; wie, wenn sie kalt werden? Zeichne beide Fälle.

4. Schneide aus Pappe zwei Zahnreihen aus, wie im Bild auf der linken Seite zu sehen ist. Klebe sie so auf zwei Kartons, dass die Zähne über den Rand der Kartons hinaus stehen. Lege die Zahnreihen gegeneinander und fahre dann mit einem Spielzeugauto über diesen Spalt bei „Sommer-" und bei „Wintertemperatur".

5. Suche in eurer Schule Dehnungsfugen zwischen den Gebäudeteilen. Womit sind sie gefüllt? Warum sind sie nötig?

6. Welchen Sinn haben die Rollen unter einer Brücke wie auf dem Bild auf der linken Seite?

7. Warum wäre es unklug, Überlandleitungen im heißen Sommer zu spannen?

Berechnung der Längenausdehnung

1. Warum wird der Berliner Fernsehturm bei Erwärmung und Abkühlung nicht zerstört?

2. a) Um welche Strecke dehnt sich ein 3 m langer Aluminiumstab aus, wenn er um 50 K erwärmt wird?
b) Welche Längenzunahme erfährt ein 0,5 m langer Kupferstab bei einer Erwärmung um 20 K?

3. Bei einem Stahlträger von einer Länge *l* = 10 m nimmt die Länge bei einer Erwärmung um 10 K genau um 1,15 mm zu. Der Berliner Funkturm hat bei einer Temperatur von 20 °C eine Höhe von 150 m. Sein Gerüst besteht aus Stahlprofilen. Berechne den Längenunterschied des Turms zwischen Winter (–15 °C) und Sommer (+30 °C).

4. Berechne die Ausdehnungswerte für Jenaer Glas und Porzellan. Ergänze die Tabelle in deinem Heft.

Ausdehnungswerte in $\frac{\text{mm}}{\text{K} \cdot \text{m}}$	
Aluminium	0,024
Eisen, Stahl	0,012
Beton	0,012
Kupfer	0,017

1 Berliner Fernsehturm

Vergleich ohne Messung

Um Vergleichswerte für die Längenausdehnung verschiedener Materialien zu erhalten, muss die Ausdehnung gleichlanger Stäbe oder Rohre bei gleicher Temperaturerhöhung bekannt sein. Du brauchst dann keine weiteren physikalischen Messungen mithilfe des Dilatometers durchzuführen, sondern kannst die Verlängerung aus irgendeiner beliebigen Messung berechnen.

Beispielaufgabe

Du misst bei einem 50 cm langen Kupferstab bei einer Temperaturzunahme von 20 K eine Verlängerung von 0,17 mm. Um daraus den Ausdehnungswert zu ermitteln, rechnest du die Werte wegen der proportionalen Abhängigkeit auf 1 m Länge und 1 K Temperaturerhöhung um:

Länge	Temperatur	Ausdehnung
0,5 m	20 K	0,17 mm
1,0	20	0,17 · 2
1,0	1	0,17 · 2 : 20

⇒ Ausdehnungswert: 0,017 $\frac{\text{mm}}{\text{K} \cdot \text{m}}$

Bei einem 20 m langen Kupferrohr bei einer Erwärmung um 40 K ergibt sich die Ausdehnung:
$20\,\text{m} \cdot 40\,\text{K} \cdot 0{,}017\,\frac{\text{mm}}{\text{K} \cdot \text{m}} = 13{,}6\,\text{mm}$.
Das Rohr dehnt sich um 13,6 mm.

2 Berliner Funkturm

Ausdehnung zweier unterschiedlicher Metalle

1. a) Lege zwei 20 cm lange und 1,5 cm breite Streifen aus Kupfer und Nickel nebeneinander. Klemme sie an einem Ende fest ein und erwärme sie gleichmäßig mit der Brennerflamme. Beschreibe die Beobachtungen und erkläre die Unterschiede.
b) Lege die beiden Metallstreifen aufeinander und verschraube sie an mehreren Stellen fest miteinander. Spanne sie an einem Ende fest ein. Was wird mit dem Streifen beim Erwärmen passieren? Überprüfe deine Vermutung.

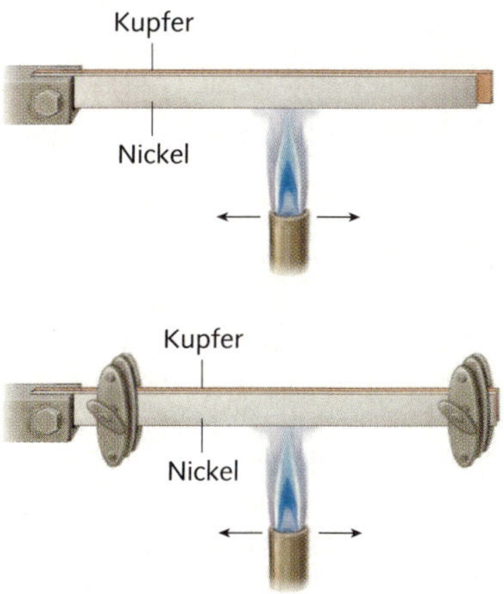

1 Bimetallstreifen

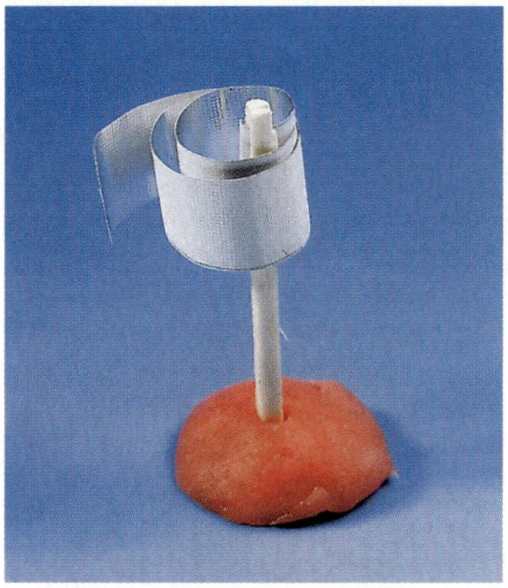
2 Spirale aus Kaugummipapier

2. a) Klemme einen möglichst langen Streifen aus Kaugummipapier an einem Ende in ein aufgespaltenes Hölzchen. Halte den Streifen in die Nähe einer Kerzenflamme und lass ihn dann abkühlen. Beschreibe die Beobachtung.
b) Wickle den Streifen zu einer Spirale auf und wiederhole die Erwärmung und Abkühlung. Begründe deine Beobachtungen.
c) Was geschieht beim Erwärmen, wenn du jetzt die Spirale andersherum aufwickelst?

3. Erkläre, warum sich ein Streifen aus Bimetall beim Erwärmen und beim Abkühlen jeweils in entgegengesetzter Richtung krümmt.

4. a) Finde heraus, welche zwei Metalle sich jeweils am besten zur Herstellung eines Bimetallstreifens eignen.
b) Welche Verbindungstechniken zwischen den verschiedenen Metallen eines Bimetallstreifens gibt es?

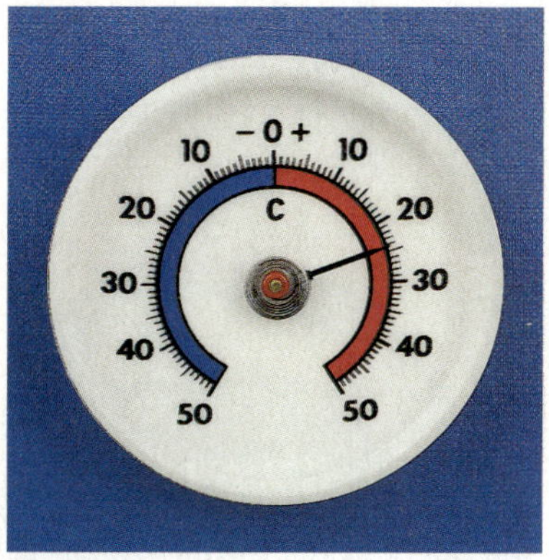

3 Thermometer

4 Bimetallspirale

Zwei Metalle werden erwärmt

Was geschieht, wenn zwei verschiedene, miteinander verbundene Metallstreifen erwärmt werden? Der Streifen, der sich am stärksten ausdehnt, muss sich krümmen, denn durch die feste Verbindung mit dem anderen Streifen kann er sich nicht gerade ausdehnen. Ein solches Bauteil aus fest miteinander verbundenen unterschiedlichen Metallstreifen heißt **Bimetallstreifen.**
Ein Kupferstreifen dehnt sich beim Erwärmen stärker aus als ein Nickelstreifen. Sind beide fest miteinander verbunden, dehnt sich der Bimetallstreifen beim Erwärmen zum Nickelstreifen hin. Die Länge des Kupferstreifens ist dann größer als die Länge des Nickelstreifens.

Wie krümmt sich die Spirale?

Wenn bei einer Spirale aus Kaugummipapier das Papier außen ist, weitet sich die Spirale auf, weil sich die Aluminiumschicht stärker ausdehnt als das Papier. Ähnlich verhält sich eine Bimetallspirale, die als Messfühler in einem Thermometer eingesetzt werden kann (Bild 3).

■ Ein Bimetallstreifen krümmt sich beim Erwärmen in Richtung des Metalls, welches sich weniger stark ausdehnt.

Bimetalle als Messgerät und Schalter

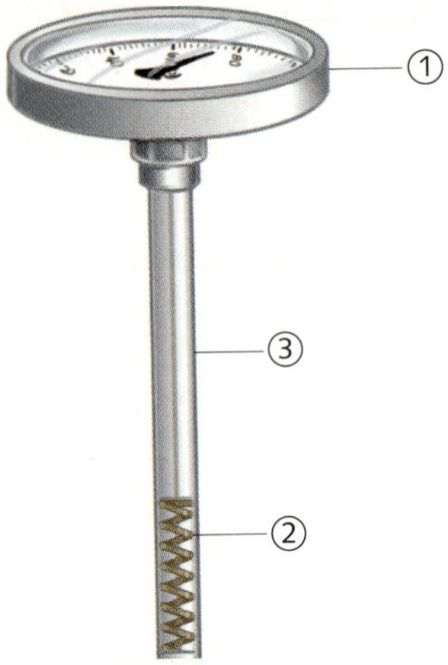

1 **Bimetallthermometer**

Das **Bimetallthermometer** arbeitet mit einer Bimetallspirale oder Bimetallwendel. In Bild 1 ist das Bauteil ① der Anzeiger. Das Mantelrohr ③ wird in den zu messenden Stoff gegeben. Im Inneren des Rohres befindet sich der Temperaturfühler ② mit der innen liegenden Schraubenfeder, die sich bei Temperaturänderung verdreht. Diese Verdrehung wird auf einen Zeiger übertragen.
Angewendet wird diese Temperaturmessung bei Motoren im Fahrzeugbau.

2 **Thermometer für Öltemperatur**

3 **Bügeleisen**

4 **Bügeleisen-Thermostat**

Bimetallstreifen dienen in vielen elektrischen Geräten als Ein- und Ausschalter. Im elektrischen Bügeleisen kann durch Ein- und Ausschalten des elektrischen Stromes mithilfe des Bimetallschalters die Temperatur auf dem vorgewählten Wert gehalten werden.
Ein solcher Schalter ist ein **Thermostat.** Das bedeutet, der Schalter kann eine Temperatur innerhalb eines Temperaturbereiches konstant halten.

Der **thermische Schutzschalter** ist die häufigste Art von Schutzschaltern. Ein Bimetallstreifen in einem elektrischen Stromkreis erwärmt sich mit zunehmender Stromstärke und verbiegt sich.
Ab einem bestimmten Grenzwert unterbricht er den Stromkreis. Ein Schalthebel wird umgelegt.
Bei Abkühlung des Streifens wird der Stromkreis geschlossen, wenn der Schalthebel wieder in die Ausgangsposition gedrückt wird.

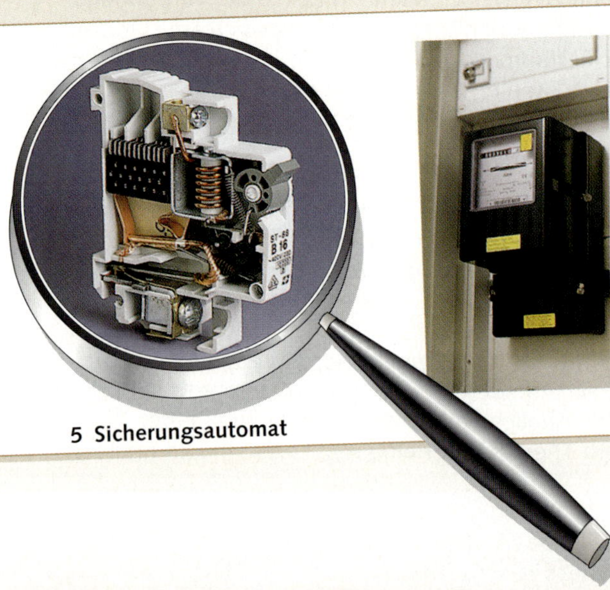

5 **Sicherungsautomat**

Feuermelder

3 Noch ist die Sprengkapsel nicht geplatzt.

Wo Feuer ist, entsteht auch Wärme. Die Feuerwarnanlagen, die ihr in diesem Projekt bauen könnt, reagieren auf diese Wärme. Sie lösen aber auf unterschiedliche Weise Alarm aus.

1 Bereit zur Schlittenfahrt

Gruppe 1:
Ein Bimetall gibt Alarm

Der Schlitten wird zunächst von einem Riegel festgehalten.
Wird das Bimetall erwärmt, so biegt sich seine obere Kante nach hinten und schiebt den Riegel fort.

Wenn der Schlitten von Nagel zu Nagel rutscht, wird das Pendel bei jedem Nagel zur anderen Seite gerissen. Es lässt dann die Glocke klingen. Es gibt Alarm.

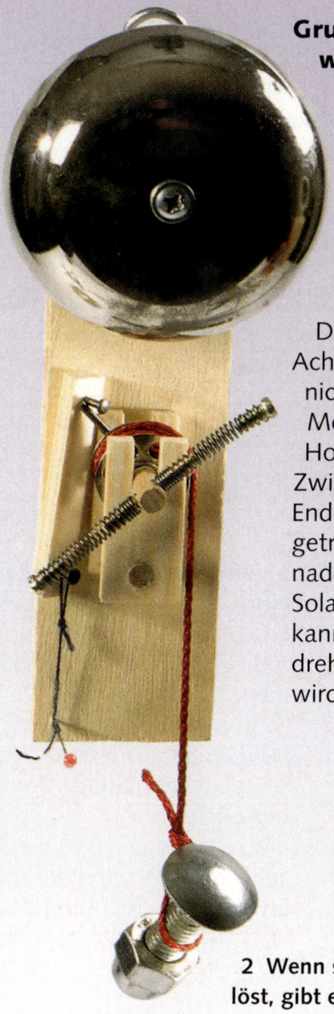

2 Wenn sich der Faden löst, gibt es Alarm.

Gruppe 2: Feuermelder wachsweich

Kugelschreiberfedern mit Schrauben an den Enden bilden Klöppel. Wird die Achse gedreht, so schlagen die Klöppel gegen die Glocke. Es gibt Alarm.

Das Wägestück würde die Achse drehen, kann es aber nicht, weil die Holzleiste den Mechanismus blockiert. Die Holzleiste wird von einem Zwirnsfaden gehalten. Das eine Ende des Fadens ist mit Stearin getränkt und um eine Stecknadel gewickelt worden. Solange das Stearin fest bleibt, kann sich die Achse nicht drehen. Wenn es heiß wird, wird das Stearin weich.

Gruppe 3: Ein Feuermelder mit Sprengkapsel

Das Backaromafläschchen ist mit abgekochtem Wasser gefüllt. Es darf keine Luftblase enthalten, am besten haltet ihr es zum Füllen unter Wasser.
Die Scharniere pressen den Verschluss fest gegen die Öffnung. An dem Fläschchen ist ein kleiner Eimer mit Steinen aufgehängt. Solange das Fläschchen heil ist, hält es die Öffnung des Eimers oben. Zersprengt das erwärmte Wasser das Glas, so kippt der Eimer, die Steine fallen auf ein Blech und geben so Alarm.

Wärme

Energie
Energie ist in **Energieträgern** gespeichert und kann in Form von chemischer Energie, elektrischer Energie, Bewegungsenergie, Höhenenergie, Licht, Schall und Wärme auftreten.

Energieumwandlung
Energie kann in einem **Energiewandler** in Energie einer anderen Form umgewandelt werden. Dabei bleibt der Gesamtbetrag der Energie erhalten. Ein Teil der Energie wird immer unerwünscht in Wärme umgewandelt.

Innere Energie
Erhöht sich die **innere Energie** eines Körpers, so nimmt die Teilchenbewegung zu und die Temperatur des Körpers steigt. Nimmt die innere Energie ab, so nimmt die Bewegung der Teilchen ab und die Temperatur des Körpers sinkt.

Wärmetransport
Wärme kann durch Leitung, Strömung oder Strahlung transportiert werden.

Wärmeleitung bedeutet, dass die Wärme von einer Stelle höherer Temperatur zu einer Stelle niedrigerer Temperatur transportiert wird. Dabei wird der Körper selbst nicht transportiert.

Verschiedene Stoffe leiten die Wärme unterschiedlich gut. Metalle sind gute Wärmeleiter, Luft ist ein schlechter Wärmeleiter.

Wärmeströmung bedeutet, dass die Wärme von einem Stoff aufgenommen und mitgeführt wird.

Für die Übertragung der Wärme durch **Wärmestrahlung** sind weder Stoff noch Kontakt zwischen den Körpern notwendig.

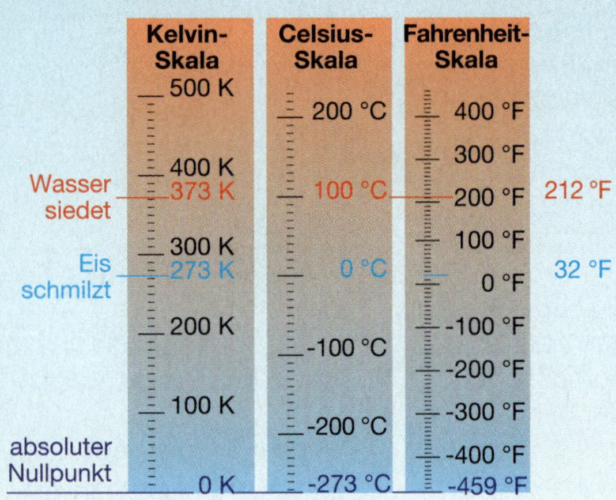

Thermometerskalen
Die **Celsius-Skala** enthält die Fixpunkte 0 °C und 100 °C. Zwischen diesen ist sie in 100 gleiche Teile unterteilt.

Bei der **Schmelztemperatur** 0 °C schmilzt Eis, bei der **Siedetemperatur** 100 °C siedet Wasser und verdampft.

Die **Kelvin-Skala** beginnt bei 0 K, dem **absoluten Temperatur-Nullpunkt.** Sie ist wie die Celsius-Skala aufgebaut. Temperaturdifferenzen werden in Kelvin (K) angegeben.

Auf der **Fahrenheit-Skala** werden die Temperaturen in Grad Fahrenheit (°F) angegeben. Sie enthält ebenfalls zwei Fixpunkte.

Erwärmung von Flüssigkeiten
Bei Erwärmung dehnen sich verschiedene Flüssigkeiten unterschiedlich stark aus. Beim Abkühlen ziehen sie sich wieder zusammen.

Wasser nimmt bei 4 °C den geringsten Raum ein. Es dehnt sich beim Erstarren aus. Diese Besonderheit des Wassers gegenüber allen anderen Stoffen wird als **Anomalie des Wassers** bezeichnet.

Erwärmung von Gasen
Alle Gase dehnen sich gleich stark aus. Ihre Ausdehnung ist etwa 10-mal so groß wie die Ausdehnung von Wasser. Beim Abkühlen ziehen sie sich wieder zusammen.

Erwärmung von Gegenständen
Feste Gegenstände dehnen sich beim Erwärmen nach allen Seiten hin aus und ziehen sich beim Abkühlen wieder zusammen.

Die Längenausdehnung fester Gegenstände ist abhängig vom Stoff, aus dem sie bestehen.

Ein **Bimetallstreifen** krümmt sich beim Erwärmen in Richtung des Metalls, welches sich weniger stark ausdehnt.

1. Zähle dir bekannte Energieformen auf.

2. Was ist ein Energiewandler?

3. Welche Energieumwandlungen treten in folgenden Wandlern auf: Bügeleisen, Glühlampe, Haartrockner, Auto, Fahrrad? Zeichne auch die entsprechenden Energieflussdiagramme.

4. Was besagt der Energieerhaltungssatz?

5. Erkläre, warum ein Perpetuum mobile nicht funktionieren kann.

6. Wie kann Wärme transportiert werden?

7. Worin besteht der Unterschied zwischen Wärmeleitung und Wärmeströmung?

8. Welche Art des Wärmetransportes findet statt, wenn ein heißes Getränk in eine kalte Tasse gegossenen wird?

9. Warum werden Teller, auf denen warme Mahlzeiten serviert werden, oft vor dem Anrichten erwärmt?

10. a) Worin besteht die Besonderheit beim Wärmetransport durch Wärmestrahlung?
b) Nenne zwei Beispiele.

11. Warum zeigt ein Thermometer, das in der Sonne hängt, nicht die Lufttemperatur an?

12. In einer Warmhaltekanne ist der mit elektrischer Energie erwärmte Tee nach 4 Stunden kalt. Wo ist die Energie geblieben?

13. Begründe die Aussage: Energie geht nicht verloren.

14. Wenn du an einem kalten Wintertag in den Keller gehst, kommt es dir angenehm warm vor. Im Sommer ist es angenehm kühl. Wie kommt das?

15. a) Zeichne ein Flüssigkeitsthermometer und beschrifte alle Teile.
b) Welche Aufgabe erfüllt ein Thermometer?
c) Warum kannst du Temperaturen nicht ohne Skala messen?
d) Warum bewegt sich die Thermometerflüssigkeit beim Messen von Temperaturen?

16. Nenne die Fixpunkte der Celsius-Skala. Warum sind Fixpunkte notwendig?

17. Beschreibe die Kelvin-Skala im Vergleich zur Celsius-Skala. Nenne Gemeinsamkeiten und Unterschiede.

18. Was wird in einem Zeit-Temperatur-Diagramm dargestellt?

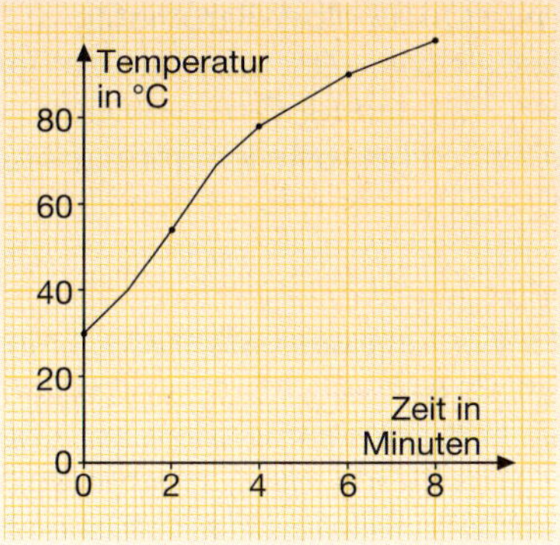

19. a) Lies die Temperaturen ab, die das Wasser nach 2, 4, 6 und 8 min erreicht hat.
b) Nach wie vielen Minuten hatte das Wasser eine Temperatur von 40 °C, 69 °C, 84 °C?

20. Rechne um:
a) 23 °C in °F;
b) 186 °F in °C.

21. In welchem Gefäß befand sich vor dem Erstarren Wasser? Begründe deine Aussage.

22. Wie werden die Flüssigkeiten in den Sonnenkollektoren vor dem Einfrieren und somit vor der Zerstörung geschützt?

23. Du befüllst gleich große Glasspritzen jeweils zur Hälfte mit den Gasen Sauerstoff, Erdgas, Wasserstoff und Luft. Du erwärmst alle vier Spritzen um 30 K. Was passiert im Einzelnen?

24. Wie lang ist eine Rohrleitung aus Eisenrohr bei 30 °C, wenn diese bei 0 °C eine Länge von 500 m hat?

25. Ein 0,5 m langer Stab wird um 40 K erwärmt. Dabei dehnt er sich um 0,48 mm aus. Um welches Material handelt es sich hierbei?

26. a) Ein 200 m langer Betonstreifen erwärmt sich um 20 K. Welche Längenausdehnung muss eingeplant werden?
b) Ein Betonstreifen dieser Länge wird mit einer Stahlarmierung versehen. Begründe, warum diese beide Stoffe miteinander verbunden werden dürfen.

Wahlpflichtbereich
Druck in Flüssigkeiten und Gasen

Der Streit um die Existenz des Vakuums

Im Altertum vertrat der Gelehrte Aristoteles (384 bis 322 v. Chr.) die Meinung, dass es einen leeren Raum nicht geben könne. Er glaubte, dass die Natur vor dem **Vakuum** zurückschrecke. Deshalb, so folgerte er, saugen leere Räume immer Gas und Flüssigkeiten an und können darum nicht leer sein. Diese Theorie von Aristoteles heißt „die Abscheu vor der Leere“ (lat.: horror vacui).

Lange blieb die Lehre von Aristoteles unangetastet.

Im 17. Jahrhundert beschäftigten sich einige Gelehrte mit diesem Problem. Einer von ihnen war der Physiker Evangelista Torricelli (1608–1647). Er führte Experimente durch, um zu beweisen, dass das Aufsteigen von Wassersäulen in bis zu 10 m Höhe und nicht weiter durch den Luftdruck bedingt sei. Er führte diesen Nachweis aber mit Quecksilber durch. Dazu füllte er ein einseitig geschlossenes Glasrohr vollständig mit Quecksilber und tauchte es mit der offenen Seite in eine mit Quecksilber gefüllte Glaswanne. Dabei sank die Quecksilbersäule auf 760 mm Höhe. Darüber entstand ein Vakuum. Das war das erste Quecksilber-Barometer.
Zur gleichen Zeit arbeitete der Ingenieur, Physiker und Bürgermeister von Magdeburg Otto von Guericke (1602–1686) daran, das Vakuum künstlich herzustellen. Ihm gelang es als Erstem, ein Weinfass mittels einer von ihm erfundenen Luftpumpe luftleer zu pumpen.

1654 zeigte er in einem Schauversuch beim Reichstag zu Regensburg die Wirkung des Luftdrucks. Er legte zwei Halbkugeln aus Kupfer mittels eines Dichtungsringes aneinander und pumpte durch ein Ventil die Luft aus dem Inneren der Kugel. Vor jede der Halbkugeln spannte er acht Pferde, die versuchen sollten, diese auseinanderzureißen. Selbst sechzehn Pferde schafften es nicht, solange das Vakuum vorhanden war. Ließ er wieder Luft einströmen, fielen die beiden Halbkugeln von alleine wieder auseinander.

Otto von Guericke bewies damit, dass der Luftdruck von außen die Halbkugeln aneinanderpresst. Die Theorie von Aristoteles des horror vacui, der „Abscheu der Natur vor der Leere“ war damit endgültig widerlegt.

Der Schweredruck

1. Stecke einen Trinkhalm in eine volle Getränketüte. Drücke die Tüte dann mit der Hand zusammen. Übe dabei zunächst eine schwache Kraft aus, anschließend eine starke Kraft. Beschreibe deine Beobachtungen.

2. Stelle eine volle Getränketüte mit Trinkhalm in ein Gefäß mit Wasser. Was beobachtest du?

3. Fülle einen kleinen Luftballon mit gefärbtem Wasser. Ziehe ihn über die Öffnung eines dünnen, langen Glasrohres. Tauche den Ballon in ein mit Wasser gefülltes Gefäß. Beschreibe deine Beobachtungen.

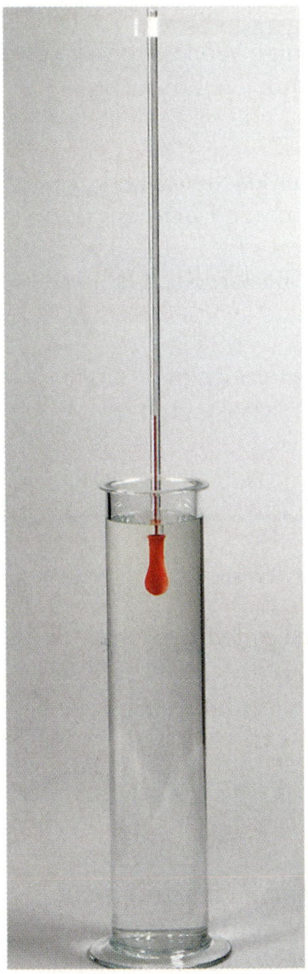

1 Druck im Wasser

4. a) Verschließe ein Glasrohr lose von unten mit einer Platte und tauche beide in ein Gefäß mit Wasser. Was geschieht?
b) Fülle Wasser in das Glasrohr. Was kannst du beobachten?
c) Erkläre deine Beobachtungen.

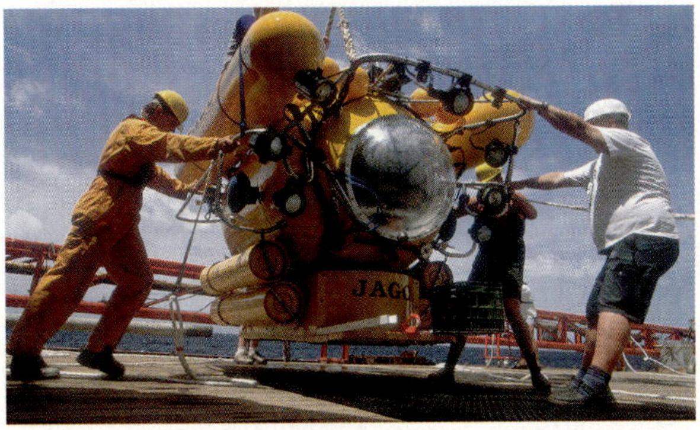

2 Tauchboot für die Forschung

5. Wie müssen Tauchboote gebaut sein, die in großen Tiefen tauchen können?

Der Druck beim Tauchen

Wenn du im Schwimmbad tauchst, verspürst du zuerst Druck auf den Ohren. Je tiefer du gelangst, desto größer wird der Druck. Auch mit einer Taucherausrüstung darfst du nicht beliebig tief tauchen. In großen Tiefen ist der Druck so groß, dass für Taucher Lebensgefahr besteht. Sie können nicht ohne eine entsprechende Ausrüstung wie Druckanzüge oder Taucherglocken tauchen.

Schweredruck im Wasser

Das gefärbte Wasser im Ballon (Bild 1) muss dem Druck des Wassers im Gefäß weichen. Es steigt im Glasrohr immer weiter nach oben, je tiefer der Ballon eingetaucht wird. Der Druck, der im Wasser auf den Ballon wirkt, entsteht durch die Gewichtskraft der über dem Ballon stehenden Wassersäule. Dieser Druck wird **Schweredruck** genannt. Außerdem ist zu beobachten, dass der Ballon von allen Seiten zusammengedrückt wird. Der Schweredruck wirkt in jeder Tiefe gleich stark von allen Seiten. Mit zunehmender Tiefe nimmt er weiter zu.

■ Wasser übt auf jeden eingetauchten Gegenstand von allen Seiten einen Druck aus. Dieser Schweredruck wird mit zunehmender Tiefe größer.

3 Wie verhält sich die Platte?

Druck ist nicht nur Kraft

1. a) Zwei Sportler sind im tiefen Schnee unterwegs. Der eine trägt Schneeschuhe, der andere Skier. Vergleiche die Spuren und erkläre.
b) Eine Frau und ein Mann stapfen ebenfalls durch den tiefen Schnee. Sie tragen Wanderschuhe. Was kannst du zu ihren Spuren im Schnee sagen?

2. Für welchen Untergrund sind Schneeschuhe, Skier und Wanderschuhe sinnvoll? Begründe deine Antwort.

1 Wandern im Schnee

3. a) Fülle eine Schale mit Sand und feuchte ihn leicht an. Lege einen Holzquader auf den Sand und belaste ihn mit einem 1 kg-Wägestück. Drehe den Quader zweimal in eine andere Lage und wiederhole den Versuch. Vergleiche die Abdrücke im Sand.
b) Führe den Versuch a) mit der doppelten Masse durch. Vergleiche die Ergebnisse mit den Ergebnissen aus Versuch a).

4. Warum haben Landmaschinen, die zur Feldarbeit benutzt werden, oft breite Reifen?

5. Parkettfußboden sollte nicht mit Stöckelschuhen betreten werden. Erkläre.

6. Wozu dient die Rettungsleiter, die an jeder Eisrettungsstation hängt? Beschreibe ihren Einsatz.

7. Nenne einige Werkzeuge, die den Druck mittels einer Spitze ausnutzen.

Laufen im Schnee
Schon vor langer Zeit haben sich die Bewohner schneereicher Gebiete geflochtene Matten mit großer Oberfläche unter die Schuhe geschnallt. Sie hatten beobachtet, dass sie mit diesen Hilfsmitteln nicht so leicht einsinken. Aus dieser Tradition sind die Schneeschuhe und die Skier entstanden.

Große Fläche – kleiner Druck
Benutzen zwei Personen mit gleicher Gewichtskraft Schuhe mit unterschiedlicher Auflagefläche, so sinkt derjenige tiefer ein, der Schuhe mit der kleineren Auflagefläche trägt.
Der Druck ist also abhängig von der Auflagefläche *A*, auf die der Körper wirkt.

Große Gewichtskraft – großer Druck
Bei gleicher Auflagefläche sinkt diejenige Person tiefer ein, die die größere Masse und damit auch die größere Gewichtskraft hat.
Der Druck ist also auch abhängig von der Gewichtskraft F_G, die auf die Auflagefläche *A* wirkt.

Kräfte können aber in verschiedene Richtungen ausgeübt werden. Wirken sie auf eine jeweils dazu senkrechte Fläche, entsteht Druck.

Wenn die Kraft senkrecht zur Fläche wirkt, gilt
- bei gleicher Kraft: Je größer die Fläche ist, desto kleiner ist der Druck.
- bei gleicher Fläche: Je größer die Kraft ist, desto größer wird der Druck.

Für den **Druck** wird das Formelzeichen *p* (engl.: pressure) benutzt. So ergibt sich die Formel:

$$p = \frac{F}{A}$$

Die Maßeinheit für den Druck lautet $\frac{N}{m^2}$. Es wurde festgelegt: $1\,\frac{N}{m^2} = 1$ Pa.
Pa ist die Abkürzung für Pascal, benannt nach dem französischen Physiker Blaise Pascal (1623–1662).

Weitere Druckeinheiten sind:
1 bar = 1000 mbar
1 bar = 100000 Pa = 1000 hPa (Hektopascal)
1 bar = $10\,\frac{N}{cm^2}$

■ Je größer die Kraft ist, die auf eine bestimmte Fläche wirkt, desto größer ist der Druck. Je größer die Fläche ist, auf die eine bestimmte Kraft wirkt, desto kleiner ist der Druck.

Druck-Messgeräte

Das Blut strömt unter Druck durch deinen Körper. Nach dem Sport kannst du mithilfe eines solchen Messgerätes am Handgelenk selbst deinen Blutdruck überprüfen.

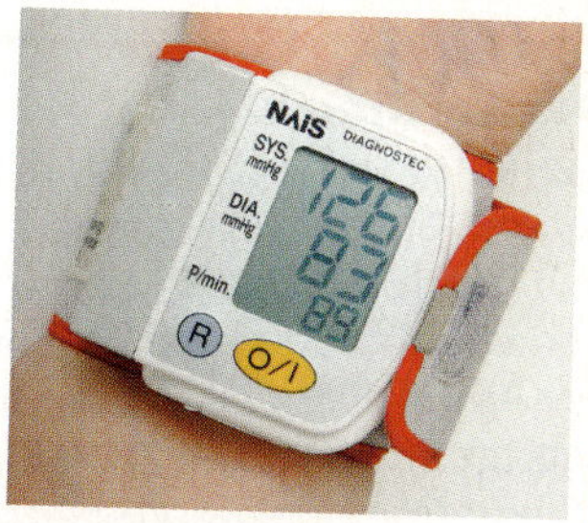

Zur Fahrsicherheit muss der Druck im Reifen stimmen. Er wird mit einem Manometer kontrolliert.

U-Rohr-Manometer

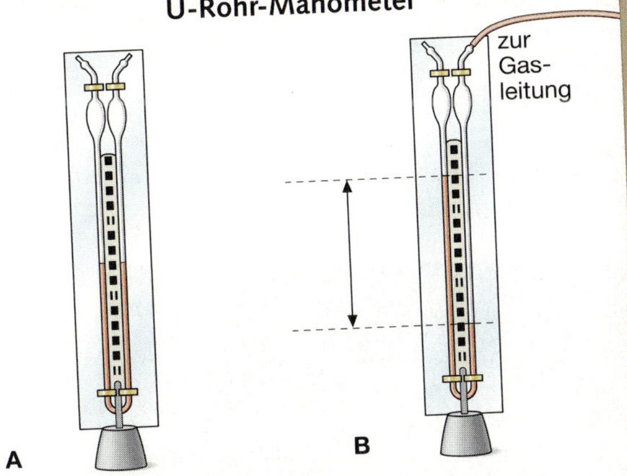

Ein U-förmig gebogenes Glasrohr ist mit Wasser gefüllt. Die beiden Schenkel sind offen. Das Wasser steht zu Beginn der Messung in beiden Schenkeln gleich hoch. Auf beide Wassersäulen wirkt der normale Luftdruck (Bild A).
Um zum Beispiel den Druck in einer Gasleitung zu messen, wird ein Schenkel an die Leitung angeschlossen. Der Druck des Gases presst das Wasser in diesem Schenkel nach unten, im anderen Schenkel nach oben (Bild B).
Die Höhendifferenz beider Wasserspiegel ergibt den Druck. 10 cm Unterschied bedeutet 10 mbar Druck in der Gasleitung.

Beispiele für Drücke

Blutdruck des Menschen	0,16 bar
Luftdruck auf Meereshöhe	1013 mbar = 1013 hPa
Druck in der Wasserleitung	5 bar bis 6 bar
Druck in der Bremsleitung eines Pkws bei Vollbremsung	200 bar bis 250 bar

1. a) Erkundige dich, wie hoch der Reifendruck beim Auto sein muss.
b) Warum hängt der zu wählende Reifendruck von der Beladung ab?

2. Wie hoch ist der Druck in einer Warmwasserheizung?

3. Was zeigen die beiden Werte 126 und 83 auf dem Blutdruckmessgerät an?

Der Wasserdruck in einer Warmwasserheizung muss hoch genug sein, damit auch die Heizkörper in den oberen Stockwerken mit Wasser gefüllt sind.

Die Luft hält uns unter Druck

1. Fülle in einen kleinen, leeren Metallkanister eine geringe Menge Wasser. Erhitze ihn, bis das Wasser siedet. Verschließe die Öffnung sorgfältig und lass ihn abkühlen. Beobachte und erkläre.

2. Ermittle Luftdruckrekorde, die in Deutschland gemessen wurden.

1 Ein starkes Blatt

3. a) Nimm eine Doppelseite einer Zeitung und falte sie mehrfach. Lege sie auf ein dünnes Holzlineal, das über die Tischkante ragt. Schlage heftig und schnell von der Seite auf das überstehende Lineal.
b) Wiederhole den Versuch a) mit der aufgefalteten Doppelseite. Beschreibe deine Beobachtungen, vergleiche und interpretiere.

4. Informiere dich über die Höhenkrankheit bei Bergsteigern.

Druck auf den Ohren

Viele Menschen spüren während einer Achterbahnfahrt bei den steilen und langen Abwärtsfahrten einen deutlichen Druck auf den Ohren. Dieser kann so stark werden, dass sie nur noch wie „durch Watte hören." Halten sie anschließend die Nase zu und drücken Luft in den Mund-Nasen-Raum, sind nach einem deutlichen Knacken die Ohren wieder frei.

Grund für diese Empfindung ist die Luft, die auf dem Trommelfell des Ohres lastet. Bei den Abfahrten wird diese dünne Membran im Ohr durch den veränderten Luftdruck stark nach innen gedehnt. Beim Schlucken, Gähnen oder Luft in den Mund-Nasen-Raum Drücken geht sie in ihre ursprüngliche Stellung zurück.

Der Luftdruck

Der Luftdruck entsteht durch die Masse der Atmosphäre, die auf der Erdoberfläche liegt. Er ergibt sich durch die Gewichtskraft einer Luftsäule, die sich von der Erdoberfläche bis zur äußeren Grenze der Atmosphäre erstreckt. Die Höhe dieser Säule beträgt etwa 10 km. Damit lasten auf jedem Quadratmeter etwa 10 t. Das entspricht dem Druck durch einen Stahlquader gleicher Grundfläche mit einer Höhe von 1,31 m.

Der Luftdruck ist ortsabhängig

Auf der Erdoberfläche ist der Luftdruck in Meereshöhe am größten. Er beträgt dort im Mittel 1013,25 hPa. Je größer die Entfernung zum Erdmittelpunkt ist, desto geringer wird der Luftdruck (Bild 2). Im Hochgebirge ist der Druck so gering, dass es beim Menschen zur Höhenkrankheit kommen kann. Sie kann eintreten, wenn ein Bergsteiger innerhalb eines Tages einen Höhenunterschied von mehr als 2400 m überwindet.
In Flugzeugen, die in noch größeren Höhen fliegen, wird in der Druckkabine für die Reisenden ein künstlicher Luftdruck erzeugt, wie er in etwa 2300 m Höhe herrscht.

■ Der Luftdruck nimmt mit der Höhe ab. Auf Meereshöhe beträgt er im Mittel 1013,25 hPa.

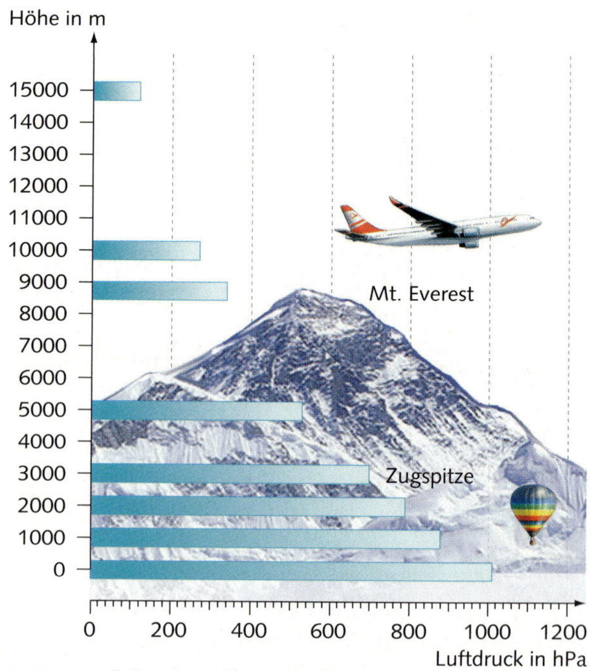

2 Der Luftdruck ist höhenabhängig.

Das Barometer und die Wettervorhersage

Luftdruckmessung

Wetterstationen enthalten Hygrometer, Thermometer und Barometer. Damit werden Luftfeuchtigkeit, Temperatur und Luftdruck gemessen. So sind genaue Wetterbeobachtungen möglich.

Bei den Barometern handelt es sich meistens um **Dosenbarometer,** deren Aufbau du in Bild 1 sehen kannst.
Die Dose ist mit einem gewellten Deckel luftdicht verschlossen. Er besteht aus elastischem Stahl. Eine Feder, die mit einem Zeiger verbunden ist, hält den Deckel. Bei zunehmendem Luftdruck wird der Deckel eingedrückt und die Feder wird gespannt. Fällt der Luftdruck, so zieht die Feder den Deckel wieder in die Ausgangsposition. Mithilfe des Zeigers kannst du die jeweilige Veränderung des Luftdrucks auf der Skala ablesen.

Vielleicht hängt bei euch zu Hause eine Wetterstation. Am Barometer kannst du dann die Veränderungen des Luftdrucks feststellen. Mithilfe dieser Luftdruckangaben kannst du das Wetter vorhersagen. Steigt der Luftdruck, wird das Wetter schön. Fallender Luftdruck kündigt schlechtes Wetter an.

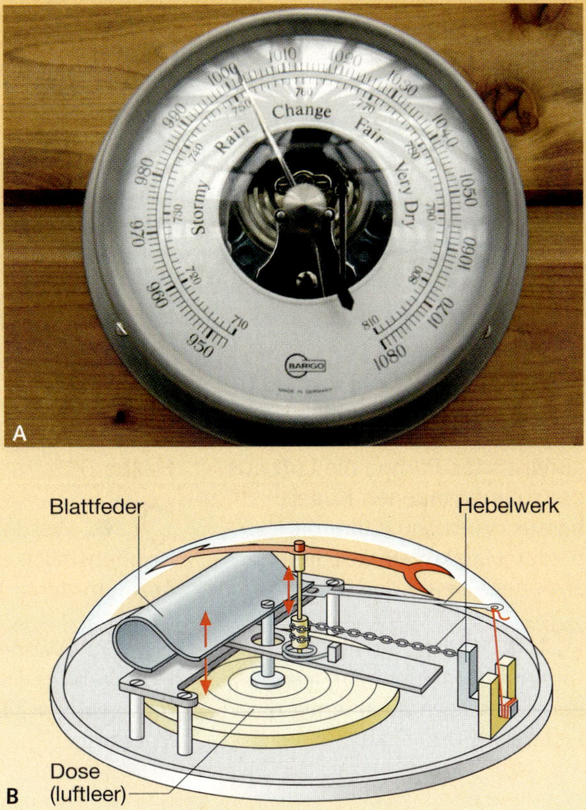

1 **Dosenbarometer. A** *Ansicht;* **B** *Aufbau*

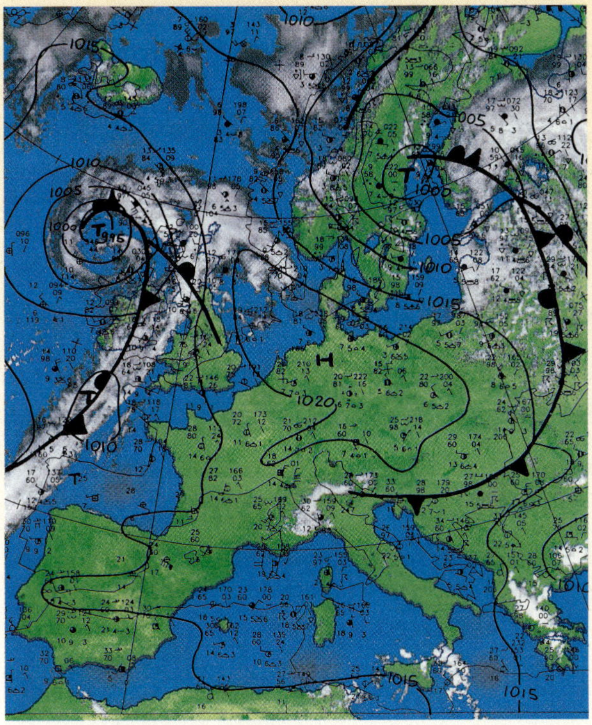

2 **Satellitenbild mit Wetterkarte**

Hoch- und Tiefdruckgebiete

Auf der Karte in Bild 2 ist die Wetterlage an einem Tag über Europa abgebildet. Vom Satelliten aus sind nicht nur die Wolken zu erkennen. Auch ihre Bewegungsrichtung lässt sich feststellen.
Auf der Karte wurden Hoch- und Tiefdruckgebiete und die sich daraus ergebenden Wetterfronten eingezeichnet. Eine Kaltfront wird dort mit Dreiecken und eine Warmfront mit Halbkreisen dargestellt.

Durch den Wind erfolgt der Druckausgleich zwischen den Gebieten mit niedrigem und hohem Luftdruck. Je größer die Druckunterschiede sind, desto stärker ist der Wind.
Wetterbestimmende Hoch- und Tiefdruckgebiete bekommen Namen, die in jedem Jahr der Reihenfolge des Alphabets folgen. Auf die gleiche Art werden auch besondere Wettererscheinungen wie Hurrikans benannt. Hurrikans sind Tiefdruckgebiete mit extrem geringem Luftdruck, die über dem Meer entstehen.

Unterdruck

1 Ballon unter der Glocke

1. Unter einer Glasglocke befindet sich ein nicht aufgeblasener, fest zugebundener Luftballon. Pumpe die Luft aus der Glasglocke. Erkläre deine Beobachtung.

2. Demonstrationsversuch: a) Ein Rundkolben wird mit Wasser gefüllt und wie in Bild 2 mit einem durchbohrten Stopfen verschlossen. Das Wasser wird auf 80 °C erwärmt und die Luft über dem Wasser wird abgepumpt.
b) Notiere deine Beobachtungen und erkläre.

2 Die Temperatur liegt unter 100 °C.

3. Setze zwei hohle Metallhalbkugeln passend aufeinander. Pumpe die Luft aus der so entstandenen Kugel heraus. Versuche dann, die beiden Halbkugeln auseinanderzuziehen. Deute dein Ergebnis.

4. Wenn du eine Getränketüte mit dem Trinkhalm leerst, beult diese sich nach innen ein. Erkläre warum.

5. Warum haften Saugnäpfe nur an glatten, ebenen Flächen?

6. Warum muss eine Dose Kondensmilch zwei Löcher haben, um den Inhalt auszugießen?

7. Wanderer wollen im Hochgebirge Eier kochen. Kann dies gelingen? Erkläre den Vorgang.

8. Beschreibe eine Methode, mit der du eingedrückte Tischtennisbälle wieder in die alte Form bringen kannst.

Der Unterdruck

Ein nicht aufgeblasener, aber fest verschlossener Ballon unter der Glasglocke dehnt sich umso mehr aus, je mehr Luft aus der Glocke abgepumpt wird.
In der Glocke entsteht beim Abpumpen gegenüber dem äußeren, normalen Luftdruck ein **Unterdruck.** Die im Ballon bei normalem Luftdruck eingeschlossene Luft dehnt sich aus. Der Ballon wird umso größer, je größer der Unterdruck in der Glocke wird.

3 Tischtennisbälle

Auch eingebeulte Tischtennisbälle können ihre ursprüngliche Form wieder erhalten, wenn du sie unter die Glocke legst und die Luft absaugst. Wird der innere Druck im Ball größer als der Unterdruck innerhalb der Glocke, wird die Delle aus dem Ball herausgedrückt.

Luftdruck und Siedetemperatur

Im Gebirge ist der Luftdruck niedriger als im Tiefland. Bringst du Wasser zum Sieden, entsteht innerhalb des Wassers Wasserdampf. Bei niedrigerem Luftdruck entweicht der Wasserdampf leichter als bei normalem Luftdruck. Deshalb siedet das Wasser dann schon bei Temperaturen unter 100 °C.
Bild 2 zeigt, dass Wasser bei niedrigem Druck im Inneren des Rundkolbens bereits bei 80 °C zu sieden beginnt.

■ Ist der Druck in einem Gefäß geringer als der umgebende Luftdruck, so herrscht darin ein Unterdruck. Dieser bewirkt, dass Wasser unter 100 °C zu sieden beginnt.

Überdruck

1 Die Temperatur liegt über 100 °C.

1. a) Demonstrationsversuch: Ein Rundkolben wird mit Wasser gefüllt. Durch einen festschließenden Stopfen führt ein Glasröhrchen zu einer Pumpe. Der Rundkolben wird so lange erwärmt, bis das Wasser zu sieden beginnt. Mithilfe der Pumpe wird Luft in den Kolben gepumpt.
b) Notiere deine Beobachtungen und erkläre.

2. a) Warum ist der Druck in einem Schnellkochtopf höher als der äußere Luftdruck?
b) Welche Wirkung hat der Überdruck im Inneren?
c) Was bedeutet das Zischen am Ventil im Deckel?

3. a) Wodurch werden Traglufthallen gehalten?
b) Weshalb können sie nur durch eine Luftschleuse betreten werden?

4. a) Blase einen Luftballon auf. Beschreibe deine Beobachtungen während des Aufblasens.
b) Beschreibe den Druck im Ballon, sobald dieser vollständig aufgeblasen ist.
c) Wie sind die Druckverhältnisse im Moment des Platzens?

5. a) Wie überprüfst du den Reifendruck beim Fahrrad?
b) Von welchen Bedingungen ist der Reifendruck an Fahrzeugen abhängig?

6. Finde Beispiele, bei denen durch Pumpen ein Überdruck erzeugt wird.

Schnelles Garen bei Überdruck

Der Deckel des Schnellkochtopfes muss fest verschlossen werden. Wird das Wasser im Inneren zum Sieden gebracht, sammelt sich der Wasserdampf über dem Wasser. Da der Wasserdampf nicht entweichen kann, entsteht im Topf ein Druck, der höher ist als der äußere Luftdruck. Es herrscht **Überdruck.** Dadurch steigt die Siedetemperatur des Wassers auf über 100 °C an.

2 Kochen bei Temperaturen über 100 °C

Sicherungen im Drucktopf

Ventile im Deckel des Schnellkochtopfes verhindern ein zu starkes Ansteigen des Überdruckes. Sollte ein Ventil nicht mehr funktionieren, gibt es im Deckel des Topfes eine weitere Sicherung in Form einer kleinen Öffnung im Bereich der Gummidichtung. Vor dem Öffnen des Topfes muss durch Abkühlung von außen ein Ausgleich der unterschiedlichen Drücke zwischen innen und außen hergestellt werden.

Schnellkochtopf

Durch den Anstieg der Siedetemperatur im Schnellkochtopf verkürzt sich die Garzeit der Lebensmittel. Das hilft Energie zu sparen. Zusätzlich werden die Nährstoffe in den Lebensmitteln geschont.

3 Traglufthalle

Überdruck trägt eine Halle

Traglufthallen haben keine inneren Stützen. Ein geringer Überdruck im Inneren der Halle sorgt für eine stabile Form der Hülle. Dazu muss die Außenhaut Luft undurchlässig sein. Zusätzlich verhindert eine Luftschleuse am Halleneingang, dass Luft entweicht.

■ Ist der innere Druck in einem Gefäß größer als der normale Luftdruck, so herrscht Überdruck. Dieser bewirkt, dass die Siedetemperatur des Wassers auf über 100 °C ansteigt.

Saug- und Druckpumpen

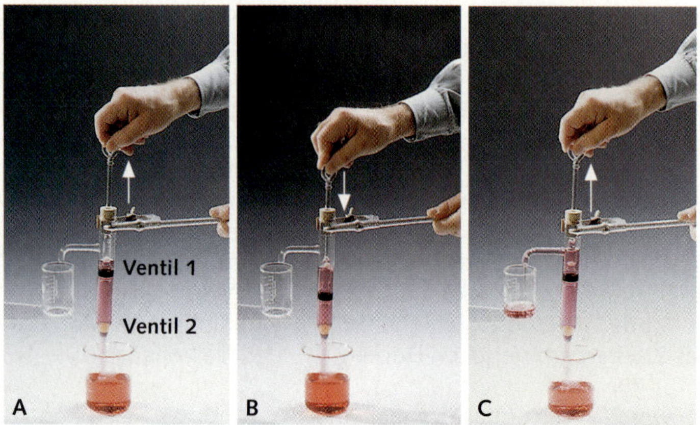

1 Saugpumpe

1. a) Stelle eine gläserne Saugpumpe in ein Gefäß mit Wasser und pumpe. Beobachte die Bewegungen der Kugelventile und erkläre den Pumpvorgang.
b) Tausche die Saugpumpe gegen eine Druckpumpe aus. Beobachte während des Pumpvorgangs wieder die Arbeitsweise der Ventile und nenne die Unterschiede zur Saugpumpe.

2. Mit einer Druckpumpe lässt sich Wasser fast beliebig hoch pumpen. Erkläre, warum das nicht mit einer Saugpumpe funktioniert.

Saugpumpen

Die Funktionsweise der Saugpumpen ist vom äußeren Luftdruck abhängig. Zuerst wird mit der Kolbenstange der Kolben nach oben bewegt. Dabei schließt sich im Kolben das Ventil 2. Unter dem Kolben vergrößert sich der Raum der eingeschlossenen Luftmenge im Pumpenzylinder. Es entsteht ein Unterdruck. Die Umgebungsluft drückt auf die Wasseroberfläche des Behälters und drückt Wasser durch das Saugrohr. Dabei öffnet sich das Ventil 1 und der Pumpenzylinder füllt sich mit Wasser. Bewegt sich der Kolben nach unten, schließt Ventil 1. Ventil 2 im Kolben öffnet sich wegen des steigenden Drucks im Wasser. Das Wasser im Zylinder strömt durch die innere Kolbenbohrung nach oben.

Wird der Kolben wieder hochgezogen, schließt sich im Kolben das Ventil 2 wegen des höheren Wasserdruckes. Der Kolben drückt bei der Aufwärtsbewegung das Wasser durch das Ausflussrohr aus dem Zylinder hinaus. Unterhalb des Kolbens entsteht wieder ein Unterdruck und Wasser kann durch Ventil 1 nachfließen.

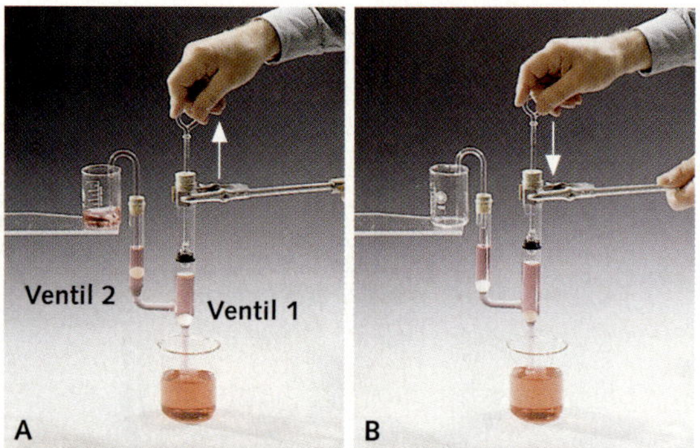

2 Druckpumpe

Saugpumpen

Saugpumpen sind vom äußeren Luftdruck abhängig. Wasser kann aus einer Tiefe von über 10 m nicht mehr hoch befördert werden. Der äußere Luftdruck reicht dann nicht mehr aus, um Wasser in das Saugrohr zu drücken.

Druckpumpen

Bei der Druckpumpe befindet sich das Ventil 2 im Ausflussrohr, das im unteren Teil des Pumpenzylinders ansetzt. Der Kolben ist nicht wie bei der Saugpumpe durchbrochen.
Wird der Kolben angehoben, so entsteht wie bei der Saugpumpe unterhalb des Kolbens ein Unterdruck. Der äußere normale Luftdruck drückt Wasser in den Pumpenzylinder. Ventil 1 wird dabei geöffnet, Ventil 2 bleibt geschlossen. Bewegt sich der Kolben nach unten, so drückt dieser auf die eingeschlossene Wassermenge und erzeugt einen Überdruck.
Ventil 1 schließt sich und das Wasser kann nur durch das Ausflussrohr entweichen, weil Ventil 2 durch den Wasserdruck geöffnet wird.
Bei jeder Abwärtsbewegung des Kolbens entsteht ein Überdruck. So kann das Wasser durch das Ventil 2 im Ausflussrohr auf jede Förderhöhe gedrückt werden.

■ Saug- und Druckpumpen arbeiten mithilfe des äußeren Luftdrucks. Die Umgebungsluft drückt dabei auf die Wasseroberfläche. Dadurch wird das Wasser in das Saugrohr gedrückt. Die Saugkraft der Saugpumpe ist vom Luftdruck der Umgebungsluft abhängig. Die Druckpumpe erzeugt den Überdruck selber.

Pumpen

Die Fahrrad-Luftpumpe

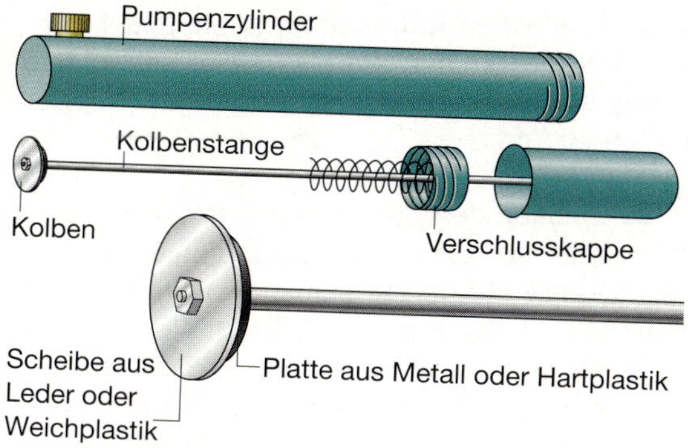

1. Untersuche eine Fahrrad-Luftpumpe. Baue sie dazu auseinander und vergleiche die Einzelteile mit den hier abgebildeten Teilen. Welche Aufgaben haben die einzelnen Teile? Unterscheide zwei Fälle:

a) Der Kolben wird in das Rohr hineingedrückt.

b) Der Kolben wird aus dem Rohr herausgezogen.

Die Membranpumpe

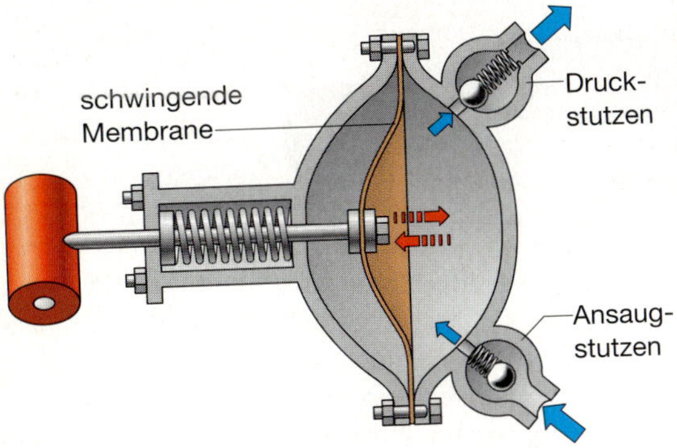

Ihr Hauptteil ist eine Gummimembran. Diese Gummihaut bewegt sich wie ein Kolben hin und her. Dadurch wird der Pumpen-Innenraum vergrößert und verkleinert.
Beim Vergrößern des Innenraumes öffnet sich das Ventil am Ansaugrohr, das zweite Ventil ist geschlossen. Der äußere Luftdruck drückt Flüssigkeit in die Pumpe. Dann schließt das Ansaugventil. Beim Verkleinern des Innenraums öffnet sich das Ventil am Druckrohr. Die Flüssigkeit wird durch das Druckrohr hinausgeschoben.

Die Kreiselpumpe

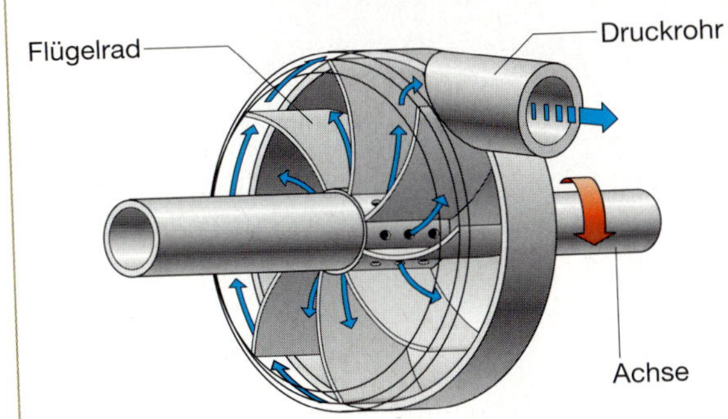

Im Inneren eines Gehäuses dreht sich sehr schnell ein Flügelrad. Es schleudert die Flüssigkeit an die Wand. Sie kann durch das Druckrohr abfließen. In Achsennähe ergibt sich dadurch ein Unterdruck. Der äußere Luftdruck drückt dann die Flüssigkeit in die Pumpe hinein.
Die Kreiselpumpe hat zwei Vorteile: Sie braucht keine Ventile und kann direkt an die Achse eines Motors angeschlossen werden.

Die Wasserstrahlpumpe

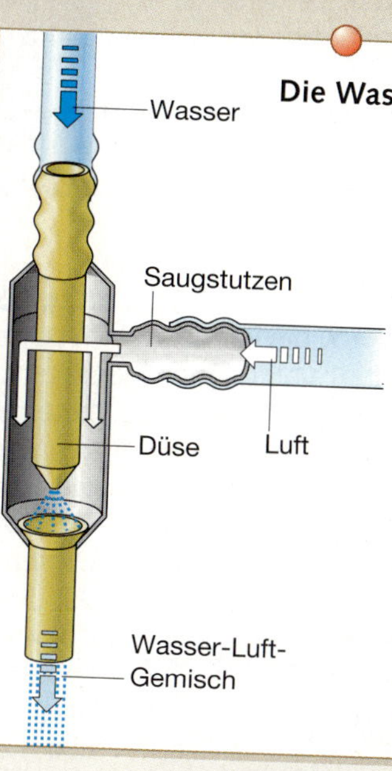

Sie dient dazu, aus einem angeschlossenen Gefäß Luft herauszupumpen. Dabei strömt Wasser durch eine enge Düse und reißt die Luft mit. Im Innenraum entsteht ein Unterdruck. So kann Luft aus dem Gefäß heraus in die Pumpe strömen. Diese Luft wird von dem abfließenden Wasser mitgerissen.

2. Begründe, ob die Fahrrad-Luftpumpe eine Saug-oder Druckpumpe ist.

3. Wovon hängt bei einer Kreiselpumpe die Menge der Flüssigkeit ab, die sie in 1 min befördern kann?

4. Warum kann bei einer Wasserstrahlpumpe, die in Betrieb ist, keine Luft in das angeschlossene Gefäß strömen?

Kraftübertragung in Luft und Wasser

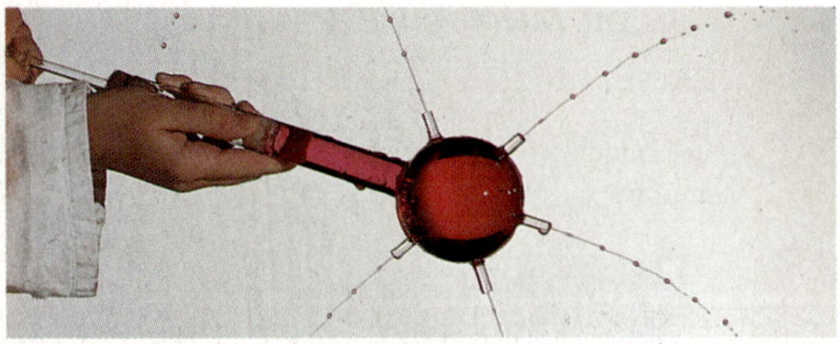

1 Druck wirkt nach allen Seiten.

1. a) Ziehe den Kolben einer leeren Spritze fast vollständig heraus, halte die Spritzenöffnung zu und drücke den Kolben wieder in die Spritze hinein. Lass den Kolben los. Was stellst du fest?
b) Fülle die leere Spritze mit Wasser, halte die Spitze wieder zu und drücke den Kolben hinein. Beschreibe die Unterschiede zu Versuch a).

2. Fülle einen Rundkolben wie in Bild 1 mit Wasser und drücke den Kolben hinein. Betrachte die Richtung der Kraft und die Richtungen der Wasserfontänen und erkläre.

3. a) Baue den Versuch nach Bild 2 auf. Die Kolben ragen fast zur Hälfte aus den Spritzen heraus. Drücke auf den Kolben einer Spritze und beobachte die anderen zwei Spritzen. Notiere.
b) Fülle die leeren Schläuche ganz und die Spritzen halb mit Wasser. Drücke auf einen Kolben und vergleiche deine Beobachtungen mit Versuch a).

4. Baue den Versuch nach Bild 3 auf. Sorge durch Auflegen unterschiedlicher Wägestücke dafür, dass sich die Kolben nicht mehr bewegen. Vergleiche die Gewichtskräfte mit den dazugehörenden Kolbenflächen.

Kraft in Luft und Wasser

Wenn du bei einer mit Luft gefüllten Spritze den Ausgang verschließt und auf den Kolben drückst, bewegt sich dieser ein ganzes Stück. Die eingeschlossene Luft lässt sich zusammendrücken, sie wird **komprimiert.** Lässt du den Kolben los, federt er wieder zurück.
In eine mit Wasser gefüllte geschlossene Spritze lässt sich der Kolben nicht hinein schieben. Wasser lässt sich demnach nicht komprimieren.

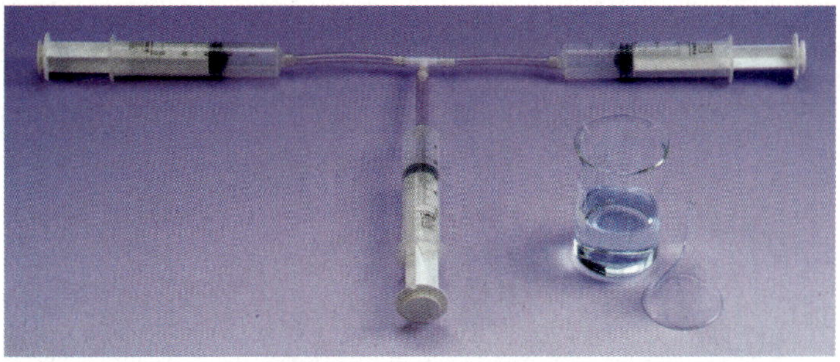

2 Drei verbundene Spritzen

Druck in Wasser und Luft

Wasser und Luft geraten durch die von einem Kolben ausgeübte Kraft unter Druck. Dieser Druck wirkt in Flüssigkeiten und Gasen gleichmäßig in alle Richtungen.

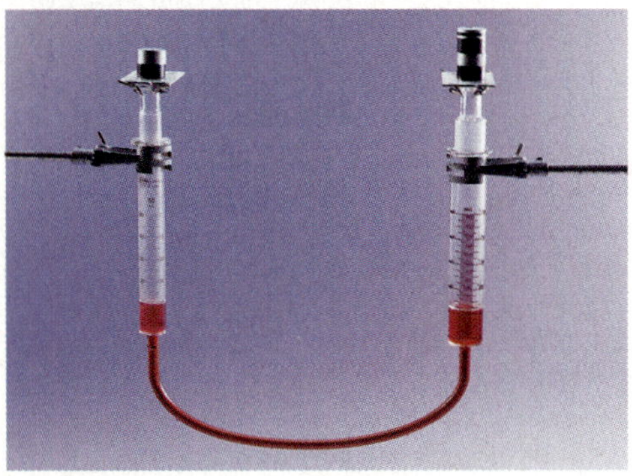

3 Großer Kolben – große Kraft

Kraftübertragung

Was geschieht in den drei miteinander verbundenen Spritzen aus Bild 2? Wenn du bei einer der Spritzen den Kolben hineindrückst, bewegen sich die Kolben aller anderen Spritzen nach außen. Die von dem Kolben ausgeübte Kraft wird mithilfe von Wasser oder Luft auf die anderen Kolben übertragen.
Diesen Vorgang kannst du mit beliebig vielen Spritzen durchführen. Es ist auch gleichgültig, auf welchen der vielen Kolben du drückst, immer wirkt die ausgeübte Kraft auf alle anderen.
Es gibt noch eine weitere Gesetzmäßigkeit. Wenn du nach Bild 3 auf den kleinen Kolben eine Kraft ausübst, wirkt auf den Kolben mit der doppelten Fläche auch die doppelte Kraft. Die ausgeübte Kraft lässt sich auf diese Weise verstärken.

■ Wird in einem geschlossenen Gefäß eine Kraft auf Wasser oder Luft ausgeübt, entsteht darin Druck. Mithilfe des Drucks lässt sich Kraft übertragen.

Kraftübertragung in Arbeitsgeräten

Wagenheber

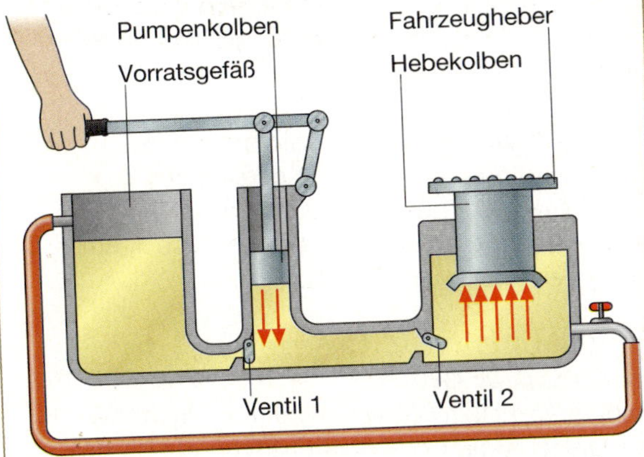

Zwei miteinander verbundene „Spritzen" und zwei Ventile, dazu ein Vorratsgefäß für Öl – mehr ist für einen Wagenheber nicht nötig. Der kleine Kolben zieht Öl aus dem Vorratsgefäß und drückt es in den Zylinder mit dem großen Kolben. Weil immer mehr Öl hineingedrückt wird, hebt sich der große Stempel. Wegen der unterschiedlich großen Kolbenflächen lässt sich mit geringer Kraft ein Auto hoch heben.

1. Wie wirken die Ventile dieser Anlage?

Hebebühne

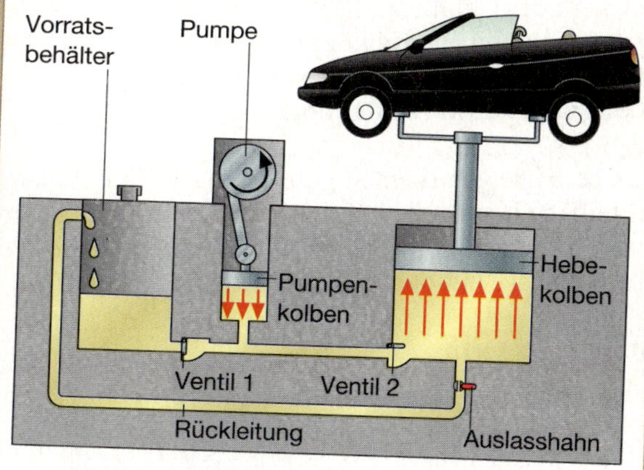

Der Pumpenkolben hebt sich und zieht Öl aus dem Vorratsbehälter. Dann senkt er sich und drückt das Öl unter den Hebekolben. Durch die große Fläche des Hebekolbens kann eine kleine Pumpe eine schwere Last hoch pumpen.

2. Vergleiche den Wagenheber mit der Hebebühne. Was haben sie gemeinsam, was ist unterschiedlich?

Autobremsanlage

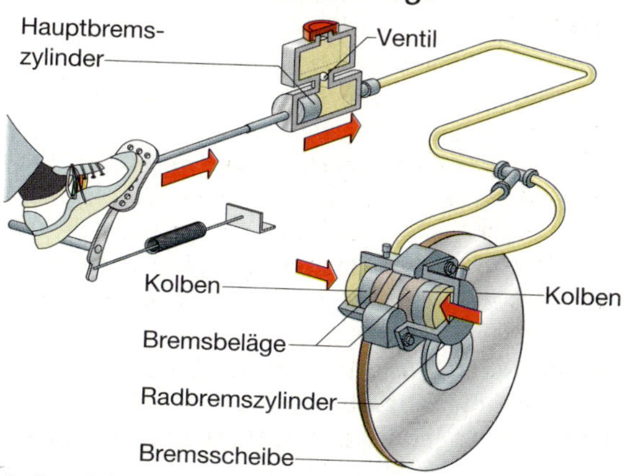

Wird auf das Bremspedal getreten, so wird der Kolben des Haupt-Bremszylinders nach vorn gedrückt. Er übt eine Kraft auf die Bremsflüssigkeit aus. Diese Kraft wirkt auf die Kolben der Rad-Bremszylinder. Dadurch werden die Räder gebremst.

3. Was passiert, wenn ein Schlauch zwischen den Zylindern platzt?

Druckluftwerkzeuge

Ein Kompressor pumpt Luft in ein Vorratsgefäß und drückt sie zusammen. Diese Druckluft strömt durch den Schlauch und bewegt den Meißel.

4. Begründe, warum Druckwerkzeuge nicht mit Öl arbeiten können.

5. Warum können Wagenheber oder Hebebühne nicht ohne Ventile und Vorratsgefäß arbeiten?

6. Warum sind bei Autos zwei voneinander unabhängige „Bremskreise" vorgeschrieben?

Das hydrostatische Paradoxon

1. a) Formuliere eine Vermutung auf die Frage: Bei welchem der Gefäße im Bild 1 ist der Druck am Boden am stärksten, wenn alle Gefäße mit gleicher Grundfläche gleich hoch mit Wasser gefüllt werden?
b) Begründe deine Vermutung.

2. Fülle verschieden geformte Gefäße mit gleicher Grundfläche wie in Bild 1 gleich hoch mit Wasser und vergleiche die auf die Membran wirkenden Kräfte. Vergleiche die Ergebnisse mit deiner Vermutung aus Aufgabe 1.

3. Wie groß ist jeweils der Druck am Boden eines hohen Becherglases, das bis zu einer Höhe von 20 cm mit Alkohol oder Quecksilber gefüllt wird?

4. Die Tauchkugel von JACQUES PICCARD erreichte den Meeresboden des Marianengrabens in 10916 m Tiefe. Berechne den hydrostatischen Druck auf die Tauchkugel (d = 2,18 m).

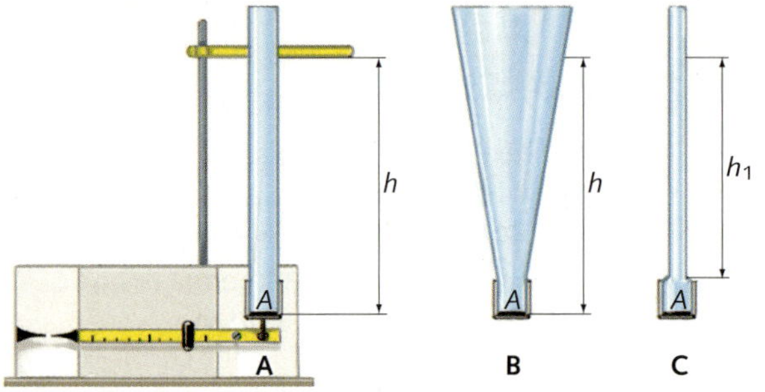

1 Gefäße zum hydrostatischen Paradoxon

Hydrostatischer Druck
Wie groß ist der Schweredruck p des Wassers in einer bestimmten Tiefe h?
Für einen Glaszylinder mit der Grundfläche A und einer Höhe h, der mit Wasser gefüllt ist, gelten folgende Überlegungen:
- Gewichtskraft des Wassers: $F_G = m \cdot g$
- Masse des Wassers: $m = \rho \cdot V$.
- Volumen des Zylinders: $V = A \cdot h$.

Damit gilt für den hydrostatischen Druck:

$p = \frac{F_G}{A}$

mit $F_G = m \cdot g$ gilt: $p = m \cdot \frac{g}{A}$

mit $m = \rho \cdot V$ gilt: $p = \rho \cdot V \cdot \frac{g}{A}$

mit $V = A \cdot h$ gilt: $p = \rho \cdot A \cdot h \cdot \frac{g}{A}$

Damit ergibt sich: $\underline{\underline{p = \rho \cdot h \cdot g}}$

Beispielaufgabe:
Wie groß ist der Druck am Boden eines hohen Becherglases, das bis zu einer Höhe von 20 cm mit Wasser gefüllt ist?

Lösung: $p = \rho_{\text{Wasser}} \cdot h \cdot g$ mit $g = 9{,}81 \frac{\text{N}}{\text{kg}}$

$p = 1 \frac{\text{g}}{\text{cm}^3} \cdot 20 \text{ cm} \cdot 9{,}81 \frac{\text{N}}{1000 \text{ g}}$

$\underline{\underline{p \approx 0{,}2 \frac{\text{N}}{\text{cm}^2} = 2000 \text{ Pa} = 20 \text{ hPa}}}$

Antwort: Das Wasser übt einen Druck von 20 hPa auf die Grundfläche des Becherglases aus.

Hydrostatischer Druck

Der Schweredruck im Wasser wird auch **hydrostatischer Druck** genannt. Das Überraschende ist, dass er zwar von der Wassertiefe h, der Dichte ρ und vom Ortsfaktor g abhängig ist, aber nicht von der Grundfläche A des Gefäßes.

Verschiedene Formen – gleiche Grundfläche

In Bild 1 siehst du, dass das Gefäß B eine größere Wassermenge enthält als das Gefäß A. Trotzdem ist der Druck in beiden Gefäßen gleich groß, obwohl die Wassermenge in Gefäß B eine größere Gewichtskraft besitzt. Der hydrostatische Druck wird nur von der über dem Boden liegenden Wassersäule erzeugt. Das Wasser über den schrägen Wänden wird von diesen Wänden getragen.
Das Gefäß C ist über die Höhe h_1 mit einer geringeren Wassermenge gefüllt. Sie besitzt eine kleinere Gewichtskraft. Durch den hydrostatischen Druck der Wassersäule mit der Höhe h_1 wird aber auf die waagerechte Wand im Knick des Gefäßes auch eine Kraft nach oben ausgeübt, da der Druck nach allen Seiten wirkt. Weil die Glaswand nicht nachgibt, drückt sie mit gleicher Kraft nach unten.

Hydrostatisches Paradoxon

Die verschieden geformten Gefäße in Bild 1 besitzen alle die gleiche Grundfläche A und sind gleich hoch mit Wasser gefüllt. Somit sind die Gewichtskräfte in den Gefäßen unterschiedlich groß. Jedoch zeigen die Messergebnisse, dass der hydrostatische Druck auf dem Boden trotz der unterschiedlichen Gefäßform gleich groß ist. Dies erscheint auf den ersten Blick paradox und wird deswegen **hydrostatisches Paradoxon** genannt.

■ Der hydrostatische Druck ist von der Wassertiefe h, der Dichte ρ und vom Ortsfaktor g abhängig. Dass er von der Form des Gefäßes unabhängig ist, wird als hydrostatisches Paradoxon bezeichnet.

Der Schweredruck in der Anwendung

1. a) Woran erkennst du an der Schlauchwaage in Bild 1, dass der Draht nicht waagerecht gespannt ist?
b) Überlege, ob die beiden Gefäße am Ende der Schlauchwaage eine Skala haben müssen. Begründe deine Meinung.
c) Begründe, warum die Schlauchwaage ein besseres Ergebnis ermöglicht als ein Maßband oder eine Wasserwaage.

2. a) Beschreibe im Bild 2 das Versuchsgerät und die einzelnen Gefäße.
b) Vermute, auf welcher Höhe der Wasserstand in den einzelnen Gefäßen stehen wird, wenn das große Glasgefäß zur Hälfte gefüllt ist. Begründe deine Vermutung.
c) Fülle das Gefäß mit Wasser und beschreibe deine Beobachtungen während des Versuches.

1 Schlauchwaage

Verbundene Gefäße

Die Bilder auf dieser Seite zeigen Anwendungen des Schweredruckes von Wasser. Bei allen Geräten siehst du Gefäße, die miteinander verbunden sind, oben offen sind und in denen Wasser enthalten ist. Es sind **verbundene Gefäße.** Wird ein Gefäß gefüllt, steigt die Flüssigkeit im benachbarten Gefäß so lange, bis die Wasserspiegel gleich hoch sind. Die Flüssigkeit im Verbindungsschlauch oder -rohr kommt dann zur Ruhe, wenn an jeder Stelle derselbe Druck herrscht. Der Schweredruck hängt ja nur von der Wasserhöhe, nicht aber vom Durchmesser des Schlauches oder des Rohres ab. Daher steht in verbundenen Gefäßen die Flüssigkeit immer gleich hoch.

■ In verbundenen Gefäßen steht die Flüssigkeit gleich hoch.

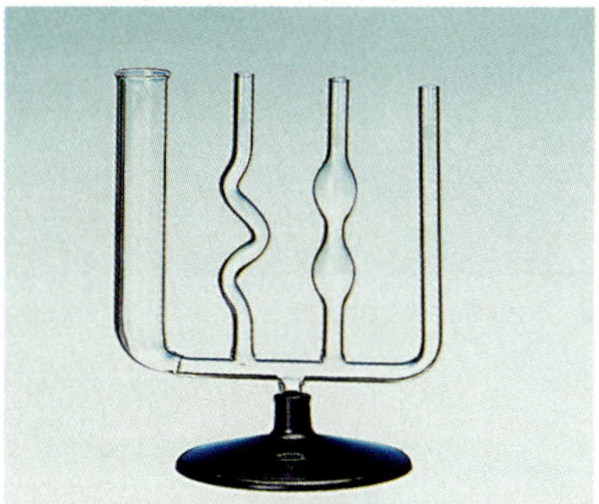
2 Verbundene Gefäße

Verbundene Gefäße in der Technik

Das gebrauchte Wasser aus Waschbecken wird ins Abwassernetz eingeleitet. Damit der Geruch aus dem Abwasserkanal nicht in die Wohnung gelangt, befindet sich unter jedem Waschbecken ein U-förmiges Rohr, das mit Wasser gefüllt ist. Es dient als Geruchssperre und heißt **Siphon** (Bild 3). Da die beiden Schenkel des Rohres miteinander verbunden sind, ist der Schweredruck in beiden Rohren gleich groß.
In Bild 4 siehst du die Anzeige eines Flüssigkeitsstandes. Der Kessel ist verschlossen, hat aber nach außen ein Glasrohr, in dem der Flüssigkeitsstand im Innern angezeigt wird.
Auch bei der Gießkanne wirkt das Prinzip der verbundenen Gefäße. Der Ausguss der Gießkanne sollte deshalb gleich hoch oder höher sein als die Einfüllöffnung (Bild 5).

3 Siphon als Geruchssperre

4 Flüssigkeitsstand

5 Gießkanne

Druckwirkungen in der Natur

1. a) Schiebe die zwei gegenüberliegenden Kanten eines Blattes Papier aufeinander zu. Beschreibe, was geschieht.
b) Wiederhole den Versuch a) mit mehreren, ungeordneten Papieren. Wie unterscheiden sich die Versuchsergebnisse?

2. Finde heraus, wann die Alpen entstanden sind und wie lange die Auffaltung der Alpen gedauert hat.

1 Der Watzmann in den Alpen

3. Lege eine kleine Spielfigur in feuchten Sand. Drücke sie mit einem Brettchen gleichmäßig fest in den Sand. Hebe die Figur danach vorsichtig vom Sand ab. Beschreibe das Ergebnis.

4. Baue einen Versuch wie in Bild 4 auf. Was beobachtest du?

5. Bereite ein Referat über künstlich erzeugte Diamanten und ihren Einsatz vor.

Gebirge durch Druck

Für die Entstehung von Gebirgen gibt es viele Ursachen. Die Alpen sind ein **Faltengebirge.** Ein ungeheurer Druck, der aus dem Erdinneren kommt, schiebt große Erdschollen aufeinander und gegeneinander. Dadurch faltet sich das Gebirge empor.

2 Fossiler Abdruck

Fossile Pflanzen im Abdruck

In der Erdgeschichte kam es oft vor, dass Tiere oder Pflanzen plötzlich von dicken Erdschichten zugedeckt wurden. Bei hohem Druck und unter Luftabschluss sind in der Erde Abdrücke von Tieren oder Pflanzen aus vorgeschichtlicher Zeit entstanden.

3 Entstehung von Faltengebirge

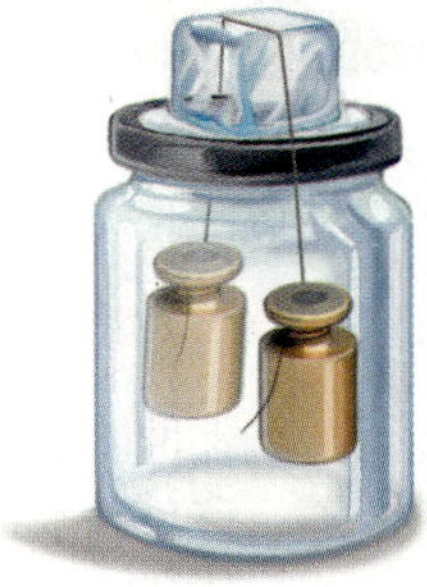

4 Eis unter Druck

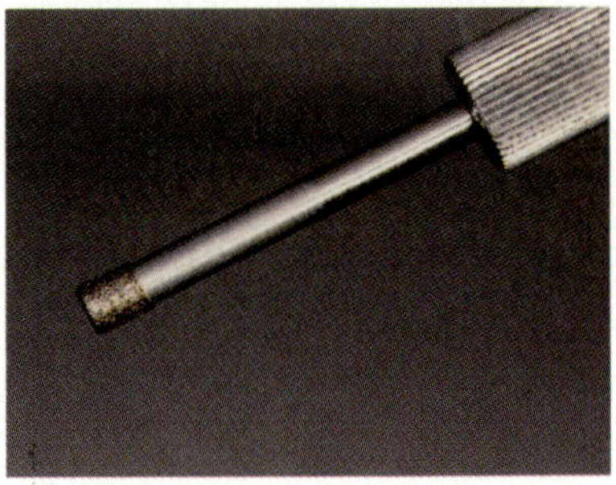

5 Diamanten auf Bohrkopf

Druck bringt Gletscher zum Fließen

Gletscher bewegen sich aus zwei Gründen talwärts. Zum einen verändert Eis seine Struktur, wenn es unter hohen Druck gerät. Die Eiskristalle werden verformt und immer weiter verdichtet, ohne dass das Eis schmilzt. Es kommt zu kleinen Verschiebungen im Eiskristall des Eises, das als plastisches Fließen bezeichnet wird.
Zum anderen sinkt durch den hohen Druck die Schmelztemperatur des Eises. Das Eis schmilzt unter 0 °C. Das kennst du vom Schlittschuhlaufen. Durch die Kraft, die über die Kufen wirkt, schmilzt das Eis. Auf diese Weise kann ein Gletscher Hindernisse überfließen, indem das Eis durch Druck vor dem Hindernis schmilzt und dahinter wieder gefriert.

Kohlenstoff unter Druck

Bleistiftminen bestehen aus Grafit und einem Bindemittel. Grafit ist reiner Kohlenstoff. Auch Diamanten bestehen aus reinem Kohlenstoff. Wenn es dir möglich wäre, deine Bleistiftmine bei 1500 °C mit einem Druck von 6 000 000 hPa zusammenzudrücken, könnte sie sich zu winzigen Diamanten umwandeln.
In der Industrie werden künstliche Diamanten unter anderem bei Bohr-, Schneid- und Schleifwerkzeugen oder als Diamantstaub in Polierpasten eingesetzt.

Ein Teufel kann tauchen

1 Teufel als Taucher

Die Teufelchen in Bild 1 bestehen aus Glas. Sie sind hohl und haben eine Öffnung. Sie sind so gebaut, dass sie im Wasser immer senkrecht stehen. Sie können schwimmen, sinken oder aufsteigen. Sie können auch in einer beliebigen Höhe im Wasser schweben.

Eine solche Figur ist mit Luft gefüllt. Dadurch ist sie so leicht, dass sie schwimmt. Gelangt Wasser hinein, wird sie schwerer. Dadurch kann sie sinken. Wenn das Wasser wieder aus der Figur herauskommt, steigt sie auf.

Das Gefäß für die Taucher muss bis oben hin voll Wasser sein. Der Verschluss muss dicht schließen, aber elastisch sein. Wenn jetzt jemand von oben mit einem Korken oder einer Kappe auf das Wasser drückt, bewegen sich die Figuren.

Materialvorschläge

– für die **Gefäße:**
kleine oder große Getränkeflasche mit passendem Korken;
Glas mit Schraubdeckel;
feste Plastikfolie;
Gummikappe

– für die Taucher:
Backaromafläschchen aus Glas mit Plastikdeckel;
Fläschchen von Parfümproben mit Plastikdeckel;
Medizinfläschchen aus Glas oder Kunststoff mit Plastikdeckel;
Tablettenröhrchen aus Metall mit Verschluss;
Alu-Folie

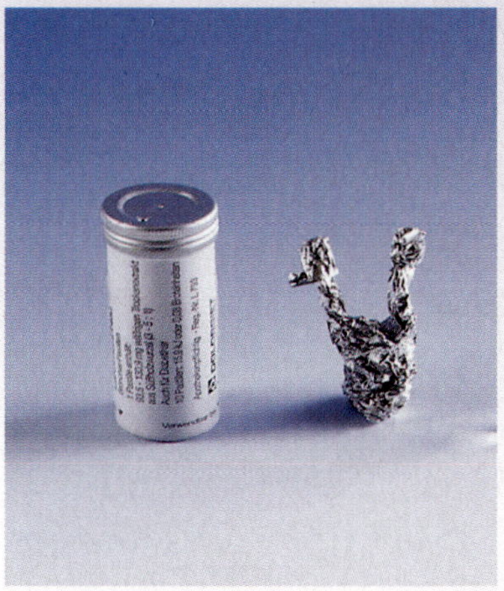

2 Weitere Taucher

3 Ein Flaschenteufel

Vorbereitung
Bildet kleine Gruppen. Wählt euch ein Gefäß und einen passenden Verschluss. Jede Gruppe kann eine beliebige Tauchfigur benutzen. Untersucht zunächst, warum die fertigen Glasfiguren (Bild 1) im Wasser sinken oder steigen.

Baut euch dann eigene Tauchfiguren, zum Beispiel aus Glasfläschchen oder mit Alu-Folie. Ihr könnt eure Figuren auch bemalen. Tauchfiguren aus Alu-Folie können beliebige Formen haben.

Führt am Ende den anderen Gruppen eure Figuren vor und erklärt, wie sie funktionieren.

Zum Vorführen könnt ihr die Gläser oder Flaschen mit einer starken Lampe beleuchten und das Tanzen der Figuren als Schattenbild auf eine helle Wand projizieren.

Lösungen zu „Zeig, was du kannst"

Seite 57 Mechanik

1. Die Geschwindigkeit v hängt ab vom zurückgelegten Weg s und der dazu benötigten Zeit t.
2. Windkraft, Muskelkraft, Wasserkraft
3. Es ist der Rückstoß.
4. Schmieren oder Ölen vermindert die Reibung.
5. Eine Kraft ist durch Angriffspunkt, Richtung und Größe gekennzeichnet.
6. 150 g ≙ 1,5 N
370 g ≙ 3,7 N
1,2 kg ≙ 12 N
7. a) Bei einer Schraubenfeder ist die Kraft proportional zur Verlängerung der Feder.
b) $D = \frac{F}{\ell}$
Die Federkonstante ist materialabhängig. Ist der Wert niedrig, handelt es sich um eine weiche Feder. Ist der Wert hoch, handelt es sich um eine harte Feder.
8. Beim Hochsteigen wird die Geschwindigkeit des Balles immer kleiner, bis sie im Umkehrpunkt null ist. Dann zieht die Erdanziehungskraft den Ball wieder nach unten.
9. Die Masse ist zwar genauso groß wie auf der Erde, dafür ist aber die Gewichtskraft nur $\frac{1}{6}$. Aus diesem Grund können die Astronauten trotz ihrer schweren Schutzanzüge ziemlich große Sprünge auf dem Mond machen.
10. a) Bei einem Aufprall auf ein Hindernis wird ein Auto schlagartig gebremst. Aufgrund ihrer Trägheit werden die Fahrzeuginsassen nach vorne geschleudert. Auf sie wirkt eine große Kraft.
b) Sicherheitsgurt, Airbag
11. Meine Gewichtskraft wirkt auf die Waage. Dabei wird die Feder in der Waage gespannt. Die dadurch auftretende Spannkraft der Feder wirkt meiner Gewichtskraft entgegen.
12. Der Körper wirkt mit seiner Gewichtskraft auf die Erde. Die Erde wirkt mit einer gleich großen Kraft entgegen. Diese Kraft spüre ich durch Schmerzen in meinen Füßen.
13. Das Urkilogramm ist ein Normkörper. Seine Masse ist 1 kg. Mit diesem Vergleichskörper werden alle Wägestücke eines Wägesatzes verglichen. Das Urkilogramm ist ein Platin-Iridium-Zylinder, der im internationalen Maßbüro in Sèvres bei Paris aufbewahrt wird.
14. a) 250 N;
b) 250 N;
c) 125 N
15. F = 500 N; s = 8 m
16. F = 1,6 N
17. Die Goldene Regel der Mechanik
– lose Rolle: Flaschenzug am Kran, Flaschenzug an Baumschere
– Hebel: Flaschenöffner, Schubkarre
– schiefe Ebene: Serpentinen, Auffahrt für Rollstühle
18. $E = F_G \cdot h$
$E = 650\ \text{N} \cdot 12\ \text{m}$
$E = 7800\ \text{Nm}$
19. – Höhenenergie: Schlitten vor der Abfahrt, Apfel am Baum
– Bewegungsenergie: Wasser in Flüssen, geworfener Stein
– Spannenergie: gedehntes Gummiband, aufgezogene Feder einer Uhr
20. Die Bewegungsenergie der Hand wird auf die Feder übertragen und wandelt sich beim Aufziehen der Feder in Spannenergie der Uhrfeder um.
21. Der Stabhochspringer überträgt die gesamte Bewegungsenergie in Form von Spannenergie in den Stab. Der wandelt sie anschließend in Höhenenergie um.
22. $E = F_G \cdot h$
a) Die Energie verdoppelt sich: $2E = F_G \cdot 2h$
b) Die Energie verdreifacht sich: $3E = 3F_G \cdot h$
c) Die Energie versechsfacht sich: $6E = 3F_G \cdot 2h$
23. $E = F_G \cdot h$
$E_1 = 60\ \text{N} \cdot 2\ \text{m} = 120\ \text{Nm}$
$E_2 = 2 \cdot 60\ \text{N} \cdot \frac{2\ \text{m}}{2} = 120\ \text{N} \cdot 1\ \text{m} = 120\ \text{Nm}$
Die Höhe des Körpers muss halbiert werden, also auf h = 1 m.

Seite 111 Elektrizität

1. – Licht: Taschenlampe
– Wärme: Toaster
– magnetische Wirkung: Türöffner
– chemische Wirkung: versilberter Schlüssel
2. Elektrische Energie kann nur transportiert werden, wenn der Stromkreis geschlossen ist und dafür wird eine zweite Leitung benötigt.
3. a) – Fahrradlichtmaschine: Bewegungsenergie in elektrische Energie und Wärme
– Lampen: elektrische Energie in Licht und Wärme
b)

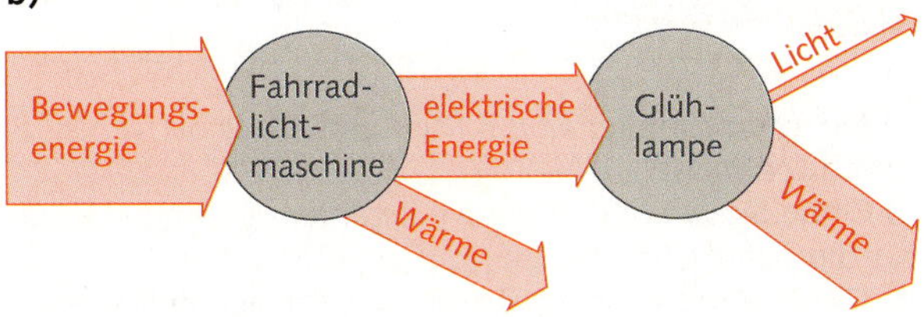

4. Spule, Eisenkern
5. Eine Spule wird in einen Stromkreis mit Stromversorgungsgerät eingebaut. Der Stromkreis wird geschlossen. Mit einer Kompassnadel wird überprüft, ob magnetische Pole nachgewiesen werden können. Der Eisenkern verstärkt die magnetische Wirkung des Elektromagneten.
6. Ich fahre mit einer Glimmlampe über den Körper. Wenn ein Faden der Glimmlampe aufleuchtet, ist der Körper elektrisch geladen.
7. – Elektronenüberschuss bedeutet, dass ein Körper negativ geladen ist.
– Elektronenmangel bedeutet, dass der Körper positiv geladen ist.
8. Elektronen können nur fließen, wenn eine Verbindung zwischen einem Teil mit Elektronenüberschuss und einem Teil mit Elektronenmangel hergestellt ist. Die negativ geladenen Elektronen strömen vom negativen Pol zum positiven Pol und nehmen elektrische Ladungen mit.
9. Gleichspannung, Messbereich 6 V-
10. a) Stromstärkemessung: Reihenschaltung
b) Spannungsmessung: Parallelschaltung
c)

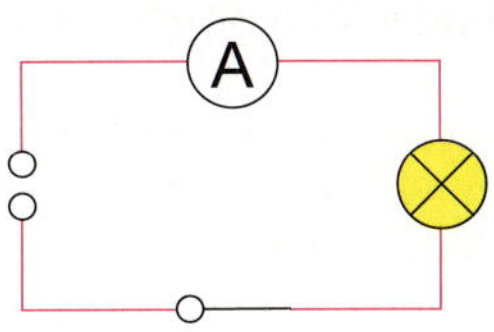

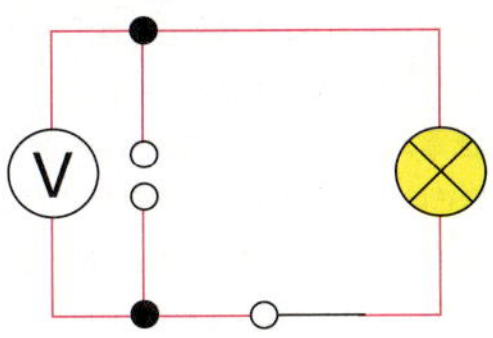

11. a)

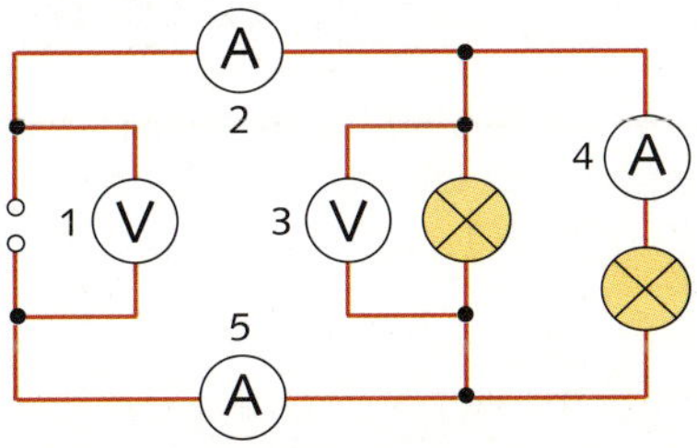

– Strommessgeräte: 2, 4, 5;
– Spannungsmessgeräte: 1, 3
b) Nr. 1: Spannung am Stromversorgungsgerät
Nr. 2: Stromstärke des Stromkreises
Nr. 3: Spannung an der ersten Glühlampe
Nr. 4: Stromstärke an der zweiten Glühlampe
Nr. 5: Stromstärke des Stromkreises
12.

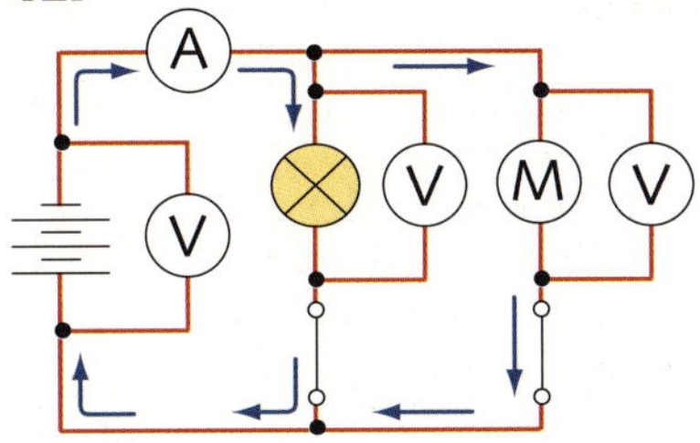

13. 14,7 μA = 0,0147 mA; 0,093 mA = 0,000093 A; 123 μA = 0,123 mA; 7 mA = 0,007 A
14. An der Stromquelle muss eine Spannung von 8,8 V eingestellt werden.
15. Die Kurve der Wechselspannung hat die Form einer Sinuskurve.
16. Kupfer hat einen geringeren spezifischen Widerstand als Konstantan. Damit besitzt ein Leiter aus Kupfer die größere elektrische Leitfähigkeit.
17. Der spezifische Widerstand ist eine Angabe zur Materialeigenschaft eines Leiters.
18. Die Bestimmung erfolgt
– nach dem internationalen Widerstandsfarbcode
– mit einem Vielfachmessgerät
– mithilfe der Messungen von Stromstärke und Spannung.
19. Jeder Einzelwiderstand hat einen Wert von 44995 Ω.
20. a) Es ist ein Knistern zu hören. Im Dunkeln sind kleine Blitze zu erkennen.
b) Fleece ist ein Stoff, der aus einer synthetischen Kunststofffaser (Polyester) hergestellt wird.
21. Vor allem auf hohen Gebäuden sind Blitzableiter zu erkennen, aber auch an Umspannwerken oder auf Reetdächern.
22. Eine Sicherung oder ein Sicherungsautomat schützt den Stromkreis.
23. Der FI-Schutzschalter öffnet bei Kontakt fehlerhafter Geräte alle Stromkreise.

Seite 151 Wärme

1. Chemische Energie, elektrische Energie, Höhenenergie, Bewegungsenergie, Wärme, Licht, Schall
2. Ein Energiewandler wandelt Energie einer Form in Energie einer anderen Form um.
3.

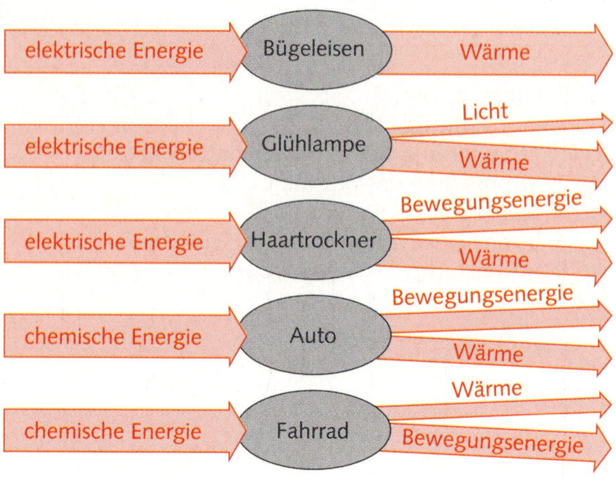

4. Bei Energieumwandlungen bleibt die Summe aller auftretenden Energieformen immer gleich. Es geht keine Energie verloren und es kann keine Energie neu erzeugt werden.
5. Bei allen Konstruktionen dieser Art wird die unerwünschte Energieumwandlung in Wärme nicht berücksichtigt. Da diese Umwandlung aber bei allen mechanischen Vorgängen auftritt, muss dieser unerwünscht umgewandelte Energieanteil für eine dauerhafte Funktion des Gerätes immer wieder zugeführt werden.
6. Wärme kann durch Leitung, Strömung oder Strahlung transportiert werden.
7. Bei der Wärmeleitung wird die Wärme innerhalb eines Körpers weitergegeben, der an einer Stelle erwärmt wurde.
Bei der Wärmeströmung wird die Wärme durch einen Stoff wie Wasser oder Luft an einen anderen Ort mitgeführt.
8. Durch Wärmeleitung wird die Tasse erwärmt und das Getränk abgekühlt.
9. Werden die Speisen auf einem kalten Teller angerichtet, tritt Wärmeleitung auf. Der Teller erwärmt sich und das Essen kühlt ab. Durch die vorherige Erwärmung des Tellers wird dieser Wärmetransport verzögert.
10. a) Wärmestrahlung ist nicht an einen Stoff gebunden. Sie kann auch im Vakuum auftreten.
b) Wärmestrahlung des Kaminfeuers, einer Kerze
11. Das Thermometer wird dann durch Wärmestrahlung direkt von der Sonne und nicht von der Luft der Umgebung erwärmt.
12. Die Energie ist durch die Wände der Warmhaltekanne nach außen entwichen.
13. Bei jeder Energieumwandlung entsteht auch entwertete Energie, die zum Beispiel als Wärme an die Luft in der Umgebung abgegeben wird. Die Menge der eingesetzten Energie bleibt erhalten.
14. An einem kalten Tag empfinden die Fühlpunkte der Haut die Luft im Keller als warm, da die Luft draußen kälter ist. Im Sommer empfinden die Fühlpunkte der Haut die Luft im Keller als kühl, da die Luft draußen wärmer ist. Unser Temperaturempfinden hängt von den Vorerfahrungen ab.
15. a)

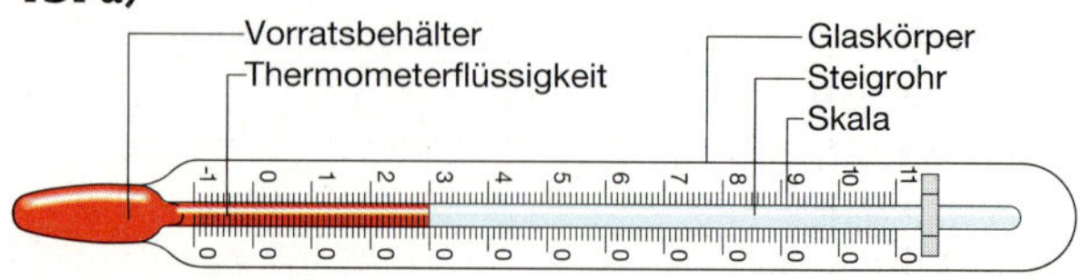

b) Ein Thermometer ist ein Messgerät, das die Temperaturen misst.
c) Ohne Skala könnten keine allgemein gültigen Werte für die gemessene Temperatur abgelesen werden.
d) Die Thermometerflüssigkeit bewegt sich im Steigrohr, da sich die Flüssigkeit beim Erwärmen ausdehnt und beim Abkühlen zusammenzieht.
16. Fixpunkte: Schmelztemperatur von Wasser 0 °C und Siedetemperatur von Wasser 100 °C
Fixpunkte sind notwendig, damit überall auf der Welt Thermometer gebaut werden können, die die gleiche Skala besitzen. Sonst würden für gleiche Temperaturen verschiedene Werte angegeben werden.
17. Beide Skalen haben die gleiche Einteilung. Die Kelvin-Skala beginnt bei 0 K. Die Celsius-Skala hat positive und negative Temperaturwerte. Bei 0 K liegt –273,15 °C.
18. Ein Zeit-Temperatur-Diagramm ist ein Schaubild, in dem die Temperaturen eingezeichnet sind, die an einem Ort zu bestimmten Zeiten gemessen wurden.
19. a) 54 °C; 78 °C; 90 °C; 97 °C
b) nach 1 min, nach 3 min, nach 5 min
20. a) 23 °C = 73,4 °F
b) 186 °F = 85,5 °C
21. Im Gefäß B, da sich beim Erstarren von Wasser die Oberfläche nach oben wölbt.
22. Sonnenkollektoren werden mit Frostschutzmittel gefüllt. Dieses Gemisch wird unverdünnt hineingegeben und ist durch seinen hohen Glykolgehalt bis –30 °C frostsicher.
23. Die Kolben in allen vier Glasspritzen werden um den gleichen Betrag gehoben, weil sich Gase bei gleicher Erwärmung gleich stark ausdehnen.
24. Die Längenzunahme beträgt 180 mm, somit die Gesamtlänge 500,18 m.
25. Der Ausdehnungswert beträgt 0,024 $\frac{mm}{K \cdot m}$
Dieser Wert entspricht dem des Aluminiums.
26. a) Ausdehnungswert Beton: 0,012 $\frac{mm}{K \cdot m}$
Die Längenzunahme beträgt 24 mm.
b) Stahl und Beton besitzen den gleichen Ausdehnungswert. Deshalb dürfen diese beiden Stoffe miteinander verbunden werden.

Stichwortverzeichnis

P

Q

R

S

T

U

V

W

Z

Namensverzeichnis

Bildquellenverzeichnis

Titel (Nagel): Fancy/Plainpicture, Hamburg; Titel (Kinder auf Klettergerüst): Purestock/Getty Images, München; Titel (Serpentine): Hiroshi Higuchi/Mauritius, Mittenwald; Titel (Glühlampe): age/Mauritius, Mittenwald; 3.1: Wolfgang Weinhäupl/Westend61; 4.1: Michael Jäger/alimdi.net; 5.1: www.weyers-architekten.de; 6.1: Otto-von-Guericke-Gesellschaft e.V., Magdeburg; 11.1–3 : Mit freundlicher Unterstützung der LEGO GmbH in München; 12.1: Wolfgang Weinhäupl/Westend 61; 12.2: Bahnmueller/alimdi.net; 12.3: Hans-Peter Merten/Mauritius, Mittenwald; Icon Seite 14–56: Wolfgang Weinhäupl/Westend 61; 14.1: Mauritius, Mittenwald; 14.2: Richner/TopicMedia Service, Ottobrunn; 14.3: Mauritius, Mittenwald; 17.1: Steve Bloom/Mauritius, Mittenwald; 17.2: bildagentur-online, Burgkunstadt; 18.1: age/Mauritius, Mittenwald; 18.2: Joker/Ausserhofer/Ullstein, Berlin; 19.1: auto motor und sport, Stuttgart; 19.3: Volkswagen AG, Wolfsburg; 19.4: Peter Thomann/stern, Hamburg; 20.1: Phywe Systeme GmbH, Göttingen; 21.1 A: Christinne Muschi/Reuters/Corbis, Düsseldorf; 21.1 B: dpa/picture-alliance, Frankfurt; 21.1 C: Vario Images, Bonn; 21.1 D: Wolfgang Weinhäupl/Mauritius, Mittenwald; 21.2 A+B: Mauritius, Mittenwald; 21.2 C: Adtranz/DaimlerChrysler Rail Systems GmbH, Henningsdorf; 21.2 D: DaimlerChrysler Rail Systems GmbH, Kassel; 22.2: Miller/mediacolors, Zürich; 23.1+2: Volkswagen AG, Wolfsburg; 28.1: Albert Steinkamp, Reken; 29.2: Holger Leue/LOOK, München; 33.1: BAM – Bundesanstalt für Materialforschung und -prüfung, Berlin; BAM-Fachgruppe V.22: Werkstoffmechanik der Hochleistungskeramik und der Fertigungsprozesse; 33.2: BAM – Bundesanstalt für Materialforschung und -prüfung, Berlin; BAM-Fachgruppe VII.1: Baustoffe; 33.3: uvex sports GmbH & Co KG, Fürth; 35.1: Phywe Systeme GmbH, Göttingen; 37.1+2: Volkswagen AG, Wolfsburg; 39.2: WOLF-Garten AG, Betzdorf; 41.4: Floto and Warner/Arcaid/Corbis, Düsseldorf; 45.3: Tetzlaft/Helga Lade, Frankfurt; 47.2: Martin Wendler/Okapia, Frankfurt; 47.3: Ernst Höhne, Unterschleißheim/ADAC, München; 51.1: Carsten Matthaes, Berlin; 52.1: dpa/dpaweb/picture-alliance, Frankfurt; 54.1: Kuh/PhotoPress, München; 55.1 A: Herbert Schwind/Okapia, Frankfurt; 55.1 B: TerraVista/LOOK, München; 55.1 C: E.ON; 55.1 D: Oswald Eckstein/Okapia, Frankfurt; 55.1 E: Geisser/Mauritius, Mittenwald; 55.1 F: Hubertus Blume/Mauritius, Mittenwald; 55.1 G: akg/picture-alliance, Frankfurt; 55.1 H: dpa/picture-alliance, Frankfurt; 56.1: Workbookstock/Mauritius, Mittenwald; 57.1: NASA/Astrofoto Koch, Sörth; 57.2: Physikalisch-technische Bundesanstalt, Braunschweig; 58.1: Michael Jäger/alimdi.net; 58.2: imagebroker.net/Mauritius, Mittenwald; 59.1: Andy Ridder/F1 Online, Frankfurt; Icon Seite 60 – 110: imagebroker.net/Mauritius, Mittenwald; 60.1 A: Bernd Lauter/Vario Images, Bonn; 60.1 C: ZB/picture-alliance, Frankfurt; 63.2: dpa/fotoreport/picture-alliance, Frankfurt; 65.1 A: SanDisk; 65.2 A: CASIO Computer Co. GmbH Deutschland, Hamburg; 65.3 A: Motorola; 68.2: Deutsches Museum, München; 70.1: Mauritius, Mittenwald; 75.1: Hans Reinhard/Okapia, Frankfurt; 75.2: Helmut Göthel/Okapia, Frankfurt; 82.1 A: Ludwig Mallaun/Mauritius, Mittenwald; 82.2: Albert Steinkamp, Reken; 83.3 A: Paulmann Licht und Conrad Electronic GmbH, Hirschau; 83.4: Albert Steinkamp, Reken; 84.2: Albert Steinkamp, Reken; 85.3 A: Paulmann Licht und Conrad Electronic GmbH, Hirschau; 85.4: Albert Steinkamp, Reken; 87.2: Oliver Giel/Okapia, Frankfurt; 93.4 A: Conrad electronic SE, Hirschau; 93.5 B: Conrad electronic SE, Hirschau; 93.6: Albert Steinkamp, Reken; 99.2–7 : Deutsches Museum, München; 100.1: Christian Schöps, Braunschweig; 101.1: AKG, Berlin; 101.2: Siemens AG; 101.3: Helga Lade/picture-alliance, Frankfurt; 105.2: Thomas Gaulke/FIRE Foto, München; 105.3: imagebroker.net/Mauritius, Mittenwald; 105.4: Christian Schöps, Braunschweig; 107.1 B: bluemagenta; 107.2 B: DTI GmbH & Co. KG, Düsseldorf; 107.6: imagebroker.net/Mauritius, Mittenwald; 108.2: Albert Steinkamp, Reken; 110.2: ZB-Fotoreport/picture-alliance, Frankfurt; 112.1+2: www.weyers-architekten.de; 113.1: Andreas Salomon-Prym/Visum, Hamburg; 113.2: Westend61/Mauritius, Mittenwald; Icon Seite 114–150: www.weyers-architekten.de; 114.1 C: Küppersbusch GmbH, Gelsenkirchen; 114.2 A: Schmid/DB AG, Frankfurt; 114.2 c: Photononstop/Mauritius, Mittenwald; 114.2 D: www.conrad.de/Conrad electronic SE, Hirschau; 115.3 A: Rosenfeld/Mauritius, Mittenwald; 115.4 B: OPITEC Handel GmbH, Giebelstadt; 117.1: Deutsches Museum, München; 117.2: Bridgeman, Berlin; 118.1 A: Ridder/Mauritius, Mittenwald; 118.1 B: Volkswagen AG, Wolfsburg; 119.5: Marco Grundt/Jump Fotoagentur, Hamburg; 120.2 A: Miele & Cie. GmbH & Co., Gütersloh; 127.1: Manfred Habel/Mauritius, Mittenwald; 127.2 B: Ulrich J. Schönlein/Okapia, Frankfurt; 128.1: Melitta GmbH & Co. KG, Minden; 129.3: picture-alliance, Frankfurt; 132.1+2: Deutsches Museum, München; 135.3: Conrad electronic SE, Hirschau; 135.4: Richard Lowenberg/PR ScienceSc/Okapia, Frankfurt; 138.2 A: Markus Scholz/argus, Hamburg; 138.2 B: Willi Gouasé, Speyer; 138.3: dpa/picture-alliance, Frankfurt; 138.4: Keres/Helga Lade, Frankfurt; 140.1: Wolfgang Rieger, Bad Düben; 141.1: K. Schmied/Helga Lade, Frankfurt; 141.4: Werner Otto, Oberhausen; 142.2: Ulrich Rapp, Rümmingen; 144.1 A: STEAG AG, Essen; 144.1 B: Willbrandt & Co., Hamburg; 144.3: Maurer Söhne GmbH & Co. KG, München; 145.5 A: DB AG, Rüstwerk Obladen; 145.5 B: DB AG, Berlin; 145.6: RWE Energie AG, Essen; 146.1: akg-images/Thomas Bartilla/picture-alliance, Frankfurt; 146.2: dpa/picture-alliance, Frankfurt; 147.3 B: Phywe Systeme GmbH, Göttingen; 148.2: Detlev LOUIS Motorradvertriebsges. mbH, Hamburg; 148.3: Rowenta-Werke GmbH, Offenbach a.M.; Icon 152–166: Otto-von-Guericke-Gesellschaft e.V., Magdeburg; 152.1+2: Otto-von-Guericke-Gesellschaft e.V., Magdeburg; 152.2: Photo Researchers/Mauritius, Mittenwald; 153.2: Marc Steinmetz/Visum, Hamburg; 155.1: Okapia, Frankfurt; 157.1 A: Peter Himsel/Intro, Berlin; 157.2: Deutscher Wetterdienst, Offenbach; 159.2: Silit GmbH, Riedlingen; 159.3: ZB/picture-alliance, Frankfurt; 163.4: Helga Lade, Frankfurt; 165.2: Phywe Systeme GmbH, Göttingen; 165.4: bluemagenta; 166.1: Wolfgang Weinhäupl/Mauritius, Mittenwald; 166.2: Peter Arnold/Okapia, Frankfurt; 166.3: art of nature/Schapowalow, Hamburg; 166.5: Mike McNamee/SPL/Focus, Hamburg; 167.1: Phywe Systeme GmbH, Göttingen

Trotz entsprechender Bemühungen ist es uns nicht in allen Fällen gelungen, den Rechtsinhaber ausfindig zu machen. Gegen Nachweis der Rechte zahlt der Verlag für die Abdruckerlaubnis die gesetzlich geschuldete Vergütung.

Übersicht

Methoden

Lernen im Team

Tabellen zur Physik

Physikalische Größen, Einheiten und Gesetze

Name	Größe	Name der Einheit	Einheit	Gesetz	Umrechnungen
Länge Weg, Strecke	ℓ s	Meter	m		1 km = 1000 m; 1 m = 100 cm; 1 cm = 10 mm;
Zeit	t	Sekunde	s		1 h = 60 min = 3600 s; 1 min = 60 s
Geschwindigkeit	v	Meter je Sekunde Kilometer je Stunde	$\frac{m}{s}$ $\frac{km}{h}$	$v = \frac{s}{t}$	$1\,\frac{m}{s} = 3{,}6\,\frac{km}{h}$
Masse	m	Kilogramm	kg		1 kg = 1000 g; 1 g = 1000 mg
Volumen	V	Kubikmeter; Liter	m^3 l	$V = \ell \cdot b \cdot h$	$1\,m^3 = 1000\,dm^3$; $1\,dm^3 = 1\,l$; 1 l = 1000 ml; $1\,ml = 1\,cm^3$
Dichte	ρ	Kilogramm je Kubikmeter; Gramm je Kubikzentimeter; Gramm je Liter	$\frac{kg}{m^3}$ $\frac{g}{cm^3}$ $\frac{g}{l}$	$\rho = \frac{m}{V}$	$1\,\frac{g}{cm^3} = 1\,\frac{kg}{dm^3} = 1000\,\frac{kg}{m^3}$; $1\,\frac{kg}{m^3} = 0{,}001\,\frac{g}{cm^3}$
Kraft	F	Newton	N	Ortsfaktor: $g = 9{,}81\,\frac{N}{kg}$	
Federkonstante	D	Newton je Meter	$\frac{N}{m}$	$D = \frac{F}{\ell}$ hookesches Gesetz: $F = D \cdot \ell$	
Drehmoment	M	Newtonmeter	Nm	$M_1 = M_2$ $F_1 \cdot s_1 = F_2 \cdot s_2\ (F \perp s)$	
Fläche	A	Quadratmeter	m^2		$1\,m^2 = 100\,dm^2 = 10000\,cm^2$
Druck	p	Pascal	Pa	$p = \frac{F}{A}$ hydrostatischer Druck: $p = \frac{F_G}{A}$	$1\,\frac{N}{m^2} = 1\,Pa$ 100 Pa = 1 hPa = 1 mbar 1 bar = 1000 hPa = 100000 Pa
Energie, mechanische	E	Newtonmeter	Nm	$E = F_G \cdot h$; $E = F \cdot s$	1 Nm = 1 J = 1 Ws
Spannenergie	E	Newtonmeter	Nm	$E = \frac{1}{2} F \cdot s$	
Spannung, elektrische	U	Volt	V	in Reihe: $U_{ges} = U_1 + U_2$ parallel: $U_{ges} = U_1 = U_2$	
Stromstärke, elektrische	I	Ampere	A	in Reihe: $I_{ges} = I_1 = I_2$ parallel: $I_{ges} = I_1 + I_2$	$1\,A = \frac{6{,}241 \cdot 10^{18}\ \text{Elektronen}}{1\,s}$
Widerstand, elektrischer	R	Ohm	Ω	$R = \frac{U}{I}$ in Reihe: $R_{ges} = R_1 + R_2$ parallel: $\frac{1}{R_{ges}} = \frac{1}{R_1} + \frac{1}{R_2}$	
Widerstand, spezifischer	ρ	Ohm mal Quadratmillimeter je Meter	$\Omega \cdot \frac{mm^2}{m}$	$R = \rho \cdot \frac{\ell}{A}$	
Temperatur	T	Grad Celsius Kelvin	°C K		–273,15 °C = 0 K

Schaltzeichen

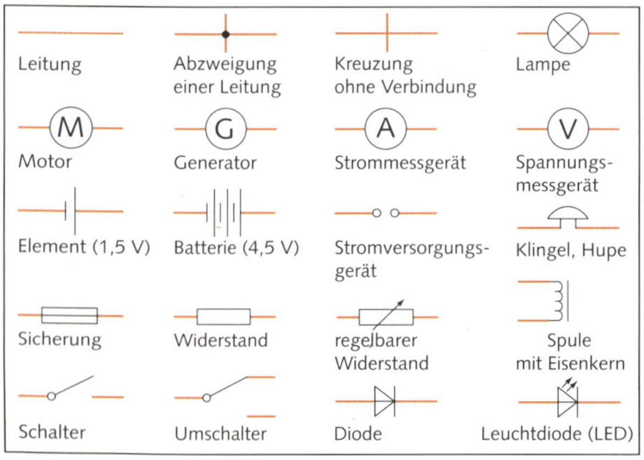

Gefahrensymbole

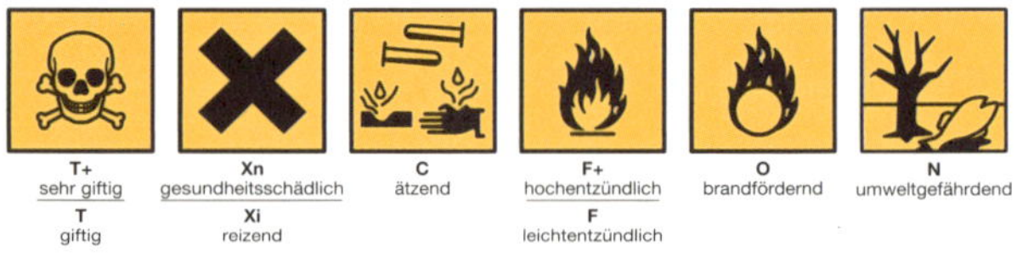

Abfälle

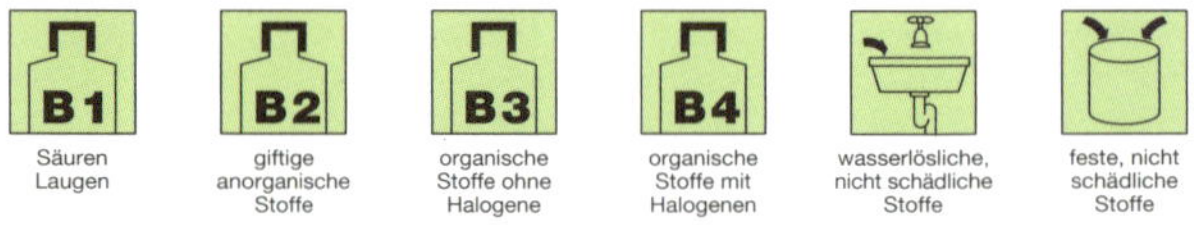